MATLAB 语言与应用技术

主编　原思聪

参编　张锦华　郑建校

国防工业出版社

·北京·

内 容 简 介

本书针对 MATLAB R2009b 版本系统介绍了 MATLAB 语言及其应用技术。全书共分 8 章,内容包括 MATLAB 语言的基础知识和基本运算,数据可视化技术,辅助数值分析与处理,辅助优化设计,应用接口编程,动态仿真及其应用,用户界面程序设计等,书末还附列了 MATLAB 的命令、库函数及常用工具箱等内容。

本书凝聚了作者多年的教学实践与科研成果,取材新颖、内容丰富。在编写内容上,力求由浅入深、循序渐进;在编写形式上,力求简单明了、图文并茂;在语言上,力求叙述准确,通俗易懂;在讲述方法上,力求明晰思路,把握关键;在应用技术上,则力求理论联系实际,学以致用。

本书在系统讲述 MATLAB 语言的基础上,重点讲述 MATLAB 语言的应用技术,既可作为工科高年级学生和研究生学习 MATLAB 语言的教材,也可供广大工程技术人员参考。

图书在版编目(CIP)数据

MATLAB 语言与应用技术/原思聪主编. —北京:国防工业
出版社,2011. 8
ISBN 978-7-118-07535-9

Ⅰ.①M... Ⅱ.①原... Ⅲ.①Matlab 软件 Ⅳ.①TP317

中国版本图书馆 CIP 数据核字(2011)第 144041 号

※

国防工业出版社出版发行
(北京市海淀区紫竹院南路 23 号 邮政编码 100048)
北京奥鑫印刷厂印刷
新华书店经售

*

开本 787×1092 1/16 印张 23 字数 531 千字
2011 年 8 月第 1 版第 1 次印刷 印数 1—4000 册 定价 42.00 元

(本书如有印装错误,我社负责调换)

国防书店:(010)68428422 发行邮购:(010)68414474
发行传真:(010)68411535 发行业务:(010)68472764

前　　言

MATLAB 语言是一种功能非常强大的工程语言,也是当今国际上最优秀的科技应用软件之一。它强大的数值计算与可视化功能、开放式可扩展环境以及简单易学、使用方便等一系列优点,已经成为各行各业计算机辅助设计、分析、仿真以及算法研究和应用开发的卓越平台。特别是其附带的几十个面向不同领域的工具箱,使其应用范围覆盖了当今几乎所有的工业领域。随着科学技术的发展,MATLAB 语言已经成为科技人员首选的软件和工具。

从 1997 年开始,原思聪一直为高年级本科生以及研究生讲授 MATLAB 语言与应用技术,2004 年在西安建筑科技大学研究生学院的支持下,编写了《MATLAB 语言与应用技术》讲义,并在研究生中广为使用。本书就是在该讲义以及多年教学、科研及实际工程应用的基础上编写的。

本书共分 8 章:第 1 章,MATLAB 基础知识;第 2 章,MATLAB 的基本运算;第 3 章,数据可视化技术;第 4 章,辅助数值分析与处理;第 5 章,辅助优化设计与应用;第 6 章,应用接口编程与应用;第 7 章,动态仿真及其应用;第 8 章,用户界面程序设计。为了便于研究,书末还附列了 MATLAB 的命令、库函数及常用工具箱等内容。

在系统讲述 MATLAB 语言的基础上,本书重点讲述 MATLAB 语言的应用技术,既可作为工科高年级学生和研究生学习 MATLAB 语言的教材,也可供广大工程技术人员参考。在编写内容上,力求由浅入深、循序渐进;在编写形式上,力求简单明了、图文并茂;在语言上,力求叙述准确,通俗易懂;在讲述方法上,力求明晰思路,把握关键;在应用技术上,则力求理论联系实际,学以致用。书中列举了大量生动翔实的示例,部分取自于作者及研究生科研及工程应用实例,并希望通过这些实例窥视 MATLAB 诱人的魅力,借以激起学习、探索并应用 MATLAB 的热情。

本书由原思聪主编,全书编写分工如下:原思聪编写第 1 章、第 4 章~第 8 章及附录,郑建校编写第 2 章,张锦华编写第 3 章。此外,原思聪还对全书进行了修改和整理,研究生尚敬强、卫东东对书中文字进行了校核,对实例进行了上机验证。

在本书成稿之际,特别感谢国防工业出版社丁福志编辑所作的大量工作,感谢关心和支持本书编写的各位领导以及提出宝贵修改意见的同仁。

限于水平及经验,书中难免有缺点和不足之处,殷切希望专家和读者批评指正,不胜感激。

作者
2011 年 6 月

目　录

第 1 章 MATLAB 基础知识

MATLAB语言是一种功能非常强大的工程语言，目前是国际上最优秀的科技应用软件之一。它以强大的科学计算与可视化功能、开放式可扩展环境以及简单易学、使用方便等一系列优点，成为各行各业计算机辅助设计和分析、算法研究和应用开发的卓越平台。特别是其附带的几十个面向不同领域的工具箱，使其应用范围覆盖了当今几乎所有的工业领域，应用范围非常广泛。

1.1 MATLAB 简介

1.1.1 MATLAB 的发展历程

MATLAB是由MATrix和LABoratory两个英文单词的前三个字母组成。MATLAB的发展经历了以下几个重要发展时期。

(1) 20世纪70年代后期，时任美国新墨西哥大学计算机科学系主任的Cleve Moler教授为学生开发了矩阵特征值求解及线性方程求解的FORTRAN程序库及接口程序，取名为MATLAB，并开始流传。

(2) 1983年春，Cleve Moler博士与John Little等人用C语言开发了MATLAB的第二代专业版，具有数值计算及数据图形化功能。

(3) 1984年，Cleve Moler与John Little成立了MathWorks公司，正式把MATLAB推向市场。

(4) 1993年—1995年，MathWorks公司推出了MATLAB4.0版，充分支持Microsoft Windows下的界面编程，1995年推出4.2C版。

(5) 1997年，MathWorks公司推出了MATLAB5.0版，支持更多的数据结构，无论界面还是功能都较4.X版有长足进展。1999年推出了5.3版，进一步改善了MATLAB的功能。

(6) 2000年10月，MathWorks公司推出了MATLAB6.0版，该版的推出是MATLAB软件的一次飞跃，它的可视化界面焕然一新，风格更加平易近人，而且还添加了对JAVA的支持，函数库也进一步进行了扩充，运算速度更快，性能更好。2001年6月，MathWorks公司推出了MATLAB6.1版。2002年8月，MathWorks公司推出了MATLAB6.5版。2003年，MathWorks公司推出了MATLAB6.5.1版。

(7) 2004年，MathWorks公司推出了MATLAB7.0版。该版本添加和修改了一些内核数值算法，支持各种数据类型的数学运算。MATLAB7.0版命令解释程序优化了曾在6.5版提出的MATLAB JIT加速器，大大提高了循环操作执行速度。

(8) 2006年1月，MathWorks公司推出了MATLAB R2006a（V7.2）版。该版本增加了

基于.NET及COM组件、生物化学系统、离散事件仿真系统等新内容。

(9) 2009年8月，MathWorks公司推出了MATLAB R2009b（V7.9）版。命令窗口、文本编辑器、帮助功能及函数功能有重大改进，支持多线程。该版本界面秉承其一贯风格，但更加简洁，功能更强，运算速度更快，性能更好。

随着MATLAB版本的不断升级，MATLAB的功能也越来越强大，使用也越来越方便。

1.1.2　MATLAB 的主要特点

1. 编程效率高

MATLAB是一种面向科学与工程计算的高级语言，允许用数学形式的语言编写程序，与FORTRAN、C、C++等语言相比，更接近人们书写计算公式的思维方式；既具有结构化控制语句，又具有面向对象编程能力，用MATLAB编写程序犹如在演算纸上排列公式与求解问题，所以俗称演算纸式的科学算法语言，编程效率高，易学易用。

2. 用户使用方便

MATLAB语言结构紧凑、灵活方便，库函数极其丰富，语句效率高，调试速度快，用户编程量小，而且句法结构灵活，程序设计自由度大。MATLAB不仅是一种语言，也是一种该语言的开发系统。

3. 强大的科学计算功能

MATLAB的运算符很丰富，其数值计算能力非常强大、高效、方便，特别适合于矩阵及数组运算，而且具有一定的智能水平，可以根据问题的特性，自动选取求解方法，算法可靠、成熟，运算速度快。

4. 先进的可视化工具

MATLAB提供强大的、交互式的二维及三维绘图功能，有一系列的绘图函数，可实现曲面渲染、线框图、伪彩图、光源、等位（值）图、图像显示、体积可视化等，而且数据的可视化水平高、易于实现，并具有较强的图形编辑和用户图形界面设计能力。

5. 可移植性好，扩充能力强

MATLAB的可移植性好，基本上不作任何修改就可在各种型号的计算机和操作系统上使用。此外，MATLAB的扩充能力极强，其本身丰富的库函数可随时调用，而且也可以随时调用自己的用户文件，用户可以随时扩充用户文件，增加功能，而且还可以充分利用C、FORTRAN等语言的资源，包括已经编好的C、FORTRAN语言程序或子程序。

6. 丰富的内涵

MATLAB的内部核心函数有数百个，而且其内涵非常丰富，同一函数，若输入或输出参量数目不同就代表不同的涵义，从而使MATLAB的库函数功能更强大，且减少磁盘空间，使得MATLAB编写的M文件简短、高效。

7. 功能强大的专业领域工具箱

MATLAB的一大特色就是包括各种可选的工具箱。这些工具箱功能强大，代表了各领域的最高水平，且不断扩充。目前配有30多个工具箱，可用于多种学科。此外，MATLAB的工具箱文件都是可读可改的源文件，用户可以对工具箱加以修改，并构成自己的新文件或新工具箱。

2

1.1.3 MATLAB 的基本组成

MATLAB主要包括5个部分。

(1) MATLAB语言。MATLAB语言是以矩阵和矢量为基本数据单位，包括控制流程语句、函数、数据结构、输入输出及面向对象等特点的高级语言，既适合于开发小应用程序，也适合开发大型、复杂的应用程序。

(2) MATLAB工作环境。主要为变量察看器、程序编辑器及MATLAB附送的大量M文件。

(3) 句柄图形。即MATLAB的图形系统，包括二维、三维数据可视化、图像处理、动画制作等高层次绘图命令，也包括可以全部或局部修改编辑图形及图形界面的低层次绘图命令。

(4) MATLAB数学函数库。MATLAB的数学函数库极其庞大、功能极其强大。

(5) MATLAB API（Application Program Interface）。MATLAB的API库允许用户在MATLAB和C及FORTRAN语言之间相互调用。用户既能在C语言和FORTRAN语言里调用MATLAB程序，也能在MATLAB环境或程序中调用C语言和FORTRAN语言程序或数据。

1.2　MATLAB 的集成工作环境

在Windows环境下，单击桌面上的图标 或执行菜单"开始"→"程序"→"MATLAB"→"R2009b"→"MATLABR 2009b"，可进入MATLAB环境，起始界面如图1-1所示。

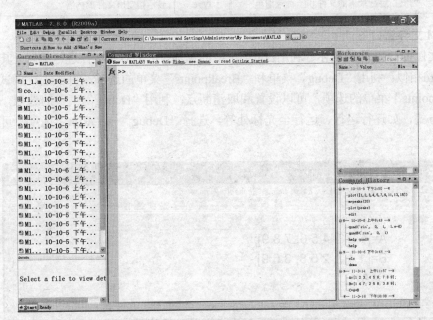

图 1-1　MATLAB 的起始界面

1.2.1　MATLAB 的窗口

1. 命令窗口（Command Window）

MATLAB起始界面右侧即为命令窗口，在该窗口可以输入命令，实现计算或绘图功能。在命令窗口中可以使用一些常用功能键，使操作更简便。常用功能键如表1-1所列。常用控制命令如表1-2所列。

表 1-1　命令窗口常用功能键

功能键	功　能	功能键	功　能
↑，Ctrl-P	重新调入上一命令行	Home，Ctrl-A	光标移到行首
↓，Ctrl-N	重新调入下一命令行	End，Ctrl-E	光标移到行尾
←，Ctrl-B	光标左移一个字符	Esc	清除命令行
→，Ctrl-F	光标右移一个字符	Del，Ctrl-D	删除光标处字符
Ctrl-←	光标左移一个字	Backspace	删除光标左边字符
Ctrl-→	光标右移一个字	Ctrl-K	删除至行首

表 1-2　命令窗口常用控制命令

命令	涵　义	命令	涵　义
cd	设置当前工作目录	edit	打开M文件编辑器
clf	清除图形窗	exit	关闭/退出 MATLAB
clc	清除命令窗口中的显示内容	mkdir	创建目录
clear	清除MATLAB工作空间保存的变量	quit	关闭/退出 MATLAB
dir	列出指定目录下的文件和子目录清单	type	显示指定M文件的内容

2. M 文件窗口

M文件窗口如图1-2所示。利用Edit菜单中的选项，可以对M文件进行编辑，其使用方法与Word相似；利用"Debug"菜单和"Breakpoints"菜单的选项，可以进行调试；利用"Breakpoints"菜单的选项，可以设置和取消断点；利用"Debug"菜单的选项，可以确定运行方式，如逐行运行、运行至光标处等，选择"Debug"→"Run"选项，可以运行程序。

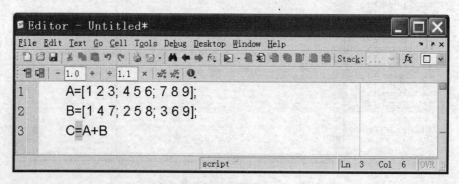

图 1-2　M 文件窗口

4

3. 工作空间窗口（Workspace）

工作空间窗口用于列出数据的变量信息，包括变量名、变量字节大小、变量数组大小、变量类型等内容。在MATLAB起始界面的右上方，切换至"Workspace"选项后，即可观察工作空间窗口中数据的变量信息，如图1-3所示。选择其中任一变量时，MATLAB的主菜单会自动增加"View"菜单，用以设置变量的显示方式及排序方式。

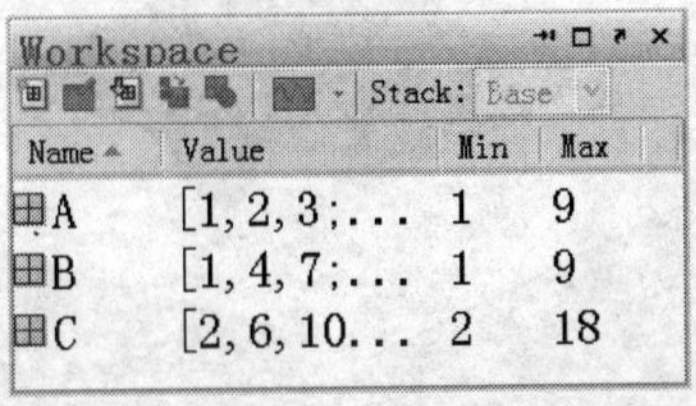

图 1-3　MATLAB 的工作空间窗口示例

工作窗口中，Name、Value、Min、Max分别对应变量名、变量取值、变量最小值、变量最大值。

此外，也可以在命令窗口中执行下述命令，显示工作空间窗口。

load cities　或　load wind

在工作空间窗口，一旦选择某个变量后，部分先前不可用的图标即变为可用。图标 回、 图、 图、 图、 图、 图，依次为新变量、打开选择变量、输入数据、存储数据、删除、绘制各列数据的图形。

4. 当前目录窗口（Current Directory）

在MATLAB起始界面的左上方，切换至"Current Directory"，即可转换到当前目录窗口。

5. 命令历史窗口（Command History）

命令历史窗口位于MATLAB起始界面的右下方。命令窗口显示所有执行过的命令，利用该窗口，可以查看曾经执行的命令，也可以重复利用这些命令。可以从命令历史窗口中双击某个命令行来重新执行该命令，也可以通过拖曳或复制的方法将命令行复制到命令窗口再执行该命令。

6. 图形窗口

选择菜单"File"→"New"→"Figure"选项，或在命令窗口输入figure或执行其它绘图命令，将打开图形窗口，如在命令窗口中执行下述命令：

surf(peaks)

则显示出的图形窗口如图1-4所示。

利用图形窗口菜单和工具栏中的选项，可以对图形进行线型、颜色、标记、三维视图、光照和坐标轴等内容进行设置。

7. GUI 窗口

GUI（Graphics User Interfaces）指图形用户界面。在MATLAB起始界面下，选择菜单"File"→"New"→"GUI"选项，即可打开图形用户界面制作窗口，如图1-5所示。利用窗口左侧的工具栏按钮，即可在右侧窗口中绘制各种按钮、滚动条、文本框、列表框、坐标系等多个控件，可以快速、方便地实现面向对象编程，生成图形用户界面。

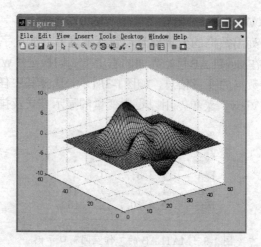

图 1-4　图形窗口示例

8. MATLAB 的"Start"菜单

MATLAB R2009b版在其界面的左下角，增加了类似于Windows"开始"菜单的"Start"菜单，可以快速定位和执行MATLAB的有关功能，如图1-6所示。

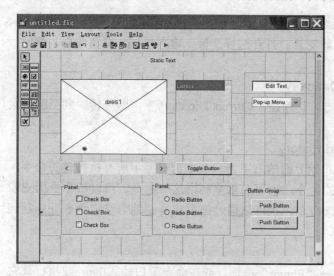

图 1-5　GUI 窗口示例

图 1-6　MATLAB 的"Start"菜单

1.2.2　MATLAB 的运行方式

MATLAB提供了两种运行方式，即命令方式和M文件方式，两种方式各有特点。

1. 命令行运行方式

通过直接在命令窗口中输入命令来实现计算或作图功能。例如求矩阵 A 和 B 的和，其中，

$$A=\begin{bmatrix} 1 & 2 & 3 \\ 4 & 5 & 6 \\ 7 & 8 & 9 \end{bmatrix}, \quad B=\begin{bmatrix} 1 & 4 & 7 \\ 2 & 5 & 8 \\ 3 & 6 & 9 \end{bmatrix}$$

在MATLAB命令窗口中，输入：

```
>> A=[1  2  3;  4  5  6;  7  8  9];
>> B=[1  4  7;  2  5  8;  3  6  9];
>> C=A+B
C =
    2    6    10
    6    10   14
    10   14   18
```

2. M 文件运行方式

在MATLAB界面中，选择菜单"File"→"New"→"M-File"，打开M文件编辑器，如图1-2所示。

在该窗口中输入上述程序并命名存盘，然后可以选择菜单"Debug"→"Save and Run"(或"Run")执行，也可以在命令窗口中输入M文件名运行，运行结果同上。

1.2.3　MATLAB 的帮助系统

MATLAB提供完善的帮助系统，包括命令行帮助、联机帮助、演示帮助等。

1. 命令行帮助

命令行帮助有两种形式。

1) help

直接在命令窗口执行help命令，则显示帮助信息窗口，如图1-7所示。其中列出了所有函数类别和工具箱的名称和功能。

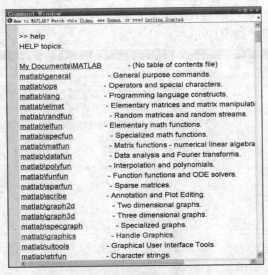

图 1-7　命令行帮助信息

2) help <命令>

在help后添加命令名或工具箱名，可以显示对应的功能帮助信息。

2. 联机帮助

在MATLAB界面中单击工具条上的问号按钮，或单击"Help"菜单中的"Product Help

7

F1"选项,或在"Start"菜单中单击"Help"选项,即可打开联机帮助,如图1-8所示。在界面左边的目录栏中单击项目名称或图表,将在右侧的窗口中显示对应的帮助信息。

图 1-8　联机帮助界面

3. 演示帮助

　　MATLAB提供了功能强大的演示帮助,足以让用户为其深邃的内涵和丰富的功能而击节赞叹。选择菜单"Help"→"Demos"选项,或在命令窗口中运行demo命令,或在图1-8所示联机帮助界面中切换到"Demos"页面,或在"Start"菜单中单击"Demos"选项均可打开演示窗口,如图1-9所示。

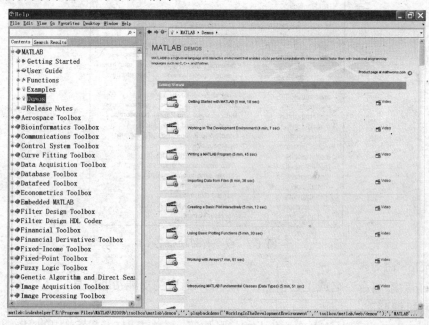

图 1-9　MATLAB 的演示帮助窗口

在左边的窗口中选择（或双击）总包或工具箱名称，然后在展开的项目中，选择希望查看的项目。在右侧窗口中会显示对应项目的演示说明，单击"Run this demo"，即可进行演示。

1.3 MATLAB 的基本特性

1.3.1 MATLAB 的数据类型

MATLAB语言处理的基本数据类型也是最重要的数据类型就是数组(Array)，包括数量(Scalar)、矢量(Vector)、矩阵(Matrix)、字符串(String)、单元阵列(Cell array)、结构(Structure)，它们是数组对象的不同构成方式。

1. 数量、矢量与矩阵

复数矩阵(Complex matrix)是最常用和最基本的数据类型，大小表示为$m \times n$，m、n分别为矩阵的行数和列数。当矩阵退化成1×1的单元素矩阵时，称为数量(Scalar)，当矩阵变成$1 \times n$或$m \times 1$的单行或单列的矩阵时，称为矢量(Vector)。

MATLAB中的矩阵不必事先定义维数和大小，因此使用起来非常方便，特别是编程时更显出其优越特性。

2. 字符串

字符串是指排列成序列的有效字符，所谓有效字符指系统允许使用的字符。在MATLAB中，字符串可以包括字母、数字、专用字符等，空格也是一个有效的字符串。

MATLAB中字符串的定义是用一对单引号扩起来设定的，并且以矩阵形式存放。字符串一经定义，就可以进行输入或赋值。

例如S＝'MATLAB'，这里，MATLAB是一个字符串，存入一个一行六列的矩阵中，其中的每一个字符就是一个单元。

在MATLAB中，提供了大量对字符串进行操作和转换的内部函数，下面即其一例。

```
>> S = char('A','rolling','stone','gathers','momentum.')
S =
A
rolling
stone
gathers
momentum.
```

3. 矩阵的存储

所有MATLAB数据类型均按列存储，与FORTRAN语言的存储方式相同，而与C语言则有较大差别。

4. 矩阵的生成

1) 直接输入法

当矩阵规模较小时，可以从键盘上直接输入。矩阵元素用[ ]括起来，元素之间用空格或"，"分隔，行与行之间用"；"或回车符分隔。矩阵的维数和大小不必事先定义，矩阵元素也可以是运算表达式。若不想显示中间结果，可用"；"结束。

例如在MATLAB命令提示符下键入下列矩阵：

>>A=[1 2 3; 4 5 6]

回车后显示为

A=

    1 2 3

    4 5 6

这里，[ ]是矩阵定义的标志，[ ]内的字符是矩阵元素，分号"；"用于分隔各行元素，各列元素则可以用逗号或空格分隔。

2) M文件输入法

当矩阵规模较大时，用命令文件存放大矩阵，将要输入的矩阵按格式事先写入命令文件并存盘，当在MATLAB的命令窗口中键入该命令文件名时，则矩阵数据被输入到内存中。

1.3.2 MATLAB 的变量

1. 变量命名规则

MATLAB语言的变量命名规则如下：

(1) 变量名区分大小写。

(2) 变量名最多包含63个字符，其后的字符将被忽略。

(3) 变量名必须以一个字母开始，其后可以是任意数量的字母、数字或下划线。

(4) 变量名中不允许出现标点符号，因为许多标点符号在MATLAB中有特殊的意义。

(5) MATLAB语言的关键字不能用作变量名，MATLAB语言保留的关键字如下。

for   end   if   while   function   return   elseif   case   otherwise

switch   continue   else   try   catch   global   persistent   break

2. 特殊变量

MATLAB语言定义了一些特殊变量，其涵义如表1-3所列。

表 1-3　MATLAB 语言的特殊变量及涵义

序号	特殊变量	涵　义	序号	特殊变量	涵　义
1	ans	用作结果的默认变量名	8	nargin	函数的输入参数个数
2	beep	计算机发出"嘟嘟"声	9	nargout	函数的输出参数个数
3	pi	圆周率	10	realmin	可用的最小正实数值
4	eps	浮点精度限（2.2204×10^{-16}）	11	realmax	可用的最大正实数值
5	inf	表示无穷大，如1/0	12	bitmax	可用的最大正实数（双精度格式）
6	NaN或nan	表示不定数，即结果不能确定	13	varargin	可变的函数输入参数个数
7	i 或 j	虚数，表示 $\sqrt{-1}$	14	varargout	可变的函数输出参数个数

1.3.3　基本运算符

MATLAB中，针对数组(Array)的计算提供了大量的运算符，包括算术运算符、关系运算符、逻辑运算符等，使得对数组的一些常规操作变得非常容易。在FORTRAN77语言中要几十条语句才能完成的矩阵(Matrix)加减乘除运算，如今在MATLAB中只要一句即可完成，其编程效率由此可见一斑。

1. 算术运算符

在MATLAB中，除了传统的矩阵算术运算符，还有一些新型的矩阵运算符，如左除、右除等。

1) 算术运算符"＋"，对应的函数名为plus

功能：求矩阵A与矩阵B之和。

格式：A+B或plus(A, B)

注意：矩阵A与B应具有相同维数；或者其中之一为数量，此时相当于每一矩阵元素与数量相加。

2) 算术运算符"－"，对应的函数名为minus

功能：求矩阵A与矩阵B之差。

格式：A-B　或minus (A, B)

注意：矩阵A与B应具有相同维数；或者其中之一为数量，此时相当于每一矩阵元素与数量相减。

3) 算术运算符"＊"，对应的函数名为mtimes

功能：求矩阵A与矩阵B之积。

格式：A*B　或mtimes (A, B)

注意：矩阵A的列数应与矩阵B的行数相同；矩阵A、B可为数量或矢量；当其中之一为数量时，相当于每一矩阵元素与该数量相乘。

4) 算术运算符".＊"，对应的函数名为times

功能：求矩阵A与矩阵B对应元素之积。

格式：A.*B　或times (A，B)

注意：矩阵A与B应具有相同维数；当其中之一为数量时，相当于每一矩阵元素与该数量相乘。

5) 算术运算符"^"，对应的函数名为mpower

功能：求矩阵的乘幂。

格式：A^B　或mpower (A，B)

注意：(1) 若A与B均为数量，则表示A的B次乘方。

(2) 若A为方阵，B为正整数时，表示A的B次乘积；B为负整数时，表示A的逆矩阵的B次乘积；当B为非整数时，有

$$A^{\wedge}B = V * \begin{bmatrix} \lambda_1^{B} & & \\ & \ddots & \\ & & \lambda_3^{B} \end{bmatrix} / V$$

其中，V为特征矢量矩阵，λ_1，λ_2，$\cdots$，λ_n为矩阵A的特征值。

(3) 若A为数量，B为方阵时，有

$$A \wedge B = V * \begin{bmatrix} A^{\lambda_1} & & \\ & \ddots & \\ & & A^{\lambda_n} \end{bmatrix} / V$$

其中，λ_1，λ_2，$\cdots$，λ_n为矩阵A的特征值，V为相应的特征矢量矩阵。

(4) 当A与B均为矩阵时，$A \wedge B$无定义。

6) 算术运算符".^"，对应的函数名为power

功能：求数组的乘幂。

格式：A.^B　或power (A，B)

注意：矩阵A与B应具有相同维数：$A.\wedge B = C$，$C(i,j) = A(i,j) \wedge B(i,j)$

7) 算术运算符"\"，对应的函数名为mldivide

功能：矩阵左除。

格式：A\B　或mldivide (A，B)

注意：利用矩阵左除可求解方程组的根，例如对方程$A*X=B$，可求得解X。

8) 算术运算符"/"，对应的函数名为mrdivide

功能：矩阵右除。

格式：A/B　或mrdivide (A，B)

注意：利用矩阵右除可求解方程组的根，例如对方程$X*A=B$，可求得解X。

9) 算术运算符".\"，对应的函数名为ldivide

功能：数组左除。

格式：A\B　或ldivide (A，B)

注意：矩阵A与B应具有相同维数；或者其中之一为数量，$A.\backslash B = C$，$C(i,j) = B(i,j)/A(i,j)$。

10) 算术运算符"./"，对应的函数名为rdivide

功能：数组右除。

格式：A/B　或rdivide (A，B)

注意：矩阵A与B应具有相同维数；或者其中之一为数量，$A./B = C$，$C(i,j) = A(i,j)/B(i,j)$。

2. 关系运算符

MATLAB提供了6种关系运算符，用于比较两个相同维数的数组。

1) 关系运算符"<"，对应的函数名为lt

功能：比较数组A是否小于数组B。

格式：A<B　或lt (A，B)

2) 关系运算符"<="，对应的函数名为le

功能：比较数组A是否小于等于数组B。

格式：A<=B　或le (A，B)

3) 关系运算符"=="，对应的函数名为eq

功能：比较数组A是否等于数组B。

格式：A= =B 或eq (A，B)

4) 关系运算符"~ ="，对应的函数名为ne

功能：比较数组A是否不等于数组B。

格式：A~ =B 或ne (A，B)

5) 关系运算符">"，对应的函数名为gt

功能：比较数组A是否大于数组B。

格式：A>B 或gt (A，B)

6) 关系运算符">="，对应的函数名为ge

功能：比较数组A是否大于或等于B。

格式：A>=B 或ge (A，B)

注意：MATLAB的关系运算中，矩阵A与矩阵B应为相同维数的矩阵，或者其中之一为数量。当A、B均为矩阵时，是对应元素做比较，满足关系时，取值为1，否则为0。

3．逻辑运算符

1) 逻辑运算符"&"，对应的函数名为and

功能：逻辑与。

格式：A&B 或and (A，B)

注意：矩阵A与矩阵B应为相同维数的矩阵，或者其中之一为数量。

对A&B＝C，若$A(i, j)\neq0$，$B(i, j)\neq0$，则$C(i, j)=1$；否则，$C(i, j)=0$。

2) 逻辑运算符"|"，对应的函数名为or

功能：逻辑或。

格式：A|B 或or (A，B)

注意：矩阵A与矩阵B应为相同维数的矩阵，或者其中之一为数量。

对A|B＝C，若$A(i, j)=0$，$B(i, j)=0$，则$C(i, j)=0$；否则，$C(i, j)=1$。

3) 逻辑运算符"~"，对应的函数名为not

功能：逻辑非。

格式：~ A 或not(A)

注意：对~ A＝C，若$A(i, j)=0$，则$C(i, j)=1$；若$A(i, j)\neq0$，则$C(i, j)=0$。

4) 逻辑运算xor

功能：异或。

格式：xor (A，B)

注意：对xor (A，B)＝C，若$A(i, j)$和$B(i, j)$不同时为0元素或非0元素时，$C(i, j)=1$；否则，$C(i, j)=0$。

5) 逻辑运算any

功能：判断矩阵中是否有一个任意非0元素。

格式：any (A)

注意：当矩阵A中存在任意一个非0元素时，结果为1，否则为0。

6) 逻辑运算all

功能：判断矩阵中所有元素是否非0。

格式：all (A)

注意：当矩阵*A*中所有元素非0时，结果为1，否则为0。

4．特殊符号

1) 冒号"："

功能：(1) 生成矢量，如*A*=1: 2: 10，生成一个初值为1、终值为10、步长为2的行矢量，*A*=[1　3　5　7　9]。

(2) 表示矩阵的行列或块，如*A*(:, *j*)表示矩阵*A*的第*j*列，*A*(*i*, :)表示矩阵*A*的第*i*行。

2) 特殊符号（三点符）"…"

功能：续行符。当一个语句一行写不完需要回车在另一行书写时，用该符号表示行连接（续行）。

3) 逗号"，"

功能：(1) 在矢量元素输入中，等同于空格，用于分隔元素，生成矢量。

(2) 在语句末出现，表示计算结果要在屏幕上显示。

4) 分号"；"

功能：(1) 在矢量元素输入中，用于分隔行元素，生成列矢量。

(2) 在语句末出现，表示计算结果不在屏幕上显示。

5) 单引号"'"

功能：成对使用，定义字符串。

6) 转置符"．'"

功能：用于定义转置矩阵。如*A*=[1　3　5　7　9]，则*A*.'=[1；3；5；7；9]。

7) 注释符"%"

功能：%后的文字只起注释作用。

8) 小括号"（）"

功能：表示矩阵元素，如*A*(*i*, *j*)表示矩阵中第*i*行第*j*列的元素。

9) 中括号"[ ]"

功能：用于生成矩阵。[ ]内的元素用"，"分隔行内元素，用分号"；"分隔行间元素（即区分不同行元素）。

10) 等号"＝"

功能：用于赋值。

1.3.4　MATLAB 语言的基本结构

理论上，顺序结构、循环结构及分支结构可以构造任意功能的程序。与大多数计算机语言一样，MATLAB也提供了这3种程序结构，虽然MATLAB没有像C语言那样丰富的控制结构，但MATLAB自身的强大功能弥补了这种不足。

MATLAB的语句可划分为两大类：第一类是以描述计算机要执行的操作运算，称为赋值语句；第二类是控制第一类语句的执行次序，称为控制语句。控制语句包括循环语句、条件转移语句、分支语句、人机交互语句等。

1．顺序结构

顺序结构就是依照顺序执行程序的各条语句。顺序结构一般不包含其它子结构或控制语句，是最简单但却最常用的结构。像批处理文件就是典型的顺序结构文件。

顺序结构的语句主要由赋值语句组成。赋值语句是基本语句结构，MATLAB赋值语句的格式为：

变量名列表＝表达式

其中等号右边为表达式的定义，它可以是MATLAB允许的各种运算或函数调用，等号左边的变量名列表为等号右边表达式计算结果的返回值。

注意：

(1) MATLAB语言区分字母大小写。MATLAB的内建函数名几乎都用小写字母表示，因而当用同样字母的大写表示该内建函数名时，MATLAB系统视为错误，并给出错误提示。

(2) 等号右边的表达式可以用多种符号来结束，但含义不同。用","结束，则等号左边的变量的计算结果要在屏幕上显示；用";"结束，则不显示；用"…"结束并回车，则MATLAB等待用户继续输入。

(3) MATLAB在函数调用时，允许一次返回多个结果，用[ ]将左边的变量扩起来，且用逗号分隔。

下面是一个顺序结构的M文件（假定M文件名为TEST.M）例子：

A=[1 2; 3 4];

B=[4 3; 2 1];

C=A-B

在命令窗口执行TEST后，结果如下：

```
    C =

        -3    -1
         1     3
```

2. 循环结构

1) for循环语句

for 循环允许一组命令（语句）以固定的和预定的次数重复执行。

格式：

```
    for  S=SB : ST : SE
        [语句组]

    end
```

说明：

格式中的S为循环变量名，SB为循环变量初值，SE为循环变量终值，ST为循环变量步长，默认值为1；SB : ST : SE也称为循环表达式，可以使用任何合法的MATLAB数组。

for 与end之间的[语句组]也称为循环体，循环不会因在循环体内对循环变量重新设置而中断；为提高执行效率，循环前应尽量对数组进行预定义。

for循环语句可以嵌套使用，但不允许交叉。嵌套使用时，外层循环变量每取一个值，内层循环变量就完成全部循环过程。

for循环语句的流程图如图1-10所示。

[例1-1]　for循环示例。

```
for i=1 : 10;
    x(i)=i;
end;
x
Columns 1 through 10
    1    2    3    4    5    6    7    8    9    10
```

[例1-2]　for循环示例。

```
    m=3; n=2;
    for i = 1:m
    for j = 1:n
        H(i, j) = 1/(i+j);
    end
    end
>> H
H =
    0.5000    0.3333
    0.3333    0.2500
    0.2500    0.2000
```

2) while循环语句

while循环语句用于循环次数未知的情况。

格式：

```
        while <条件表达式>
            [语句组]
        end
```

说明：

在while和 end之间的语句组称为循环体。运行时，首选检测条件表达式的值，如果其值为逻辑真（非0值），则执行循环体中的语句组；否则，跳出循环。

执行完语句组后，继续检测条件表达式的值，若表达式值仍为逻辑真，则继续执行循环体中的语句组；一旦表达式值为逻辑假（0值），则终止循环。

条件表达式是由关系运算符表达的。

while循环与for循环的区别在于：while循环结构的循环体被执行的次数是不确定的。

一般情况下，表达式的值都是标量值，但MATLAB允许它为一个数组，此时只有该数组的所有元素均为真时，才会执行循环体。

若表达式为空数组，则认为表达式值为假，而不执行循环体。

while循环语句的流程图如图1-11所示。

16

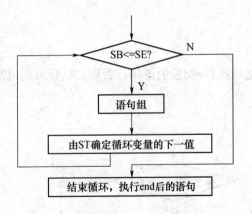

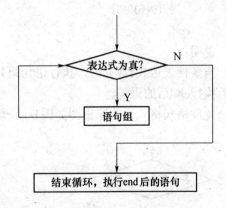

图 1-10 for 循环语句的流程图　　　　　图 1-11 while 循环语句的流程图

[例1-3]　while循环语句示例。

```
number=0;
EPS=1;
while (1+EPS)>1
  EPS=EPS/2;
  number=number+1;
end
>> EPS
EPS =
     1.1102e-016
>> number
     number =
           53
```

3. 选取结构

1) if-else-end分支结构

格式一：

```
if <条件表达式1>
    [语句组1]
end
```

说明：

当条件表达式1成立时，执行语句组1，然后执行end后的语句；否则，跳出if语句，直接执行end后的语句。

条件语句格式一的流程图如图1-12所示。

格式二：

```
if <条件表达式1>
    [语句组1]
else
```

                [语句组2]
        end
    说明:
    当条件表达式1成立时,执行语句组1,然后执行end后的语句;否则,执行语句组2,然后执行end后的语句。
    条件语句格式二的流程图如图1-13所示。

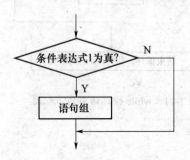

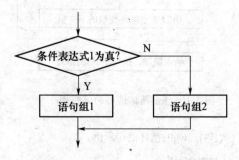

图 1-12   条件语句格式一的流程图   图 1-13   条件语句格式二的流程图

    格式三:
        if <条件表达式1
                [语句组1]
        elseif <条件表达式2
                [语句组2]
                …
        elseif   <条件表达式n
                [语句组n]
        end
                [语句组n+1]
        end
    说明:
    如果条件表达式n不成立时,不要求做语句组(n+1),而直接跳出if语句,这时倒数第二个end可以不用。
    条件语句格式三的流程图如图1-14所示。
    2) switch-case结构
    格式:
        switch   <开关表达式>
        case <情况表达式1
                语句组1
        case <情况表达式2
                语句组2
                …
        case <情况表达式n

　　　　　语句组n
otherwise
　　　　　语句组n+1
end

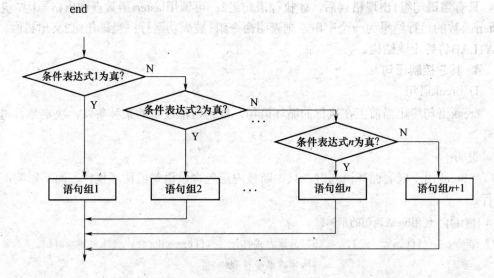

图 1-14　条件语句格式三的流程图

说明:

　　该语句结构用于实现多种情况(case)下的开关控制,以执行分支结构;执行过程为:首先计算开关表达式的值,当情况表达式的值等于开关表达式的值时,执行相应情况后面的语句组,然后跳出循环体;如果没有相等的情形,则执行otherwise后的语句组,然后跳出循环体。图1-15为分支结构的流程图。

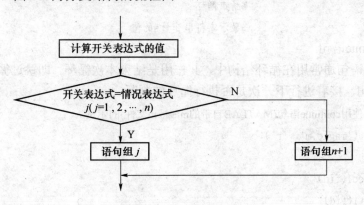

图 1-15　分支结构的流程图

3) try-catch结构

格式:

　　　　try
　　　　　　[语句组1]
　　　　catch

[语句组2]

          end

说明：

只有当语句组1出现错误后，才执行语句组2；可调用lasterr函数查询出错原因，若lasterr函数的运行结果为一个空串，则表明命令组1被成功运行；当语句组2又出错时，MATLAB将终止该结构。

4. 其它控制语句

1) break语句

break语句终止当前正在执行的循环语句，根据内部设定的某种条件，决定是否退出循环。

说明：

当break用于嵌套循环语句时，只中断最内层包含该语句的循环执行，而不影响高层执行。

[例1-4]　使用break语句的示例。

```
fd=fopen('fft.m', 'r');        %以只读方式打开名为fft.m的M文件，文件句柄指向fd
s=' ';                         %给字符串变量s赋初值
while ~fopen(fd)               %只要由句柄fd指向的文件打开成功，就开始循环
line=fgetl(fd);                %从句柄fd指向的文件中读取一行
   if isempty(line)           %判断所读数据行是否为空
     break                    %如果所读数据行为空，则终止当前正在执行的循环
   end                        % 结束判断语句
   s=strcat(s, line);         %将所读数据对接于字符串变量s之后
end                           %结束循环
disp(s)                       %显示字符串变量s的值
```

2) continue语句

continue语句通常用在循环结构中，其作用是结束本次循环，即跳过循环体中下面尚未执行的语句，接着进行下一次是否执行循环的判断。

[例1-5]　使用continue语句(MATLAB自带的magic.m文件)的示例。

```
fid=fopen('magic.m', 'r');
count=0;
while ~feof(fid)
line=fgetl(fid);
if isempty(line) | strncmp(line, '%', 1)
     continue
end
count=count+1;
end
disp(sprintg('%d line', count));
```

20

3) input和keyboard语句

input语句

input把"控制权"暂时交给用户。此后，用户通过键盘输入数值、字符串或表达式，并经"回车"把键入的内容输入工作空间，同时把"控制权"交还给MATLAB。

keyboard语句

当程序遇到keyboard语句时，把"控制权"交给键盘，用户可从键盘输入各种合法的MATLAB命令。只有当用户使用return命令结束输入后，"控制权"才交还给程序。

4) return语句

一般情况下，当被调函数执行完后，MATLAB会把控制转至主调函数或者命令窗。如果在被调函数中插入了return命令，可以强制MATLAB结束执行该函数并把控制转出。

1.3.5　MATLAB 的变量与常用交互命令

1. 局部变量与全局变量

函数文件和命令文件中都有变量，但它们在性质上是不同的。函数文件内的变量只能在函数内部使用，其它函数不能调用，属于局部变量。如果希望两个或多个函数共用一个变量，那么就要用关键词global声明它是全局变量。

全局变量的作用域是整个MATLAB工作空间，即全程有效，所有的函数都可以对它进行存取和修改。

命令文件中的变量是全局变量，也就是说，这些变量一经生成，就一直保存在工作空间，直至使用clear命令清除工作空间内所有数据为止。

用whos命令可以对工作空间的变量查看，此外，MATLAB还提供了有选择地清除存储和取出变量的命令。

2. 子函数与局部函数

MATLAB中可以定义子函数，用来扩充函数的功能。

在函数文件中题头定义的函数为主函数，而在函数体内定义的其它函数均为子函数。在调用关系上，子函数只能被主函数或同一主函数下的其它子函数所调用。

MATLAB语言中把放置在目录private下的函数叫局部函数，或称私有函数。在调用关系上，局部函数只能被private目录中的函数调用，其它目录中的函数不可调用。

局部函数与子函数有所不同：

从被调用范围来看，局部函数的范围比子函数范围广。

从编辑方式上看，局部函数与一般函数的编辑相同；而子函数则只能在主函数文件中编辑。

3. MATLAB 的人机交互语句

1) error和warning语句

error和warning语句用于警示。

```
error（'message'）        %显示出错信息message，并终止程序
errortrap                %错误发生后，程序继续执行与否的双位开关
lasterr                  %显示MATLAB自动判断的最新出错原因，并终止程序
warning（'message'）      %显示警告信息message，程序继续运行
lastwarn                 %显示MATLAB自动给出的最新警告程序，继续运行
```

21

2) pause语句

使程序暂时终止运行，等待用户按任意键后继续运行，主要用于调试程序、查看结果。

```
pause              %暂停运行，等待用户按任意键后继续
pause（n）        %暂停n秒后，继续运行
```

3) yesinput语句

yesinput语句是一个智能型输入命令，它提供一个缺省输入值，并可以在输入范围内进行检查。调用形式如下：

```
yn=yesinput（'Prompt'，Defaut，Possib)
```

说明：

'Prompt'为文字提示，Defaut为缺省设置，Possib为可选值范围。

当执行该命令后，如不输入任何值，则变量yn将接受缺省值。

4) echo语句

如果需要对M文件演示时，即要求M文件的每条命令都显示出来时，需要用echo语句。脚本式M文件与函数式M文件，使用echo语句的方式略有不同。

脚本式M文件使用echo语句示例：

```
echo on              %打开echo命令，使后续命令在执行过程中可见
echo off             %关闭echo命令，使后续命令在执行过程中不可见
echo                 %在上述两种情况下进行切换
```

函数式M文件使用echo语句示例：

```
echo filename on     %使filename指定的M文件的执行命令显示出来
echo filename off    %使filename指定的M文件的执行命令不显示出来
echo on all          %其后的所有M文件的执行命令都显示出来
echo off all         %其后的所有M文件的执行命令都不显示出来
```

4. MATLAB 对工作空间的操作命令

1) clear命令

```
格式：   clear           %清除工作空间内的所有变量
         clear global    %清除工作空间内的所有全局变量
         clear all       %清除工作空间内的所有变量（包括全局变量）及函数
         clear A B       %清除工作空间内的变量A、B
```

2) load 命令

```
格式：load <filename>     %将指定的数据文件filename.mat中存储的变量全部装入工作空
                          间，默认的文件扩展名为.mat
      load <filename> A B %将指定的数据文件filename.mat中存储的变量A、B装入工作空间
```

3) save 命令

```
格式：save <filename>     %将工作空间中所有变量存入指定的数据文件filename.mat中，默
                          认的文件扩展名为.mat
      save <filename> A B %将工作空间中的变量A、B存入指定的数据文件filename.mat中
```

4) whose 命令

```
格式：   whose           %对当前工作空间变量的信息进行列表
```

5) clc 命令

格式： clc   %清除当前屏幕上显示的内容，但并不清除工作空间中的数据

6) quit 命令

格式： quit   %退出MATLAB环境，释放所有工作空间

1.4　MATLAB 的 M 文件

MATLAB的程序设计主要指M文件的设计。所谓M文件，是指把要实现的命令写在一个以M为扩展名的文件中，然后由MATLAB系统进行解释、运行，并给出结果。实际上，M文件仅仅是一个MATLAB的命令集。正是由于这一特点，使得MATLAB具有强大的可开发性与可扩展性。此外，由于MATLAB本身是用C++语言开发而成的，因此M文件的语法规则与C语言几乎完全一样，对广大C语言用户来讲，使用和掌握就显得更容易了。

由于M文件是一般的文本文件，所以可以用任何文本编辑器进行编辑，但MATLAB内部自带了M文件编辑器与编译器，使用起来更加方便。

1.4.1　MATLAB 的程序编辑器

MATLAB提供的程序编辑器有两类：脚本式文本编辑器（"File"→"New"→"Blank M-file"）及函数（"File"→"New"→"Function M-file"）文本编辑器，它们是一个集编辑与调试于一体的工具环境，如图1-16和图1-17所示。利用它可以完成基本文本及函数的编辑和操作，还可以对M文件进行调试。

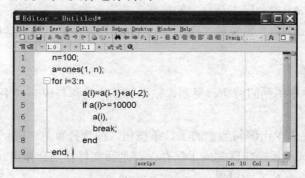

图 1-16　脚本式文本编辑器界面

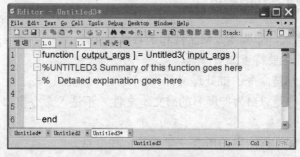

图 1-17　函数文本编辑器界面

这两个编辑器的主菜单及主要工具按钮涵义如图1-18所示。

图 1-18　脚本式文本编辑器和函数文本编辑器的主菜单及工具条

1.4.2　M 文件编写方法

1. 创建 M 文件

创建M文件有3种常用方法。

(1) 在MATLAB命令窗口执行edit命令。

(2) 点击MATLAB命令窗工具条上的"File"→"New"→"Blank M-File"按钮。

(3) 点选MATLAB命令窗菜单"File"→"New"→"Blank M-File"。

2. 打开 M 文件

打开M文件有3种常用方法：

(1) 在MATLAB命令窗口执行命令：edit <Filename>。Filename是待打开文件名，可不带扩展名。

(2) 单击MATLAB命令窗工具条上的按钮，在弹出的对话框中选择所需打开的文件。

(3) 选择MATLAB命令窗菜单"File"→"Open"，在弹出的对话框中选择所需打开的文件。

3. 编辑 M 文件

(1) 编辑M文件中用到的剪切、复制、粘贴等基本操作与Word文件中的命令和图标按钮相同。

(2) 文件的保存：单击编辑器上的工具条按钮，或选择菜单"File"→"Save"。若是已有文件，则完成上述操作就完成了保存；若是新文件，则会弹出"保存"文件对话框，选择存放目录和文件名后才予以保存。

1.4.3　M 文件的特点及程序设计

M文件有两种格式，即脚本式M文件和函数式M文件。

脚本式M文件的主要特点如下：

(1) 脚本式M文件是命令的批处理文件。

(2) 脚本式M文件是以M为扩展名的M文本文件，不进入命令窗口，而是由文本编辑器创建外部文本文件。

(3) 脚本式M文件运行产生的所有变量都是全局变量。

[例1-6]　寻求Fibonacci数组中第一个大于10000的元素。

(1) 用 for 循环方法求解，编制的 M 文件（fibonacci01.m）如下：

```
n=100;
    a=ones(1, n);
    for i=3:n
     a(i)=a(i-1)+a(i-2);
     if a(i)>=10000
         a(i),
         break;
     end
    end, i
```

可以在如图 1-17 所示的编辑窗口中，选择"Debug"→"Save and Run"，存储 M 文件之后运行；或在主窗口中执行存储的文件名，运行结果如下：

```
>>fibonaccio1
ans =
    10946
   i =
    21
```

(2) 用 while 语句方法实现，编制的 M 文件（fibonacci 02.m）如下：

```
a(1)=1;
a(2)=1;
i=2;
while a(i)<=10000
a(i+1)=a(i-1)+a(i);
i=i+1;
end, i, a(i),
```

运行结果如下：

```
>>fibonaccio2
i =
21
ans =
    10946
```

第 2 章　MATLAB 的基本运算

矩阵和函数运算是 MATLAB 的基础，MATLAB 许多强大的功能都依赖于矩阵及函数的运算以及它们的扩展运算。

2.1　矩阵及其运算

2.1.1　矩阵和矢量的概念

1. 数组

数组是指由一组实数或复数排列成的长方阵列。数组可以是一维的"行"或"列"，可以是二维的"矩形"，也可以是"若干同维矩形的堆叠"，以形成更高的任意维数。在 MATLAB 中可以用数组的方式来表示有序的数。

2. 矩阵

由 m 行 n 列构成的数组 A 称为($m \times n$)阶矩阵，它总共由($m \times n$)个元素组成，并按如下形式排列：

$$A = \begin{bmatrix} a_{11} & a_{12} & \cdots & a_{1n} \\ a_{21} & a_{22} & \cdots & \cdots \\ \vdots & \vdots & \vdots & \vdots \\ a_{m1} & a_{m2} & \cdots & a_{mn} \end{bmatrix} \rightarrow (m \times n)$$

矩阵的元素记为 a_{ij}，其中 i 表示行，j 表示列。矩阵 A 的大小可用如下命令获得：

```
size(A)              %返回的第一个数值为行数(m)，第二个数值为列数(n)
[m, n]=size(A)       %[m, n]表示矩阵的行数赋值给 m，矩阵的列数赋值给 n
```

如果 $m = n$，则称矩阵 A 为方阵或 n 阶矩阵。

3. 矢量

当 $a_{ij} = a_{i1}$(即只有 1 列时)，A 称为列矩阵或列矢量，记为

$$A = \begin{bmatrix} a_{11} \\ a_{12} \\ \vdots \\ a_{m1} \end{bmatrix} = \begin{bmatrix} a_1 \\ a_2 \\ \vdots \\ a_m \end{bmatrix} \rightarrow (m \times 1)$$

当 $a_{ij} = a_{1j}$(即只有 1 行时)，A 称为行矩阵或行矢量，记为

$$A = [a_{11} \quad a_{12} \cdots \quad a_{1n}] = [a_1 \quad a_2 \cdots \ a_n] \rightarrow (1 \times n)$$

在 MATLAB 中，行矢量是矢量的默认定义。

2.1.2 矩阵的数学运算

1. 加法和减法

矩阵的加减运算与通常的矢量加减运算相同，即对应元素相加减。能够进行矩阵加减运算的矩阵必须满足下例条件之一：

(1) 矩阵的类型相同，即行列数相同。

(2) 其中一个为标量。

如有两个$(m×n)$阶矩阵 A 和 B，则

$$A \pm B = \begin{bmatrix} a_{11} \pm b_{11} & a_{12} \pm b_{12} & ... & a_{1n} \pm b_{1n} \\ a_{21} \pm b_{21} & a_{22} \pm b_{22} & ... & a_{2n} \pm b_{2n} \\ \vdots & \vdots & \ddots & \vdots \\ a_{m1} \pm b_{m1} & a_{m2} \pm b_{m2} & ... & a_{mn} \pm b_{mn} \end{bmatrix} \rightarrow (m×n) \tag{2-1}$$

2. 数乘矩阵

用数 k 乘矩阵 A 的每一个元素而得到的矩阵称为 k 与 A 之积，记为 kA 或 Ak。

$$kA = \begin{bmatrix} ka_{11} & ka_{12} & ... & ka_{1n} \\ ka_{21} & ka_{22} & ... & ka_{2n} \\ \vdots & \vdots & \ddots & \vdots \\ ka_{m1} & ka_{m2} & ... & ka_{mn} \end{bmatrix}$$

3. 矩阵乘法

如有两个$(m×k)$阶矩阵 A 和$(k×m)$阶矩阵 B，则

$$C = AB = \begin{bmatrix} \sum_{j=1}^{k} a_{1j}b_{j1} & \sum_{j=1}^{k} a_{1j}b_{j2} & ... & \sum_{j=1}^{k} a_{1j}b_{jn} \\ \sum_{j=1}^{k} a_{2j}b_{j1} & \sum_{j=1}^{k} a_{2j}b_{j2} & & \vdots \\ \vdots & & \ddots & \\ \sum_{j=1}^{k} a_{mj}b_{j1} & & & \sum_{j=1}^{k} a_{mj}b_{jn} \end{bmatrix} \rightarrow (m×n) \tag{2-2}$$

这里，C 为$(m×n)$阶矩阵。需要注意的是，只有当两个矩阵的相邻阶数相等时，矩阵乘积的定义才成立。式(2-2)表明是对 k 项进行了求和操作。

在 MATLAB 中，矩阵乘积的表达式为 $C = A * B$ 或函数 times $(A，B)$。

4. 零矩阵的运算

矩阵中所有元素都为零的矩阵称为零矩阵，m 行 n 列的零矩阵记为 $0_{m×n}$。对于任意矩阵 $A_{m×n}$，恒有 $A_{m×n} + 0_{m×n} = A_{m×n}$。

5. 单位矩阵

在一个矩阵中，其主对角线各元素 $a_{ii} =1$，其余各元素均为 0 的矩阵称为单位矩阵，

记为

$$I = \begin{bmatrix} 1 & & 0 \\ & \ddots & \\ 0 & & 1 \end{bmatrix}$$

n 阶单位矩阵记为 I_n。对于任意矩阵 $A_{m \times n}$，有

$$A_{m \times n} * I_n = A_{m \times n}, \quad I_n * A_{m \times n} = A_{m \times n}。$$

MATLAB 中，用 eye(m, n)函数生成 m 行、n 列的单位矩阵。

6. 矩阵的逆

对矩阵 A，若存在 $A^{-1}A = AA^{-1} = I$，则称 A^{-1} 为 A 的逆矩阵。

对 n 阶矩阵 A，如果有 n 阶矩阵 B 存在，使得 $A * B = B * A = I$，则说 A 为非奇异阵，并说 B 是 A 的逆，亦即其行列式的值不等于 $0(|a| \neq 0)$。否则，A 就是奇异矩阵。由于 A、B 处于对称地位，故当 A 非奇异时，其逆 B 也非奇异，而且 A 也就是 B 的逆，即 A、B 互逆。此外，任何非奇异矩阵 A 都只能有一个逆矩阵。

在 MATLAB 中，获取矩阵 A 的逆的表达式为 inv(A) 或 A^-1。

7. 转置矩阵

把矩阵 $A = (a_{ij})_{m \times n}$ 的行、列互换而得到的 $n \times m$ 矩阵叫做 A 的转置矩阵，记为

$$A^{\mathrm{T}} = \begin{bmatrix} a_{11} & a_{21} & \cdots & a_{m1} \\ a_{12} & a_{22} & \cdots & a_{m2} \\ \vdots & \vdots & \ddots & \vdots \\ a_{1n} & a_{2n} & \cdots & a_{mn} \end{bmatrix}$$

矩阵的转置具有如下性质：

① $(A^{\mathrm{T}})^{\mathrm{T}} = A$ ② $(A + B)^{\mathrm{T}} = A^{\mathrm{T}} + B^{\mathrm{T}}$

③ $(\alpha A)^{\mathrm{T}} = \alpha A^{\mathrm{T}}$ ④ $(A * B)^{\mathrm{T}} = B^{\mathrm{T}} * A^{\mathrm{T}}$

当 A 是一个 n 阶矩阵而且有 $A = A^{\mathrm{T}}$ 时，则说 A 是一个对称矩阵。

若 A 为一个矩阵，则在 MATLAB 中，$A.'$ 为非共轭转置，A' 为共轭转置。

8. 行列式

n 阶行列式的定义为

$$|a| = \begin{vmatrix} a_{11} & a_{12} & \cdots & a_{1n} \\ a_{21} & a_{22} & \cdots & \cdots \\ \vdots & \vdots & \ddots & \vdots \\ a_{n1} & a_{n2} & \cdots & a_{nn} \end{vmatrix}$$

当 $n=2$ 时，$|a| = a_{11}a_{22} - a_{12}a_{21}$

当 $n=3$ 时，$|a| = a_{11}a_{22}a_{33} + a_{12}a_{23}a_{31} + a_{13}a_{21}a_{32} - a_{13}a_{22}a_{31} - a_{11}a_{23}a_{32} - a_{12}a_{21}a_{33}$

在 MATLAB 中，行列式的表达式为 det(A)。

9. 特征值与特征矢量

在 MATLAB 中，方阵 A 的特征值和特征矢量可由下式求得

$$[V,D]=eig(A)$$

其中，D 为 A 的特征值构成的对角阵，每个特征值对应的 V 的列属于该特征值的一个特征矢量，如果只有一个返回变量，则得到特征值构成的列矢量。

[例 2-1] 一个矩阵计算的例子(M 文件为 L0201.m)。

```
A= [3 5; 7 9]
 A =
      3    5
      7    9
B=A'                    %求矩阵的转置
 B =
      3    7
      5    9
E=A*B                   %矩阵乘法
 E =
     34   66
     66  130
F=B*A                   %矩阵乘法
 F =
     58   78
     78  106
DA=det(A)               %计算行列式
 DA =
     -8
C=inv(A)                %求矩阵的逆
 C =
    -1.1250    0.6250
     0.8750   -0.3750
[V, D]=eig(A)           %求矩阵的特征值与特征矢量
 V =
    -0.8090   -0.4607
     0.5878   -0.8876
 D =
    -0.6332         0
     0     12.6332
YS=A*V-V*D     %验算
 YS=
     1.0e-015 *
     0.2220         0
     0.3886         0
```

29

10. 点运算

在 MATLAB 中，点(.)运算是指对同阶矩阵中逐个元素进行算术运算。

例如，有下述两个(3×4)阶矩阵：

$$\boldsymbol{m} = \begin{bmatrix} m_{11} & m_{12} & m_{13} & m_{14} \\ m_{21} & m_{22} & m_{23} & m_{24} \\ m_{31} & m_{32} & m_{33} & m_{34} \end{bmatrix}, \quad \boldsymbol{n} = \begin{bmatrix} n_{11} & n_{12} & n_{13} & n_{14} \\ n_{21} & n_{22} & n_{23} & n_{24} \\ n_{31} & n_{32} & n_{33} & n_{34} \end{bmatrix}$$

则，几种点运算如下：

$$\boldsymbol{m}.*\boldsymbol{n} = \begin{bmatrix} m_{11}*n_{11} & m_{12}*n_{12} & m_{13}*n_{13} & m_{14}*n_{14} \\ m_{21}*n_{21} & m_{21}*n_{21} & m_{23}*n_{23} & m_{24}*n_{24} \\ m_{31}*n_{31} & m_{32}*n_{32} & m_{33}*n_{33} & m_{34}*n_{34} \end{bmatrix}$$

$$\boldsymbol{m}./\boldsymbol{n} = \begin{bmatrix} m_{11}/n_{11} & m_{12}/n_{12} & m_{13}/n_{13} & m_{14}/n_{14} \\ m_{21}/n_{21} & m_{21}/n_{21} & m_{23}/n_{23} & m_{24}/n_{24} \\ m_{31}/n_{31} & m_{32}/n_{32} & m_{33}/n_{33} & m_{34}/n_{34} \end{bmatrix}$$

$$\boldsymbol{m}.\^{}\boldsymbol{n} = \begin{bmatrix} m_{11}\^{}n_{11} & m_{12}\^{}n_{12} & m_{13}\^{}n_{13} & m_{14}\^{}n_{14} \\ m_{21}\^{}n_{21} & m_{21}\^{}n_{21} & m_{23}\^{}n_{23} & m_{24}\^{}n_{24} \\ m_{31}\^{}n_{31} & m_{32}\^{}n_{32} & m_{33}\^{}n_{33} & m_{34}\^{}n_{34} \end{bmatrix}$$

当 $\boldsymbol{m} = m_0$，且 m_0 为标量常数时，有

$$m_0.*\boldsymbol{n} = \begin{bmatrix} m_0*n_{11} & m_0*n_{12} & m_0*n_{13} & m_0*n_{14} \\ m_0*n_{21} & m_0*n_{21} & m_0*n_{23} & m_0*n_{24} \\ m_0*n_{31} & m_0*n_{32} & m_0*n_{33} & m_0*n_{34} \end{bmatrix}$$

$$= m_0 \begin{bmatrix} n_{11} & n_{12} & n_{13} & n_{14} \\ n_{21} & n_{22} & n_{23} & n_{24} \\ n_{31} & n_{32} & n_{33} & n_{34} \end{bmatrix} = m_0*\boldsymbol{n}$$

$$m_0./\boldsymbol{n} = \begin{bmatrix} m_0/n_{11} & m_0/n_{12} & m_0/n_{13} & m_0/n_{14} \\ m_0/n_{21} & m_0/n_{21} & m_0/n_{23} & m_0/n_{24} \\ m_0/n_{31} & m_0/n_{32} & m_0/n_{33} & m_0/n_{34} \end{bmatrix}$$

$$= m_0 \begin{bmatrix} n_{11} & n_{12} & n_{13} & n_{14} \\ n_{21} & n_{22} & n_{23} & n_{24} \\ n_{31} & n_{32} & n_{33} & n_{34} \end{bmatrix} = m_0/\boldsymbol{n}$$

$$\boldsymbol{m}.\^{}\boldsymbol{n} = m_0.\^{}\boldsymbol{n}$$

当 $\boldsymbol{n} = n_0$，且 n_0 为标量常数时，有

$$m./n_0 = \begin{bmatrix} m_{11}/n_0 & m_{12}/n_0 & m_{13}/n_0 & m_{14}/n_0 \\ m_{21}/n_0 & m_{21}/n_0 & m_{23}/n_0 & m_{24}/n_0 \\ m_{31}/n_0 & m_{32}/n_0 & m_{33}/n_0 & m_{34}/n_0 \end{bmatrix}$$

$$= \frac{1}{n_0} \begin{bmatrix} m_{11} & m_{12} & m_{13} & m_{14} \\ m_{21} & m_{22} & m_{23} & m_{24} \\ m_{31} & m_{32} & m_{33} & m_{34} \end{bmatrix} = m/n_0$$

$$m.^\wedge n = m.^\wedge n_0$$

2.2　矩阵的创建及寻访

2.2.1　矩阵的创建

1. 不规则矩阵的创建

1) 依次输入

一般方式：以左方括号开始，以空格(或逗号)为间隔输入元素值，以右方括号结束。用三点符续行。主要用于小规模矩阵创建。用这种方法创建矩阵时，应注意以下几点：

(1) 矩阵同行元素之间可由空格或"，"分隔。

(2) 行与行之间要用"；"或 回车键隔离。

(3) 可以不预先定义矩阵的大小。

(4) 矩阵的元素可以是运算表达式。

(5) 输入矩阵时要用方括号"[ ]"将矩阵元素括起来。

(6) 无任何元素的空矩阵是合法的。

(7) 分号"；"在"[ ]"方括号内时，它是矩阵行间的分隔符。

(8) 分号"；"用作为指令后的结束符时，将不在屏幕上显示该指令执行后的结果。

(9) 为确保指令正确执行，MATLAB 标点符号(分号、逗号、方括号等)一定要在英文状态下输入。因为 MATLAB 不能识别中文标点。

[例 2-2]　创建一个简单数值矩阵。

>>X= [1 3 5; 7 9 11]

 X =

1　　3　　5
7　　9　　11

[例 2-3]　创建一个带有运算表达式的矩阵。

>>X= [sin (pi/3), cos (pi/4); log (3), tan (6)]

X =

　　　0.8660　　0.7071
　　　1.0986　　-0.2910

[例 2-4]　用三点符续行。

>> X= [1, 2, 3, 4, 5;…

```
    6, 7, 8, 9, 1;…
    5, 6, 7, 9, 3]
X =
    1    2    3    4    5
    6    7    8    9    1
    5    6    7    9    3
```

2) 编址方式输入

按矩阵的下标输入。

[例 2-5]

```
for i=1 : 10;
    x(i)=i*2-1;                    %生成一维 10 列矩阵
end
```

运行结果：

```
>> x
x =
    1    3    5    7    9    11    13    15    17    19
```

2. 规则矩阵的创建

1) 增量(冒号)创建方式

一般格式为：

X=(First : Increment : Last)

表示创建一个从 First 开始，至 Last 结束，增量为 Increment 的数组。用冒号表示直接定义数据元素之间的增量，冒号要在英文状态下输入。若 Increment 为 1，可省略。

[例 2-6]

```
>> X=[0:2:20]
X =
         0    2    4    6    8    10    12    14    16    18    20
>> t=[0.1:0.1:1]*pi       %*按增量方式生成矢量并乘以 π
t =
 Columns 1 through 8
0.3142    0.6283    0.9425    1.2566    1.5708    1.8850    2.1991    2.5133
 Columns 9 through 10
2.8274    3.1416
>> y=sin (t)
y =
 Columns 1 through 8
0.3090    0.5878    0.8090    0.9511    1.0000    0.9511    0.8090    0.5878
 Columns 9 through 10
0.3090    0.0000
```

32

[例 2-7]

```
>>X(1:3)        %*正序，间隔为 1，起始于第一个元素，终止于第三个元素
    1    2    3
```

[例 2-8]

```
>>X(5:-2:1)          %*逆序，间隔为 2，起始于第五个元素，终止于第一个元素
ans =
    7    5    1
```

2) 点数(内部函数)创建方式

(1) linspace(first_value，last_value， number)

该方式通过直接定义数组元素个数来定义数组。即建立一个从 first_value 开始，至 last_value 结束，按等比例划分包方式生成 number 个数组元素的数组。

[例 2-9]

```
>> X= linspace(0, pi, 6)          %注意: pi 表示 π，要小写
X=0    0.6283    1.2566    1.8850    2.5133    3.1416
```

(2) logspace(first_exponent，last_exponent ， number)

该方式也是通过直接定义数组元素个数来定义数组，但分割方式不同。它建立一个从 $10^{first\_exponent}$ 开始，至 $10^{last\_exponent}$ 结束，按对数分割方式，生成 number 个数组元素的数组。

[例 2-10]

```
>>X=logspace(0, 2, 6)
X =
    1.0000    2.5119    6.3096    15.8489    39.8107    100.0000
```

3) 用函数创建

用户可以直接用函数来生成某些特定的矩阵，常用的函数见表 2-1。

表 2-1　生成特定矩阵的一些函数

指令	含　义	指令	含　义
eye(n)	创建 $n×n$ 单位矩阵	rand(m, n)	在[0，1]区间内创建一个 $m×n$ 均匀分布的随机矩阵
eye(m, n)	创建 $m×n$ 单位矩阵	rand(size(A))	在[0，1]区间内创建一个与 A 维数相同的均匀分布的随机矩阵
eye(size(A))	创建与 A 维数相同的单位矩阵	randn	创建正态分布随机矩阵
ones(n)	创建 $n×n$ 全 1 矩阵	compan(P)	创建系数矢量是 P 的多项式的伴随矩阵
ones(m, n)	创建 $m×n$ 全 1 矩阵	diag(v)	创建一矢量 v 中的元素为对角的对角阵
ones(size(A))	创建与 A 维数相同的全 1 矩阵	hilb(n)	创建 $n×n$ 的 Hilert 矩阵
zeros(m, n)	创建 $n×n$ 全 0 矩阵	pascal	创建帕斯卡矩阵
zeros(size(A))	创建与 A 维数相同的全 0 矩阵	magic	创建幻(魔)方矩阵(对高维不适用)
rand(n)	在[0，1]区间内创建一个 $n×n$ 均匀分布的随机矩阵		

4) 列矢量数组创建

方法：以分号方式创建，或先建立行矢量，然后再对其进行转置。

[例 2-11]
```
>>X=[1；3；5]
X=
     1
     3
     5
```

[例 2-12] 一般数组的创建
```
>>X=[1 2 3；4 5 6；7 8 9]
X= 1  2  3
   4  5  6
   7  8  9
```

5) 规律数组的创建

[例 2-13]
```
>>X=[1  2  3]*pi
ans=
   3.1416   6.2832   9.4248
```

[例 2-14]
```
>> X=linspace(1，2，5)*5
X =
   5.0000   6.2500   7.5000   8.7500   10.0000
```

6) 其它方式创建

(1) 由 M 文件创建。

[例 2-15] 假定有一个 mydata.m 的 M 文件，其文本内容如下：
```
X=[ 2  4  6；8  10  12；14  16  18]
```

则语句
```
>>mydata
```
将读入 mydata.m 文件，并执行其语句，生成数组 **X**。这对于创建大型数组是非常方便的。

(2) 由外部数据文件创建。通过 load 命令和 fread 函数由外部文件创建。

7) 标准数组生成函数(表 2-2)

表 2-2 标准数组生成函数

指令	含 义	指令	含 义
diag	产生对角形数组(对高维不适用)	rand	产生均匀分布随机数组
eye	产生单位数组(对高维不适用)	randn	产生正态分布随机数组
magic	产生幻(魔)方数组(对高维不适用)	zeros	产生所有元素为 0 的数组
ones	产生所有元素为 1 的数组		

34

[例 2-16]　对角形数组

```
>>D=eye(3)                      %*注意: eye 要小写
D=
   1    0    0
   0    1    0
   0    0    1
>>diag(D)                       %*取 D 阵的对角元素
ans =
   1
   1
   1
>> diag(diag(D))                %*先取 D 的对角元素, 然后利用一维数组生成对角阵
ans =
   1    0    0
   0    1    0
   0    0    1
```

[例 2-17]　产生全部元素为 1、长度为 3 的数组。

```
>>ones(1, 3)
ans =
   1    1    1
```

[例 2-18]　计算三阶帕斯卡矩阵与三阶魔方矩阵的乘积。

```
>> A=pascal(3)          %生成三阶帕斯卡矩阵
A =
   1    1    1
   1    2    3
   1    3    6
>> B=magic(3)           %生成三阶魔方矩阵
B =
   8    1    6
   3    5    7
   4    9    2
>> C=A*B                %计算三阶帕斯卡矩阵与三阶魔方矩阵的乘积
C =
   15    15    15
   26    38    26
   41    70    39
```

8) 数组创建总结

MATLAB 数组创建方法可总结如表 2-3 所列。

表 2-3 数组创建方法

序号	数组创建方法	描　　述
1	x=[1 2*pi sqrt(2) 2+3j]	创建包含任意元素的行矢量 x
2	x=first:last	创建行矢量 x，从 first 开始，步长为 1，至 last 结束。如果不能达到 last 则至小于 last 的最大整数结束
3	x=[first:last]	功能同上，但花费时间较多
4	x=first:increment:last	创建行矢量 x，从 first 开始，步长为 increment，至 last 结束。如果不能达到 last 则至小于 last 的最大整数结束
5	x=linspace(first，last，n)	创建均匀间隔的矢量 x，从 first 开始，至 last 结束，共 n 个元素
6	x=logspace(first，last，n)	创建对数间隔的矢量 x，从 10^{first} 开始，至 10^{last} 结束，共 n 个元素

2.2.2　矩阵寻址、矩阵方向与赋值

1. 矩阵寻址

常用二维矩阵寻访与赋值方式如表 2-4 所列。

表 2-4　常用二维矩阵寻访与赋值方式

子数组的寻访与赋值	使 用 方 式
A(r，c)	指定行列寻访。由 A 的"r 指定行"和"c 指定列"上的元素组成
A(r，:)	指定行寻访。由 A 的"r 指定行"和"全部列"上的元素组成
A(:，c)	指定列寻访。由 A 的"全部行"和"c 指定列"上的元素组成
A(:)	"单下标全部元素"寻访。由 A 的各列按自左至右的次序，首尾相接生成"一维长列"数组
A(s)	"单下标寻访"方式。生成"s 指定的"一维数组。若 s 是"行数组"（或"列数组"），则 $A(s)$ 就是长度相同的行数组(或"列数组")
A(L)	"逻辑 1 寻访"方式。由与 A 同样大小的"逻辑数组"L 中的"1"元素选出 A 的对应元素；按"单下标"次序排列生成"一维"列数组
A(r，c)=Sa	"双下标"方式对数组 $A(r，c)$ 进行赋值。Sa 的"行宽、列长"必须与 $A(r，c)$ 相同
A(:)=D(:)	全部元素赋值方式。条件：A、D 两数组的总元素相等，"行宽、列长"可以不同；结果：保持 A 的"行宽、列长"不变
A(s)=Sa	"单下标"方式，对 A 的部分元素重新赋值。条件：s 单下标数组长度必须与"一维数组"Sa 的长度相等，但 s、Sa 不一定同是"行数组"或"列数组"；结果：保持 A 的"行宽、列长"不变

在 MATLAB 中，单个数组元素用下标访问，如 $X(1)$ 表示 X 的第一个元素。

[例 2-19]

```
>>  X=[1:2:20]
X =
        1      3      5      7      9     11     13     15     17     19
```

也可以用冒号来访问一块(多于一个)元素。如：

```
X([2:4])
ans =
    3    5    7
```

也可以通过 find 函数来寻访满足特殊条件的数据。如：

```
>> X(find(X<9))
ans =
    1    3    5    7
```

2. 矩阵方向

MATLAB 中默认的是行矢量，并以空格或逗号分割不同列的元素，以分号或回车分隔不同行的元素。若要生成列矢量，除按照列矢量创建方式生成外，还可以用转置符'生成。

[例 2-20]
```
>> c=[1; 2; 3;]
c =
    1
    2
    3
>> X=[1  2  3]'
X =
    1
    2
    3
```

3. 矩阵操作函数

MATLAB 提供了许多矩阵操作函数，利用这些操作函数可以方便地对矩阵进行特殊操作。常用的矩阵操作函数如表 2-5 所列。

表 2-5　常用的矩阵操作函数

指　令	含　　义
cat	把"大小"相同的若干数组，沿"指定维"方向，串接成高维数组
flipud	以数组"水平中线"为对称轴，交换上下对称位置上的数组元素
fliplr	以数组"垂直中线"为对称轴，交换左右对称位置上的数组元素
kron	按 Kronecker 乘法规则产生"积"数组
repmat	按指定的"行数、列数"铺放模块数组，以形成更大的数组
reshape	在总元素数不变的情况下，改变数组的"行数、列数"
rot90	按逆时针方向旋转二维数组 90°
tril	提取数组上三角部分元素，生成上三角阵
triu	提取数组下三角部分元素，生成下三角阵

[例 2-21]
```
>> A= -2 : 3
A =
    -2    -1     0     1     2     3
>> B=reshape(A, 2, 3)          %*把一维数组 A 重排成(2×3)二维数组 B
B =
    -2     0     2
    -1     1     3
```
[例 2-22]
```
>> A=[1  2  3; 4  5  6;  7  8  9]
A =
     1     2     3
     4     5     6
     7     8     9
>> B=flipud(A)
B =
     7     8     9
     4     5     6
     1     2     3
>> C=fliplr(A)
C =
     3     2     1
     6     5     4
     9     8     7
```
[例 2-23]
```
>> A=[1  0;  0  1]
A =
     1     0
     0     1
>> B=[1  2;  3  4]
B =
     1     2
     3     4
>> C=kron(A, B)
C =
     1     2     0     0
     3     4     0     0
     0     0     1     2
     0     0     3     4
```

```
>> D=kron(B, A)
D =
     1     0     2     0
     0     1     0     2
     3     0     4     0
     0     3     0     4
```

[例 2-24]
```
>> A=[1  2  3  4  5;  6  7  8  9  10;  11  12  13  14  15]
A =
     1     2     3     4     5
     6     7     8     9    10
    11    12    13    14    15
>> A(:, [2, 4])=ones(1)              %*把 A 的第 2、4 两列元素全部置为元素 1
A =
     1     1     3     1     5
     6     1     8     1    10
    11     1    13     1    15
```

2.2.3 矩阵创建技巧

MATLAB 提供了诸如反转、提取、收缩、重组等一系列操作，可以方便地生成比较复杂的矩阵，或对已有矩阵进行修改、扩展。

1. 矩阵的赋值扩展

```
>>A=reshape(2:10, 3, 3)              %创建(3×3)矩阵 A
  A =
     2     5     8
     3     6     9
     4     7    10
>>A(5, 5)=123                        %扩展为(5×5)矩阵。扩展部分除(5, 5)元素为 123 外，
                                     %其余均为 0
  A =
     2     5     8     0     0
     3     6     9     0     0
     4     7    10     0     0
     0     0     0     0     0
     0     0     0     0   123
>> A(:, 6)=246                       %标量对子数组赋值
  A =
     2     5     8     0     0   246
     3     6     9     0     0   246
```

39

4	7	10	0	0	246
0	0	0	0	0	246
0	0	0	0	123	246

2. 多次寻访扩展法

```
>> AA=A(:, [1: 6, 1: 6])          %相当于命令 repmat(A, 1, 2)

 AA =
```

2	5	8	0	0	246	2	5	8	0	0	246
3	6	9	0	0	246	3	6	9	0	0	246
4	7	10	0	0	246	4	7	10	0	0	246
0	0	0	0	0	246	0	0	0	0	0	246
0	0	0	0	123	246	0	0	0	0	123	246

3. 合成扩展法

```
B=ones(2, 6)                      %创建(2×6)元素全为 1 的矩阵
```

B=	1	1	1	1	1	1
	1	1	1	1	1	1

```
>> AB_r=[A; B]                    %行数扩展合成

 AB_r =
```

2	5	8	0	0	246
3	6	9	0	0	246
4	7	10	0	0	246
0	0	0	0	0	246
0	0	0	0	123	246
1	1	1	1	1	1
1	1	1	1	1	1

```
>> AB_c=[A, B(:, 1:5)']           %列数扩展合成

 AB_c =
```

2	5	8	0	0	246	1	1
3	6	9	0	0	246	1	1
4	7	10	0	0	246	1	1
0	0	0	0	0	246	1	1
0	0	0	0	123	246	1	1

4. 提取子矩阵，合成新矩阵

```
>> A

 A =
```

2	5	8	0	0	246
3	6	9	0	0	246
4	7	10	0	0	246
0	0	0	0	0	246
0	0	0	0	123	246

```
>> AB_BA=triu(A, 1)+tril(A, -1)          %利用操作函数，使主对角元素全为0
   AB_BA =
        0     5     8     0     0   246
        3     0     9     0     0   246
        4     7     0     0     0   246
        0     0     0     0     0   246
        0     0     0     0     0   246
>> AB1=[A(1:2, end: -1:1); B(1, :)]    %灵活合成
   AB1 =
      246     0     0     8     5     2
      246     0     0     9     6     3
        1     1     1     1     1     1
```

5. 单下标寻访与 reshape 命令

```
>>clear                          %清除内存变量
>>A=reshape(1: 16, 2, 8)
A=  1    3    5    7    9   11   13   15
    2    4    6    8   10   12   14   16
>>reshape(A, 4, 4)
ans=
    1    5    9   13
    2    6   10   14
    3    7   11   15
    4    8   12   16
>>s=[1  3  6  8  9  11  14  16];    %定义单下标数组
A(s)=0                          %利用"单下标"数组对 A 的元素重新赋值（原来对应 s
                                  的位置上赋值 0）
A=  0    0    5    7    0    0   13   15
    2    4    0    0   10   12    0    0
```

6. 对列(或行)同加一个数的特殊操作

```
clear
reshape(1:9, 3, 3)
A=  1    4    7
    2    6    8
    3    6    9
C=reshape(1:2:17, 3, 3)
C =
1    7   13
3    9   15
5   11   17
```

```
b=[1  2  3]
A_b1=A-b([1  1  1], :)              %使A的第1，2，3行分别减b矢量[1  2  3]
A_b1=      0      2      4
           1      3      5
           2      4      6
A_b2=A-repmat(b, 3, 1)
A_b2=      0           2           4
           1           3           5
           2           4           6
```

7. 删除矩阵的元素

```
>> A=reshape(1:9, 3, 3)            %生成3行3列矩阵
A =
     1      4      7
     2      5      8
     3      6      9
>> A(1:3:8)=[]                     %下标从1开始,间隔为3至下标为8之间的元素全部删除
A =
     2      3      5      6      8      9
>> A(6)=[]                         %在随后的A矩阵中删除下标为6的元素
A =
     2      3      5      6      8
```

8. 其它矩阵函数的运用

```
>> randn('state', 1), R=randn(3, 6)  %创建正态随机矩阵
R =
    0.8644    0.8735   -1.1027    0.1684   -0.5523   -0.6149
    0.0942   -0.4380    0.3962   -1.9654   -0.8197   -0.2546
   -0.8519   -0.4297   -0.9649   -0.7443    1.1091   -0.2698
>> rand('state', 1), S=rand(3, 6)     %创建均匀分布随机阵
S =
    0.9528    0.5982    0.8368    0.3759    0.1996    0.9102
    0.7041    0.8407    0.5187    0.8986    0.3031    0.5253
    0.9539    0.4428    0.0222    0.4290    0.5383    0.3068
```

2.2.4 矩阵运算

1. 标量——数组运算

标量和数组间的简单数学运算遵循 2.1.2 节的运算法则。数组与标量之间的加、减、乘、除都是简单地对数组中的元素进行运算。例如：

```
>> x=[1 2 3 4; 5 6 7 8; 9 10 11 12]
x =
```

```
    1      2      3      4
    5      6      7      8
    9     10     11     12
>> x-2

ans =
   -1      0      1      2
    3      4      5      6
    7      8      9     10
>> x*2-3

ans =
   -1      1      3      5
    7      9     11     13
   15     17     19     21
>> 2*x/3+2

 ans =
  2.6667    3.3333    4.0000    4.6667
  5.3333    6.0000    6.6667    7.3333
  8.0000    8.6667    9.3333   10.0000
```

2. 数组——数组运算

数组与数组间的数学运算远比标量与数组间的运算复杂。不同大小或不同维数数组间的运算难以定义，且没有确定结果。当两个数组具有相同维数时，加、减、乘、除就可以逐元素进行。维数不同，采用命令 times(A，B) 例如：

```
>> x=[1 2 3 4; 5 6 7 8; 9 10 11 12]

x =
    1      2      3      4
    5      6      7      8
    9     10     11     12
>> y=[1 1 1 1; 2 2 2 2; 3 3 3 3]

y =
    1      1      1      1
    2      2      2      2
    3      3      3      3
>> 2*x-y

ans =
    1      3      5      7
    8     10     12     14
   15     17     19     21
>> x.*y

ans =
```

43

```
     1        2        3        4
    10       12       14       16
    27       30       33       36
>> y.*x

ans =

     1        2        3        4
    10       12       14       16
    27       30       33       36
times(x, y)

ans =

     1        2        3        4
    10       12       14       16
    27       30       33       36
>> y./x

ans =

    1.0000    0.5000    0.3333    0.2500
    0.4000    0.3333    0.2857    0.2500
    0.3333    0.3000    0.2727    0.2500
>> x./y

ans =

    1.0000    2.0000    3.0000    4.0000
    2.5000    3.0000    3.5000    4.0000
    3.0000    3.3333    3.6667    4.0000
>> x.^2

ans =

     1        4        9       16
    25       36       49       64
    81      100      121      144
>> x.^-1

ans =

    1.0000    0.5000    0.3333    0.2500
    0.2000    0.1667    0.1429    0.1250
    0.1111    0.1000    0.0909    0.0833
```

3. 矩阵——矩阵运算

1) A+B: 相加

```
>> A=[1, 2, 3;4, 5, 6;7, 8, 9]
A =

     1        2        3
     4        5        6
```

```
          7       8       9
>> B=[7, 8, 9;4, 5, 6;1, 2, 3]
B =
          7       8       9
          4       5       6
          1       2       3
>> A+B
ans =
          8      10      12
          8      10      12
          8      10      12
```

2) A-B: 相减

```
>> A-B
ans =
         -6      -6      -6
          0       0       0
          6       6       6
```

3) A*B: 相乘   %A 和 B 矩阵维数必须相同

```
   A*B
ans =
         18      24      30
         54      69      84
         90     114     138
```

4) a* A: 数乘

```
>> 2*A
ans =
          2       4       6
          8      10      12
         14      16      18
```

5) A. *B: 点乘   % 和数组相乘结果一样

```
   >> A.*B
ans =
          7      16      27
         16      25      36
          7      16      27
```

6) A^2: 乘方

```
A^2
ans =
         30      36      42
```

```
66    81    96
102   126   150
```

从以上运算可以看出，从外形和数据结构上，二维数组和(数学中的)矩阵没有区别。但是，矩阵运算有着明确而严格的数学规则；数组运算是 MATLAB 软件所定义的规则，其目的是为了数据管理方便、操作简单、指令形式自然和执行计算有效。矩阵运算和数组运算有一些区别。两种运算指令形式和实质内涵如表 2-6 所列。

表 2-6 矩阵运算和数组运算的指令形式和实质内涵

数 组 运 算		矩 阵 运 算	
指 令	含 义	指 令	含 义
A.'	非共轭转置。相当于 conj(A')	A'	共轭转置
A=s	把标量 s 赋给 A 的每个元素		
s+B	把标量 s 分别与 B 的元素之和		
s-B，B-s	把标量 s 分别与 B 的元素之差		
s.*A	把标量 s 分别与 A 的元素之积	s*A	标量 s 分别与 A 的每个元素之积
s./B，B.\s	s 分别被 B 的元素除	s*inv(B)	B 阵的逆乘 s
A.^n	A 的每个元素自乘 n 次	A^n	A 阵为方阵时，自乘 n 次
A.^p	对 A 各元素分别求非整数幂	A^p	方阵 A 的非整数幂
p.^A	以 p 为底，分别以 A 的元素为指数求幂值	p^A	A 阵为方阵时，标量的矩阵乘方
A+B	对应元素相加	A+B	矩阵相加
A-B	对应元素相减	A-B	矩阵相减
A.*B	对应元素相乘	A*B	内维相同矩阵的乘积
A./B	A 的元素被 B 的对应元素除	A/B	A 右除 B
B.\A	(一定与上相同)	B\A	A 左除 B(一般与右除不同)
exp(A)	以自然数 e 为底，分别以 A 的元素为指数，求幂	expm(A)	A 的矩阵指数函数
log(A)	对 A 的各元素求对数	logm(A)	A 的矩阵对数函数
sqrt(A)	对 A 的各元素求平方根	sqrtm(A)	A 的矩阵平方根函数
f(A)	求 A 的各元素的函数值	funm (A, 'FN')	一般矩阵函数
A#B	A、B 阵对应元素间的关系运算。#代表关系运算符		
A@B	A、B 阵对应元素间的逻辑运算。@代表逻辑运算符		

注: (1) 数组"除、乘方、转置"运算符前的小黑点绝不能遗漏，否则不按数组运算规律进行。

(2) 在执行数组与数组之间的运算时，参与运算的数组必须同维，运算所得结果数组也总与原数组同维。

(3) 要特别注意: 在求"乘、除、乘方、三角和指数函数"时，两种运算的根本区别。

(4) 关系运算和逻辑运算仅对数组进行

2.3 MATLAB 的函数及基本运算

2.3.1 概述

MATLAB 本身自带了许多功能强大的函数，同时又提供了函数 M 文件的方式，使用户能够自定义函数，从而完成特定的、复杂的计算工作。

使用函数有一系列优越性：①可以避免代码重复，提高代码的重用性以及代码的可移植性；②容易形成模块化系统结构，进而减少整体代码的复杂性，增加可读性和可管理性；③便于调试、分析、优化，从而提高整体性能。

1. 函数的命名

MATLAB 中，M 函数文件名最多可包含 63 个字符，在高版本中，文件名区分大小写。一般情况下，函数应选择与程序功能有关的名字，函数名长度最好在 20 个字符以内，一般在 9～20 字符之间，并使用统一的命名规则，即以字母开头，后面跟若干字母、数字或下划线以及它们的组合。正确选择函数名可以有效地减少函数内的注释行。

2. 函数的长度

函数的长度主要由函数的功能决定，一般在两行到几百行不等。一个好的函数应具有很高的内聚性，或者是多个内聚性高的函数的组合，这样可以有效地避免错误。

3. 函数的调试

函数调试的主要目的是创建可正确执行的程序，其次是提高执行效率。在函数(或程序)创建过程中，应该独立地校验每行代码，以确保函数能正确运行。用户也可以通过调用 error 函数来终止函数的执行并返回命令窗口。

4. 子函数

MATLAB 允许一个 M 文件包含多个函数的代码，其中，第一个出现的函数称为主函数(Primaryfunction)，而其它函数则称为子函数(Subfunction)。外部程序只能对主函数进行调用。子函数有如下性质：

(1) 每个子函数的第一行，是该函数的申明行。

(2) 子函数的排列次序可以是任意的。

(3) 子函数只能被同一文件的主函数或其它子函数调用。

(4) 同一文件的主函数、子函数的工作空间是彼此独立的。

(5) help、lookfor 等帮助命令不适于子函数。

5. 私有函数

私有函数指位于 private 子目录下的函数，主要包含主函数所需的一些子功能。它们只能被上一层目录的函数访问，对于其它目录的函数都是不可见的，故私有函数可以和其它目录下的函数可以重名。此外，help、lookfor 等帮助命令也不适于私有函数。

2.3.2 函数文件的要求及示例

1. 函数式 M 文件的主要特点

(1) 一个函数式 M 文件至少有两行代码，第一行以 function 作为引导，是 MATLAB

所要求的格式。

（2）MATLAB 用紧跟函数接口语句之后的注释创建该函数的帮助信息。在命令窗口输入 help <函数名>时，所有相邻的注释行都出现在 MATLAB 命令窗口中。任何在 function 语句之前的注释将不作为帮助文件的部分。

（3）函数式 M 文件与脚本式 M 文件一样，二者都是以 M 为扩展名的 M 文本文件，它们都不进入命令窗口，而是由文本编辑器来创建外部文本文件。

（4）函数式 M 文件与 MATLAB 命令空间之间的通信，只通过传递给它的变量和通过它创建的输出变量进行，函数内的中间变量不出现在 MATLAB 的命令窗口内，也不与 MATLAB 的命令窗口交互操作。

（5）函数式 M 文件中所有变量除特别声明外，都是局部变量。

（6）若 M 函数文件中包含 return 语句，则函数执行到该语句时将终止，否则执行到文件的最后一行。

2. 函数式 M 文件应用示例

1）形式一：输入参数单独标识和单个输出变量

[例 2-25]　计算并返回下式的 x、y 值。

$$x = \cos(at) + b$$
$$y = |x| + c$$

创建函数 comxy 函数去计算这些量，文件名为：comxy.m，内容如下：

```
function zanswer=comxy(t, a, b, c)
% Computation of
% x=cos(at)+b
% y=|x|+c
% Scalars(标量):a, b, c
% Vactor(矢量):t
% Matrix(矩阵):zanswer
x=cos(a*t)+b;
zanswer=[x; abs(x)+c];
```

在命令窗口执行帮助：

```
>> help comxy
    Computation of
        x=cos(at)+b
        y=|x|+c
    Scalars(标量):a, b, c
    Vactor(矢量):t
    Matrix(矩阵):zanswer
```

MATLAB 根据函数名区分函数，而不是通过函数输入输出变量的特征，因此，必须根据函数内的使用方法确保输入和输出变量的数目和类型的正确。

为了响应 help 请求，函数中的帮助信息应指明这些限制。这里，假定 t 是一标量或是一矢量，a、b、c 是标量。因此，当 t 是长度为 n_t 的矢量时，函数返回$(2 \times n)$阶矩阵 zanswer，

48

且 zanswer(1, :)=x(:)，zanswer(2, :)=y(:)。

通过程序文件或命令行可以调用函数。例如，在命令行输入：

test=comxy(0:pi/4:pi，1.4，2，0.75)

执行结果为：

```
>> test=comxy(0:pi/4:pi,1.4,2,0.75)
test =
      3.0000    2.4540    1.4122    1.0123    1.6910
      3.7500    3.2040    2.1622    1.7623    2.4410
```

2) 形式二：多个参数作为一个矢量输入和单个输出矢量

函数 comxy01.m 内容如下：

```
function zanswer=comxy01(t，w)
x=cos(w(1)*t)+w(2);
zanswer=[x; abs(x)+w(3)];
```

调用及运行结果示例如下：

```
>> V=comxy01(o:pi/4:pi,[1.4 2 0.75])
v =
      3.0000    2.4540    1.4122    1.0123    1.6910
      3.7500    3.2040    2.1622    1.7623    2.4410
```

3) 形式三：多个参数作为一个矢量输入和多个输出变量单独标识

函数 comxy02.m 内容如下：

```
function [x，y]=comxy02(t，w)
x=cos(w(1)*t)+w(2);
y=abs(x)+w(3);
```

调用及运行结果示例如下：

```
>> [u，v]=comxy02(0:pi/4:pi, [1.4 2  0.75])
u =
      3.0000    2.4540    1.4122    1.0123    1.6910
v =
      3.7500    3.2040    2.1622    1.7623    2.4410
```

2.3.3 常用函数

1. 数组运算常用函数

1) 函数数组运算规则

对于数组 $X=[x_{ij}]_{m \times n}$，函数 $f(.)$的数组运算规则为

$$f(X) = [f(x_{ij})]_{m \times n}$$

例如，

```
>> A=[-1 2 3; 4 -5 6; 7 8 -9]
A =
      -1     2     3
```

```
      4    -5    6
      7     8   -9
>> abs(A)
ans =
      1     2     3
      4     5     6
      7     8     9
>> sin(A)
ans =
    -0.8415    0.9093    0.1411
    -0.7568    0.9589   -0.2794
     0.6570    0.9894   -0.4121
```

2) 数组运算常用函数

常用的数组运算函数有三角函数、指数与对数函数、复数函数及数值处理函数。分别如表 2-7～表 2-10 所列。

表 2-7　三角函数

序号	函数名称	涵　义	序号	函数名称	涵　义
1	sin	正弦函数	7	atan	反正切函数
2	cos	余弦函数	8	acot	反余切函数
3	tan	正切函数	9	sinh	双曲正弦函数
4	cot	余切函数	10	cosh	双曲余弦函数
5	asin	反正弦函数	11	tanh	双曲正切函数
6	acos	反余弦函数	12	coth	双曲余切函数

表 2-8　指数与对数函数

序号	函数名称	涵　义	序号	函数名称	涵　义
1	log2	以 2 为底的对数	4	exp	指数
2	log10	以 10 为底的对数	5	pow2	2 的幂
3	log	自然对数	6	sqrt	平方根

表 2-9　复数函数

序号	函数名称	涵　义	序号	函数名称	涵　义
1	abs	模或绝对值	4	conj	复数共轭
2	real	复数的实部	5	angle	相角(以弧度计)
3	imag	复数的虚部			

表 2-10　数值处理函数

序号	函数名称	涵　义	序号	函数名称	涵　义
1	round	四舍五入	5	fix	向零取整
2	mod	模除求余	6	floor	向负无穷方向取整
3	rem	模除求余	7	ceil	向正无穷方向取整
4	sign	符号函数			

2. 矩阵运算常用函数

矩阵运算常用函数如表 2-11 所列。

表 2-11 矩阵运算常用函数

序号	函数名称	涵 义	序号	函数名称	涵 义
1	exp(A)	以自然对数 e 为底，分别以 A 的元素为指数求幂	5	expm(A)	A 的矩阵指数函数
2	sqrt(A)	对 A 的各元素求平方根	6	sqrtm(A)	A 的矩阵平方根函数
3	log(A)	对 A 的各元素求对数	7	logm(A)	A 的矩阵对数函数

2.3.4 字符数组函数

MATLAB 的字符数组函数收录在子目录 strfun 里，常用字符串函数如表 2-12 所列。

表 2-12 常用字符函数及功能

函数类型	序号	函数名称	函 数 功 能
一般函数	1	char	生成字符数组
	2	double	把字符转换成双精度数值
	3	cellstr	用字符数组生成字符元胞数组
	4	blinks	生成空白字符串
	5	deblanks	生成字符串末尾的空格
	6	eval	计算字符表达式的值
检测函数	7	iscellstr	检测是否为字符元胞数组
	8	isletter	检测是否为字符
	9	isspace	检测是否为空格
字符串操作函数	10	strcat	拼接字符串
	11	strvcat	竖向拼接字符串
	12	strcmp	比较字符串
	13	strncmp	比较字符串的前 n 个字符
	14	findstr	从一个字符串中查找另一个字符串
	15	strjust	求最终字符串
	16	strmatch	查找字符串在数组中的位置
	17	strrep	字符串替换
	18	strtok	从字符串中查找符号
	19	upper	把字符串变为大写
	20	lower	把字符串变为小写
字符串与数值转换	21	num2str	把数字转换成字符串
	22	int2str	把整数转换成字符串
	23	mat2str	把矩阵转换成可求值的字符串
	24	str2num	把字符串转换成数值
	25	sprintf	把格式数据写入字符串
	27	sscanf	用格式控制读出字符串

函数类型	序号	函数名称	函数功能
	28	hex2num	把 16 进制数转换成双精度数值
	29	hex2dec	把 16 进制数转换成实矩阵整数
	30	dec2hex	把十进制整数转换成 16 进制字符串
进制转换	31	bin2dec	把二进制字符串转换成十进制整数
	32	dec2bin	把十进制整数转换成二进制字符串
	33	base2dec	把其它任何进制数转换成十进制整数
	34	dec2base	把十进制整数转换成其它任何进制数

[例 2-26] 字符串和字符串的 ASCII 码的转换。

```
>> A='Hello Word';
>> asc=double(A)
asc =
72    101    108    108    111    32    87    111    114    100
```

[例 2-27] 字符数组的生成与拼接。

```
S1='西安建筑科技大学';
S2='机电工程学院';
T1=[S1, S2];          %相当于字符串对接
T2=char(S1, S2);      %char 函数将不同字符串组合成长度相同的字符串，
                      %以最长的字符串为基准，不足的右边补足空格
```

运行结果如下：

```
>> T1
T1 =
西安建筑科技大学机电工程学院
>> T2
T2 =
西安建筑科技大学
机电工程学院
```

[例 2-28] 字符元胞数组。函数 cellstr 把字符矩阵转换成元胞数组，并删除字符尾部的空格。

```
>> data=char('西安市    ','西安建筑科技大学    ','机电工程学院    ');
>> Celldata=cellstr(data)
Celldata =
    '西安市'
    '西安建筑科技大学'
'机电工程学院'
>> str=char(Celldata)
str =
西安市
```

西安建筑科技大学

机电工程学院

```
data=char('西  安  市        ','西安建筑科技大学','机 电 工 程 学 院    ');
Celldata=cellstr(data)
str=char(Celldata)
>>
Celldata =
    '西  安  市'
    '西安建筑科技大学'
    '机 电 工 程 学 院'
str =
西  安  市
西安建筑科技大学
机 电 工 程 学 院
```

[例 2-29]   字符串比较。strcmp 用于比较两个字符串是否相等，strncmp 用于比较两个字符串的前 *n* 个字符是否相等。若相等，则返回 1，否则返回 0。

注意：(1) 比较时，每一个中文字符只相当于一个西文字符；

(2) 对于元胞数组，strcmp 和 strncmp 将对每个元素进行比较，并返回一个由 0、1 构成的列矢量。

```
str1='西安建筑科技大学';
str2='西安市';
A={'西安市';'西安建筑科技大学';'机电工程学院'};%生成元胞数组
B={'西安市';'西安交通大学';'机械工程学院'};        %生成元胞数组
c1=strcmp(str1, str2);                         %比较 str1 和 str2 是否相等
c2=strncmp(str1, str2, 2);                     %比较 str1 和 str2 的前 2 个字符是否相等
c3=strncmp(str1, str2, 4);                     %比较 str1 和 str2 的前 4 个字符是否相等
ac=strcmp(A, B);                               %比较元胞数组 A 和 B
bc=strncmp(A, B, 3);                           %比较元胞数组 A 和 B 的前 3 个字符
```

运行结果如下：

```
>> c1                                           1
   c1 =                                         0
     0                                          0
c2 =                                          >> bc
1                                              bc =
c3 =                                            1
   0                                            0
>> ac                                           0
ac =
```

[例 2-30] 字符串的查找与替换。函数 findstr 和 strrep 分别用于查找和替换字符串中的子串。函数 findstr 将给出子串在字符串中的位置，函数 strrep 将把字符串中的子串替换为新的子串。

```
str1=char('西安建筑科技大学');
str2=char('交通');
str3=char('西安');
str4=char('建筑科技');
c1=findstr(str1, str2);        %查找 str1 中是否含有 str2
c2=findstr(str1, str3);        %查找 str1 中是否含有 str3
c3=strrep(str1, str4, str2);   %用 str4 替换 str1 中与 str2 相同的字符
```

运行结果如下：

```
>> c1
c1 =
     []
>> c2
c2 =
```

```
     1
>> c3
c3 =
西安交通大学
```

2.3.5 结构数组函数与元胞数组函数

元胞数组和结构数组是两种比较特殊的两种数据类型。元胞数组的每个元素称为元胞或细胞，细胞本身就是 MATLAB 的数组。正是用于有元胞数组，才可以将不同类型、不同维数的数组组合成一个大数组。

结构数组也可以把不同的数组类型组合在一起，与元胞数组不同之处在于：结构数组的引用是通过属性名来实现的。

有关结构数组函数与元胞数组函数如表 2-13 所列。

表 2-13 结构数组函数与元胞数组函数

函数类型	序 号	函数名	函 数 功 能
结构数组	1	struct	生成和转换成结构数组
	2	fieldnames	查询结构数组的属性名
	3	getfield	查询结构数组的属性值
	4	setfield	设置结构数组的属性值
	5	rmfield	删除属性
	6	isfield	检测是否为结构数组的属性
	7	isstruct	检测数组是否为结构数组
元胞数组	1	celldisp	显示元胞数组的内容
	2	cell	生成元胞数组
	3	cellplot	用图形方式显示元胞数组
	4	num2cell	把数值型转换成元胞型
	5	deal	输入和输出的匹配
	6	cell2struct	把元胞数组转换成结构数组
	7	struct2cell	把结构数组转换成元胞数组
	8	iscell	检测数组是否为元胞型

1. 结构数组

如果组合在一起的数据是相互联系的，那么最好用结构数组表达。例如，描述一个通讯录，有姓名、性别、出生年月、职称、工作单位、联系电话、家庭地址等项内容，在 MATLAB 中，把结构中的这些项称为属性，用结构数组便于描述和体现内容之间的联系。

1) 结构数组的定义

可以用两种方法定义结构数组：用赋值语句定义和用 struct 函数定义。

(1) 用赋值语句定义。用赋值语句定义结构时，只要给出结构的属性赋值，MATLAB 就会自动把该属性添加到结构中。赋值时，结构名和属性名用英文句号 "." 分开。例如，一个研究生录取成绩通知单可用赋值语句定义如下：

```
comutext(1).name='李方';
comutext(1).age=35;
comutext(1).unit='高飞公司';
comutext(1).add='西一路 234 号';
comutext(1).phone='84518888';
comutext(1).test=[68; 85; 75; 125; 120];
comutext        %生成结构数组，1X1 结构
%以下为增加数据，形成 1X2 结构
comutext(2).name='王伟';
comutext(2).age=28;
comutext(2).unit='爱家超市';
comutext(2).add='澎湖路 108 号';
comutext(2).phone='72397638';
comutext(2).test=[75; 82; 85; 115; 115];
```

运行结果如下：(comu_text.m)

```
>> comutext
comutext =
    1x2 struct array with fields:
        name
        age
        unit
        add
        phone
        test
>> comutext(1)
ans =
        name: '李方'
        age: 35
        unit: '高飞公司'
        add: '西一路 234 号'
        phone: '84518888'
        test: '[68; 85; 75; 125; 120]'
```

```
>> comutext(2)
ans =
    name: '王伟'
     age: 28
    unit: '爱家超市'
```
```
     add: '澎湖路 108 号'
   phone: '72397638'
    test: '[75; 82; 85; 115; 115]'
```

(2) 用 struct 函数定义结构。

调用格式 1：结构数组名＝struct(属性列表)

其中，属性列表为结构的所有属性构成的字符数组或元胞数组。利用这种调用格式时，所有的属性值均为空矩阵。

调用格式 2：结构数组名＝struct('属性 1'，'属性值 1'，'属性 2'，'属性值 2'，…)

例如上例，用调用格式 2 表示：

```
comutext(1)=struct('name'，'李方'，'age'，'35'，'unit'，…
            '高飞公司'，'add'，'西一路 234 号'，...
            'phone'，'84518888'，'test'，'[68; 85; 75; 125; 120]')
comutext(2)=struct('name'，'王伟'，'age'，'28'，'unit'，…
            '爱家超市'，'add'，澎湖路 108 号'，...
            'phone'，'72397638'，'test'，'[75; 82; 85; 115; 115]')
```

运行结果同前。

2)结构数组的运算

当结构数组为函数的输入参数时，其运算和其它数组一样。

例如，对上例中研究生的录取成绩(英语、数学、政治、专业基础课、专业课)，求出各自的总分(total_m)、平均分(average_m)并显示，列出英语高于 70 分的人员。M文件如下：

```
 n=length(comutext);
for i=1:n
    total_m=sum(comutext(i).test);
    average_m=mean(comutext(i).test);
    comutext(i), total_m, average_m,
end
disp('英语单科成绩高于 70 分人员名单:')
ch=' ';
for i=1:n
    if comutext(i).test>70
        ch=comutext(i).name;
        disp(sprintf('编号: %d', i)), disp(sprintf('姓名: %s', ch)),
    end
end
```

运行结果如下：

```
ans =
  name: '李方'
    age: 35
    unit: '高飞公司'
    add: '西一路 234 号'
  phone: '84518888'
   test: '[68; 85; 75; 125; 120]'
   test: [5x1 double]
total_m =
    473
average_m =
    94.6000

ans =
```

```
  name: '王伟'
    age: 28
   unit: '爱家超市'
    add: '澎湖路 108 号'
  phone: '72397638'
   text: '[75; 82; 85; 115; 115]'
   test: [5x1 double]
total_m =
    472
average_m =
    94.4000
英语单科成绩高于 70 分人员名单：
编号：2
姓名：王伟
```

2. 元胞数组

元胞数组的每一个元素可为类型不同、维数不同的矩阵、矢量、标量或多维数组，所有元素用大括号括起来。

例如，下面的操作生成元胞数组 **C**，其第一个元素是一个 3×3 矩阵，第二个元素是一个 1×3 矩阵，第三个元素是一个 2×2 矩阵。

```
>> A=reshape(1:9, 3, 3)
A =
     1     4     7
     2     5     8
     3     6     9
>> C={A   sum(A) eye(2)}
C =
    [3x3 double]    [1x3 double]    [2x2 double]
```

1)元胞数组的生成

有两种方法可以生成元胞数组：

(1) 用赋值方法直接生成。

(2) 用 cell 函数分配数组，再对逐个元素赋值生成。

用赋值方法直接生成时，一次只能为数组中的一个元素赋值，随着元素的增多，MATLAB 会自动扩充数组的维数和大小。具体有两种方式：

方式 1：按数组下标方式赋值，并用大括号括起来：

```
A(1, 1)={[1 3 5; 4 6 8; 7 9 11]};
A(1, 2)={'西安'};
A(2, 1)={8};
A(2, 2)={(0:0.01:pi)};
```

```
>> A
A =
    [3x3 double]    '西安'
    [        8]     [1x315 double]
```

方式 2：把元胞数组的元素用大括号括起来：

```
A{1, 1}=[1 3 5; 4 6 8; 7 9 11];
A{1, 2}='西安';
A{2, 1}=8;
A{2, 2}=0:0.01:pi;
```

运行结果同上例。

2) 元胞数组的调用

元胞数组调用时，应注意：使用圆括号寻访得到的是元胞，而不是内容；使用大括号寻访，则可得到元胞的内容。

例如，对上例中的元胞数组 A，体会以下几种寻访方式：

```
>> a1=A(1, 2)            %使用圆括号寻访得到的是元胞，而不是内容
a1 =
    '西安'
>> a2=A{1, 2}            %使用大括号寻访，则可得到元胞的内容
a2 =
    西安
>> a3=A(1, 1)           %使用圆括号寻访得到的是元胞，而不是内容
a3 =
    [3x3 double]
>> a4=A{1, 1}           %使用大括号寻访，则可得到元胞的内容
a4 =
    1    3    5
    4    6    8
    7    9    11
>> [a5, a6]=deal(A{1}, A{2})   %deal(处理函数)把输入宗量逐个分配给输出宗量
                               %注意体会 MATLAB 的数组存储顺序
a5 =
    1    3    5
    4    6    8
    7    9    11
a6 =
    8
```

2.3.6 串演算函数

1. eval 函数

该命令用于对字符串表达式进行计算。

58

语法格式：

eval(expression)   %执行 expression 指定的计算

[y1，y2，…]=eval(function(p1，p2，p3，…))   %执行对 function 代表的函数文件调

                                                     用，并输出计算结果

说明：

(1) eval()命令的输入参量 expression 必须是合法的字符串，可以是 MATLAB 任何合法的命令、表达式、语句或文件名。

(2) function 只能是(包含输入参量 p1，p2，p3，…)的文件名。

2. feval 函数

有许多 MATLAB 内置函数要求用户通过它们创建特定形式的用户自定义函数。此外，许多情况下，用户也想具备这种功能。MATLAB 用 feval 函数实现这种功能。

语法格式：

feval(F，x1，…，xn)   %执行由 F 指定的函数句柄或函数名

[y1，y2，…]=feval(F，p1，p2，p3，…)%执行具有输入参数 p1，p2，p3，…的由 F 指定的函数

                                            句柄或函数名，并具有多项输出

[例 2-3]

```
>> feval('sin', (0:0.2:1)*pi)
ans =
    0    0.5878    0.9511    0.9511    0.5878    0.0000
```

2.3.7 函数句柄与匿名函数

1. 匿名函数、函数句柄及其创建

在很多情况下，用户需要将一个函数的标识作为参数传递给另一个函数。匿名函数(anonymous function)和函数句柄(function handle)是 MATLAB 提供给用户的一个强大工具，函数句柄保存着为该函数创建句柄时的路径、函数名、重载方法等详细信息，故当使用一个函数的句柄调用该函数时，MATLAB 会立即执行，就像调用变量一样灵活方便，而不再需要进行文件搜索，因此可以提高函数的执行效率。此外，函数句柄可以用来标识子函数、私有函数以及嵌套函数。

利用@符号或利用转换函数 str2func 可以创建匿名函数及函数句柄。如下例定义一个匿名函数：

```
>> fun_humps=@(x)  1./((x-0.3).^2+0.1)+1./((x-0.9).^2+0.4)-6
fun_humps =
        @(x)  1./((x-0.3).^2+0.1)+1./((x-0.9).^2+0.4)-6
```

这里，@符号意味着等号左边是一个函数句柄，@符号后面的(x)定义了函数的输入参数，最后一部分是函数表达式。

匿名函数在定义过程中，可以调用任何 MATLAB 函数(包括用户自定义函数)，也可以使用当前 MATLAB 工作区中的任何变量。

此外，利用@符号也可以创建 M 文件的函数句柄，即在该符号后面紧跟内置函数名或 M 文件函数名即可。

2. 函数句柄的验证与基本使用方法

借助命令 functions 可以观察或验证函数句柄。例如：

```
>> fn=functions(fun_humps)
fn =
    function: [1x47 char]
    type: 'anonymous'
    file: ''
  workspace: {[1x1 struct]}
```

函数句柄的基本使用方法如下：

假设一个函数的调用格式为：

[y1, y2, …, yn]=FunName(x1, x2, …, xm)

其函数句柄为：

Hfun=@ FunName

则通过函数句柄实现函数运算的调用格式为：

[y1, y2, …, yn]=feval(Hfun, x1, x2, …, xm)

3. 函数句柄的转换

函数 Str2func 从一个函数名字符串中创建一个函数句柄。例如：

```
>> fhandle = str2func('humps')
    fhandle =
        @humps
```

函数 func2str 从一个函数句柄中提取函数名，并保存到一个字符串变量中。当函数句柄是一个内置函数或 M 文件函数句柄时，该函数返回函数的名称；当函数句柄是一个匿名函数句柄时，该函数返回匿名函数的函数表达式。

```
>>fun_humps=@(x)   1./((x-0.3).^2+0.1)+1./((x-0.9).^2+0.4)-6
fun_humps =
    @(x)   1./((x-0.3).^2+0.1)+1./((x-0.9).^2+0.4)-6
>> func2str(fun_humps)
ans =
@(x)   1./((x-0.3).^2+0.1)+1./((x-0.9).^2+0.4)-6
>> class(ans)
ans =
char
```

2.3.8 MATLAB 的数学分析工具

MATLAB 提供了几个特殊的数学分析工具，可对函数进行可视化分析，使用起来十分方便。

1. 单变量数学分析工具 funtool

在 MATLAB 命令窗口，运行 funtool 命令，将显示单变量数学分析工具界面，如图 2-1 所示。

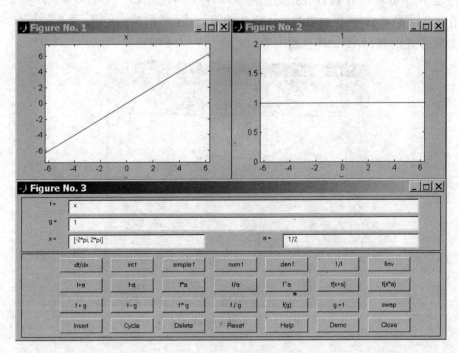

图 2-1 单变量数学分析工具界面

该分析工具由 Figure No.1、Figure No.2 及 Figure No.3 三个图形窗口组成。Figure No.1 窗口显示一元函数 $f(x)$，Figure No.2 窗口显示一元函数 $g(x)$，对这两个函数的操作则在 Figure No.3 图形窗口中进行。

Figure No.3 图形窗口中，第一排按键只对函数 $f(x)$ 起作用，主要用作数学分析；第二排按键用于处理函数 $f(x)$ 和常数 a 的四则运算；第三排的前四个按键用于对函数 $f(x)$ 和 $g(x)$ 进行算术运算，第五个按键的功能是求复合函数，第六个按键的功能是把函数 $f(x)$ 传递给函数 $g(x)$，第七个按键(swap)的功能是将 $f(x)$ 及 $g(x)$ 互换；第四排按键用于分析器本身操作，funtool 分析器有一个函数列表 fxlist(共有 9 个函数)。七个功能键的功能分别为：

Insert   把当前激活窗口的函数写入列表

Cycle   依次循环显示 fxlist 中的函数

Delete   从 fxlist 列表中删除激活窗口的函数

Reset   使分析器恢复到初始状态

Help   在线帮助

Demo   自动演示

Close   关闭分析器

2. 泰勒级数分析工具

在 MATLAB 命令窗口，运行 TaylorTool 命令，将显示单变量数学分析工具界面，如图 2-2 所示。

图 2-2 用于分析函数 $f(x)$ 在指定区间及展开点(a)和指定阶次(N)的泰勒级数的逼近情况。用户可以在$f(x)$对应栏内直接输入函数的表达式，然后按回车键，就可以进行分析，泰勒级数展开式则由 MATLAB 自动生成。

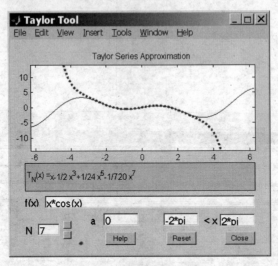

图 2-2　泰勒级数分析工具

第3章 数据可视化技术

MATLAB 提供数据及函数的可视化技术，让离散、杂乱的数据以图形的方式，清晰地呈现在用户眼前，便于用户观察、理解数据间扑朔迷离的内在关系，感受图形所带来的那种直观清晰、一览无余的美妙。

3.1 图形窗口及坐标系

3.1.1 图形窗口

图形窗口是 MATLAB 图形输出的一个特殊窗口，通过图形窗口，可以设置、输出、查看、打印图形。

1. 图形窗口的创建

如果在 M 文件或工作窗口中执行了绘图命令，则 MATLAB 会自动创建图形窗口。如果此前已经存在若干图形窗口，则绘图命令会把图形输出到当前图形窗口中，并覆盖该窗口的原有图形。

此外，MATLAB 也提供了用户创建图形窗口的命令 figure。使用方法如下：

figure   % 按时间顺序创建图形窗口，并自动赋名 figure NO.(n0.为顺序号)

n=figure   % 按时间顺序创建图形窗口，并将新创建图形窗口的句柄赋给变量 n，实际上 n 就是新

           创建图形窗口的编号

figure(n) % 按指定的窗口编号 n 创建图形窗口，若 n 号图形窗口已经存在，则将其设置为当前窗口

2. 图形窗口的参数获取及关闭

1) 图形窗口的参数获取

set(n)   %获取句柄为 n 的有关图形窗口参数及可能取值

get(n)   %获取句柄为 n 的图形窗口的所有图形参数及当前取值

2) 图形窗口的关闭

close(n)   %用于关闭句柄为 n 的图形窗口

[例 3-1] 创建及获取图形窗口参数。

```
>> n=figure     %  创建图形窗口，并将句柄赋予变量 n，此时将弹出新建的图形窗口
n =
    1
>> figure(4)       %创建编号为 4 的图形窗口
>> get(4)          %获取编号为 4 的图形窗口的参数及取值
>> close(4)        %关闭编号为 4 的图形窗口
```

3.1.2　坐标系

坐标系是图形的定位系统。在一个图形窗口中，可以有多个坐标系，但总有一个是当前坐标系。每个坐标系都有一个惟一的标识值，即句柄。当前坐标系的句柄可以由 MATLAB 函数 gca 获得。与图形窗口的句柄不同，坐标系的句柄是实数值，通常用一个变量传递这个值。

1. 当前坐标系及调用

MATLAB 用函数 axis 来使某个句柄标识 h 的坐标系成为当前坐标系，其最常用的调用方式为：

>>axis(h)

其中，*h* 为指定坐标系的句柄。

除指定当前的坐标系外，axis 还可用对当前坐标系进行控制和操作。常用格式如表 3-1 所列。

表 3-1　axis 命令的常见调用格式

序号	命 令 格 式	功 能
1	axis([xmin　xmax　ymin　ymax])	用行矢量中的值，设置坐标轴的最小和最大值(可见范围)
2	axis auto　或　axis('auto')	将坐标轴转换到缺省值 xmin=mix(x) xmax=max(x)等
3	axis(axis)	把定标固定在当前界限。若以后执行 hold 命令后，其它图形均采用同样界限
4	axis xy　或　axis('xy')	采用(缺省)笛卡儿坐标系，系统原点(最小坐标值对)在左下角。横坐标值由左至右增加，纵坐标值从下至上增加
5	axis ij　或　axis('ij')	采用 MATLAB 的矩阵坐标轴，系统原点在左上角。横坐标值由左至右增加，纵坐标值从上至下增加
6	axis square　或　axis(' square')	将当前图形设置为正方形，而不是缺省的矩形
7	axis equal　或　axis(' equal')	将两个坐标轴的刻度(定标因子)设为相等
8	axis image　或　axis('image')	设置纵横比和坐标轴界限，使图像在当前坐标轴中像素为方形
9	axis normal　或　axis('normal')	关闭 axis equal 或 axis square 功能
10	axis on　或　axis('on')	显示坐标轴上的标记、单位标志和网格
11	axis off　或　axis('off')	关闭坐标轴上的标记、单位标志和网格；但保留有 text 和 gtext 设置的图形说明文字
12	v=axis	将当前坐标轴的界限返回到矢量 v

图 3-1 是一个典型的坐标系。

2. 坐标系的要素

1) 坐标系的说明文字

MATLAB 用函数 xlabel 和 ylabel 分别来说明横坐标和纵坐标的说明文字。例如：

```
>>xlabel('x=-\pi to \pi', 'FontSize', 16);
>>ylabel('cos(x)', 'FontSize', 16);
```

2) 坐标系的标题

用函数 title 给出。例如：

```
>>title('cos(x)函数取值');
```

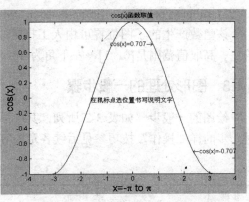

图 3-1　平面坐标系示例

3) 图形铨释文字

图形说明文字可以用 text 和 gtext 函数生成。其中，text 可以在图中指定位置书写说明文字，而 gtext 则按照鼠标点选位置书写说明文字，例如：

```
>>text(3*pi/4, cos(3*pi/4), '\leftarrowcos(x)=-0.707');
>>gtext('在鼠标点选位置书写说明文字');    %执行时，用鼠标点选合适位置后生成指定的字符串
```

4) 坐标网格线

命令 grid on 用来绘出图形中的网格线，而命令 grid off 则用来擦除图形中的网格线。网格线有助于图形标度及理解。

3. 多重窗口及坐标系

MATLAB 提供在同一窗口内分隔出几个子图，并可在不同子图中绘制不同数据图像的手段。完成该功能的函数是 subplot。使用格式为：

1)　a=subplot(m, n, i)

该函数将当前窗口分割成 $m \times n$ 个子图，这些子图按行编号，即按行从左至右排列，位于第 c 行第 d 列的子图，其编号为 $(c-1)n+d$。该函数将第 i 个子图作为当前视图，返回值 a 则为当前视图的句柄值。

每个子图都相当于一个完整的图形窗口，可在其中完成所有图形操作的命令。每个子图相互独立，都具有其各自的坐标系，也可以采用相同的坐标系。采用该命令后，若想在图形窗口绘制增幅图形，则需要先执行命令 clf，以清除原图形窗口。图 3-2 是一个典型的多子图窗口示例。

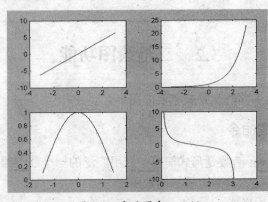

图 3-2　多子图窗口示例

2) subplot('position'，[left bottom width height])

该函数产生的子图位置可由人工指定。指定位置四元组中采用归一化单位，即子图的宽、高取值范围是[0，1]，左下角为 (0，0)坐标。

3.1.3 图形处理的一般步骤

绘图的一般步骤如表 3-2 所列，其中第 1 步和第 3 步是必需的也是最重要的步骤，进一步的详细操作及技巧参见后续各章内容。

表 3-2　绘图的一般步骤

步骤	二 维 图 形	三 维 图 形
1	数据准备： (1) 选定绘图的数据范围； (2) 确定自变量采样矢量； (3) 计算相应函数值矢量	数据准备： (1) 选取某参变量采样矢量； (2) 计算各对应坐标矢量； (3) 产生自变量采样矢量； (4) 由自变量矢量产生自变量"格点"矩阵； (5) 计算自变量"格点"矩阵所对应的函数值矩阵
2	选定图形窗口或子图位置： (1) 缺省状态打开 Figure N0.1 窗口；(2) 根据情况，确定子图位置	
3	调用绘图命令， 选定线型、色彩、数据点色彩等参数	调用三维曲线绘图或曲面绘图命令 选定线型、色彩、数据点色彩等参数
4	设定坐标参数：　坐标轴范围、刻度、网格线等	
5	图形注释：　图名、坐标名、文字说明、图例等	
6		图形的修饰处理： 着色、明暗、灯光、材质等处理
7		图形的视点处理： 视点、(纵、横、高)比例等处理
8	图形的句柄操作：　设定图形属性；图形窗工具条应用	
9	保存或打印图形	

3.2　二维绘图功能

二维图形是使用最多同时又是最重要的图形。

3.2.1　基本二维绘图命令

MATLAB 提供的 plot 函数是形式简单、应用广泛的一个线型绘图函数，利用该函数可以生成各种线段、曲线、参数方程等函数图形。

plot 函数有多种调用格式：

1. plot(X，'s')

其中 s 是用来指定线型、色彩、数据点形状的选项字符串。

(1) 矢量式 plot(x)：这是最简单的调用方式，*x* 是长度为 *n* 的数值矢量，其作用是在当前坐标系中，以矢量元素下标为横坐标(相当于横坐标间隔为 1)、以矢量元素值为纵坐标，绘出一条连续曲线。坐标系范围则根据矢量长度及矢量元素大小自动生成。如果矢量元素充分多，也可以得到一条光滑曲线。

(2) 矩阵式 plot(X)：*X* 为一个 *m×n* 实矩阵，此时该函数以矩阵的行矢量为横坐标值 (1:*m*)，按列绘制每列元素值的曲线，共 *n* 条。

(3) 复数式 plot(X)：其中 *X* 是复数矩阵，此时函数按列分别以元素的实部和虚部为横坐标和纵坐标，绘制多条曲线。

2. plot(X，Y，'s')

其中 s 的含义同前。

(1) 当 *X*、*Y* 是同维矢量时，函数绘制以 *X* 为横坐标，*Y* 为纵坐标的曲线。

(2) 当 *X* 是矢量，*Y* 是有一维与 *X* 等维的矩阵时，则绘出多条不同色彩的曲线。*X* 作为这些曲线的共同横坐标，曲线条数为 *Y* 阵的另一维数。

(3) 当 *Y* 是矢量，*X* 是有一维与 *Y* 等维的矩阵时，也绘出多条不同色彩的曲线。不同的是，*Y* 作为这些曲线的共同纵坐标，曲线条数为 *X* 阵的另一维数。

(4) 当 *X*、*Y* 为同维矩阵时，则以 *X*、*Y* 对应元素为横、纵坐标分别绘制曲线，曲线条数为矩阵的列数。

3. plot(X1，Y1，'s1'，X2，Y2，'s2'，X3，Y3，'s3')

每个 Xi，Yi，si 为一组，分别绘制曲线，如同 plot(X，Y，'s')一样。不同的曲线组之间没有联系。

[例 3-2]　>>plot([1，2，3，4，5，7，9，11，13，15]); 绘出两段折线，如图 3-3 所示。

　　　　　>>plot(1，2，3，4，5，7，9，11，13，15); 则仅绘出数据点。

[例 3-3]　绘制 20 条 peaks 函数曲线。

MATLAB 中，peaks 函数可以用来生成数值矩阵，矩阵元素由下述函数在区间[-3，3]×[-3，3]的等分网点上的函数值生成：

$$f(x,y) = 3(1-x^2)e^{-x^2-(y+1)^2} - 10\left(\frac{x}{5} - x^3 - y^5\right)e^{-x^2-y^2} - \frac{1}{3}e^{-(x+1)^2-y^2}$$

首先，执行 M=peaks(20)，生成一个 20×20 阶矩阵 **M**(缺省等分数为 48)，然后执行 plot(M)或 plot(peaks)。图 3-4 是执行 plot(peaks)所生成的图形。

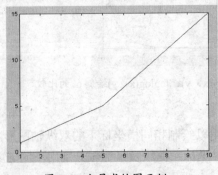

图 3-3　矢量式绘图示例

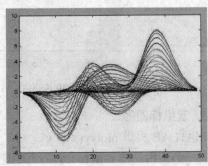

图 3-4　矩阵式绘图示例

```
>> m=peaks(20);              %将生成 20×20 阶数据，以及 peaks 函数图，此处略
   plot(peaks);              %生成图 3-4 所示图形。plot(m)生成的函数要粗糙得多
```

3.2.2 坐标轴及图形参数控制

1. 对数坐标轴

前面的 plot( )函数，只能表现函数值 y 随自变量 x 的线性变化，在实际工程应用和科学计算中，经常用到函数值 y 随自变量 x 以指数形式变化。

MATLAB 提供了函数 loglog( )、semilogx( )、semilogy( )，可以较好地解决这一问题。其使用方式与 plot( )一样，但坐标轴不同：

loglog( )   该命令将横、纵坐标轴分别变为 lnx、lny；

semilogx( )   该命令仅将横坐标变为 lnx；

semilogy( )   该命令仅将纵坐标变为 lny；

[例 3-4] 分别以 plot(x, y)、semilogx(x, y)、semilogy(x, y)、loglog(x, y)绘制 e^x。

```
x=0:0.1:100;                    title('Semilogx');
y=exp(x);                       subplot(2, 2, 3);
subplot(2, 2, 1);               semilogy(x, y);
plot(x, y);                     title('Semilogxy');
title('Exp');                   subplot(2, 2, 4);
subplot(2, 2, 2);               loglog(x, y);
semilogx(x, y);                 title('Loglog');
```

结果如图 3-5 所示。

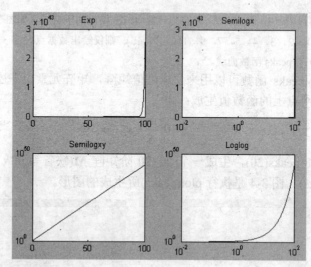

图 3-5 plot(x, y)、semilogx(x, y)、semilogy(x, y)、loglog(x, y)绘制 e^x 的比较

2. 双纵标图形

MATLAB 提供 plotyy(x1, y1, x2, y2)函数用以绘制相同横坐标下的双纵轴图形，其中(x1, y1)使用左侧纵坐标, (x2, y2)使用右侧纵坐标，曲线及坐标轴分别用不同的颜色表示。其余使用格式与 plot 命令一样。

[例 3-5] 在相同横坐标下，分别绘制

$$y_1 = \cos(x_1) \ \ \text{及} \ \ y_2 = 1/\tan(x_2)。$$

x1=1:0.01:10;

x2=1:0.1:10;

y1=cos(x1);

y2=1./tan(x2);

plotyy(x1, y1, x2, y2);

结果如图 3-6 所示。

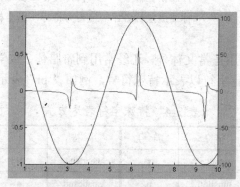

图 3-6 相同横坐标下， $y_1 = \cos(x_1)$ 及 $y_2 = 1/\tan(x_2)$

3. 图形参数控制

MATLAB 还提供了对绘图曲线进行控制的多种方式，如颜色、线型、数据点标记等。如表 3-3 所列。

表 3-3 曲线线型、颜色及数据点标记

线　型		颜　色			数　据　点	
符号	涵义	符号	RGB 值	涵义	符号	涵义
－	实线	r/red	1 0 0	红色	.	实心黑点(•)
:	点线	g/green	0 1 0	绿色	o	空心圆圈(○)
-.	点划线	b/blue	0 0 1	蓝色	x	乘号标记(×)
－ －	虚线	c/cyan	0 1 1	青色	*	星号标记(*)
none	无线	y/yellow	1 1 0	黄色	s	方块符　(□)
		k/black	0 0 0	黑色	d	菱形符　(◇)
		w/white	1 1 1	白色	v	上三角　(△)
		m/magenta	1 0 1	品红	^	下三角　(▽)
					<	左三角　(◀)
					>	右三角　(▶)
					p	五角星　(☆)
					h	六角星　(*)
					none	空

3.2.3 图形标注

1. 标注函数

常用标注函数有：

text(x0，y0，' ')，	在图中进行标注，其中 x0、y0 为标注点坐标，' ' 内为标注内容
legend(s1，s2，...)	绘制曲线所用线型、色彩或数据点类型图例
title(' ')	标注图名，' ' 内为待标注图名
xlabel(' ')	标注横坐标名，' ' 内为待标注横坐标名
ylabel(' ')	标注纵坐标名，' ' 内为待标注纵坐标名

2. 特殊符号

在图形标注中，除使用正常文体外，还经常用到希腊体、数学符号等文体，在标注函数中，利用 "\" 后加规定字符以表示特殊符号，例如 "\pi" 表示 "π"。如表 3-4 所列。

表 3-4　特殊字符表达方式

字　符	符　号	字　符	符　号	字　符	符　号	字　符	符　号
\alpha	α	\tau	τ	\heartsuit	♥	\forall	∀
\beta	β	\upsilon	υ	\spadesuit	♠	\exist	∃
\gamma	γ	\phi	φ	\leftrightarrow	↔	\cap	∩
\delta	δ	\chi	χ	\leftarrow	←	\cup	∪
\epsilon	ε	\psi	ψ	\uparrow	↑	\supseteq	⊇
\zeta	ζ	\omega	ω	\rightarrow	→	\supset	⊃
\eta	η	\Delta	Δ	\downarrow	↓	\subseteq	⊆
\theta	θ	\Gamma	Γ	\pm	±	\subset	⊂
\iota	ι	\Theta	Θ	\leq	≤	\otimes	⊗
\kappa	κ	\Lambda	Λ	\geq	≥	\oplus	⊕
\lambda	λ	\Xi	Ξ	\equiv	≡	\int	∫
\mu	μ	\Pi	Π	\neq	≠	\in	∈
\nu	ν	\Sigma	Σ	\cong	≅	\partial	∂
\xi	ξ	\Upsilon	Υ	\sim	~	\bullet	•
\o	ο	\Phi	Φ	\approx	≈	\Im	ℑ
\pi	π	\Psi	Ψ	\times	×	\Re	ℜ
\rho	ρ	\Omega	Ω	\div	÷	\aleph	ℵ
\varsigma	ς	\clubsuit	♣	\infty	∞	\wp	℘
\sigma	σ	\diamondsuit	♦	\propto	∝		

3. 上标、下标及斜体的标注

上标用 "^" 配合 {} 表示，{} 内为上标内容。

下标用 "_" 配合 {} 表示，{} 内为下标内容。

斜体用"\it"后加字符表示，例如"\ite^{-\alphax}"表示 $e^{-\alpha x}$，"\itx_{i}"表示 x_i。

4. 字体、风格及大小设置

字体名称用"\Fontname {}"表示，其中{}内为实际字体名称，如 arial、roman、宋体，黑体等，只要操作系统(如 Windows)字库中有的字体均可采用。例如，'\Fontname {黑体}黑体示例' 表示采用黑体书写"黑体示例"四个汉字。

风格用"\"后跟实际字体风格表示，风格有 bf(黑体)、it(斜体一)、sl(斜体二)、rm(正体)。例如，'\bf 示例'的效果为"**示例**"，'\it 示例'的效果为"*示例*"。

大小用"\Fontsize {}"表示，其中{}内为字体大小值，默认值为 10(磅)，1 磅=1/72Inch=0.35mm。

[例 3-6]　图形标注示例，如图 3-7 所示，M 文件如下：

```
x=0:0.5:5;
y1=x;
y2=x.^2;
y3=exp(-x);
y4=cos(x);
subplot(2, 2, 1);
plot(x, y1, '-.ko');
text(3, 3, '\leftarrowy=x');
xlabel('\ity=x');
subplot(2, 2, 2);
plot(x, y2, '-bd');
text(4, 16, '\leftarrow{\ity=x^{2}}');
xlabel('\ity=x^{2}');
subplot(2, 2, 3);
plot(x, y3, '--gh');
text(1, exp(-1), '\leftarrow{\ite}^{-{\itx}}');
xlabel('\ity=\ite^{-x}');
subplot(2, 2, 4);
plot(x, y4, ':kp');
text(pi/4, cos(pi/4), '\leftarrowcos(x)=0.707');
xlabel('\ity=sin(x)');
```

3.2.4　图形保持、刷新及缩放

1. 图形保持

MATLAB 提供 hold on 命令以保持当前图形窗口，执行该命令后，可以在当前图形窗口中增加其它图形，如果新图形的数据不适合当前坐标系，则系统会自动调整坐标系。命令 hold off 则释放当前图形。

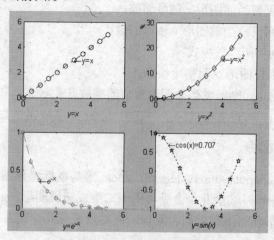

图 3-7　图形标注示例

71

[例 3-7] 在已绘制 sin(*x*)的当前图形窗口中，增加 cos(*x*)图形。结果如图 3-8 所示，M 文件(L0306.m)如下：

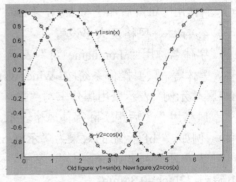

图 3-8 图形保持示例

```
x=linspace(0, 2*pi, 30);
y1=sin(x);
y2=cos(x);
plot(x, y1, ':kp');
text(3*pi/4,sin(3*pi/4),'\leftarrowy1=sin(x)');
hold on;
plot(x, y2, '--bo');
text(3*pi/4,cos(3*pi/4),'\leftarrowy2=cos(x)');
xlabel('Old figure: y1=sin(x); New figure:y2=cos(x)');
hold off;
```

2．图形(屏幕)刷新

由于屏幕图形刷新比较费时间，所以 MATLAB 并非在每执行一条绘图命令后就刷新一次屏幕图形。一般情况下，下列事件会引起屏幕刷新：

(1) 返回到 MATLAB 提示符。

(2) 遇到暂时停止执行的命令，如 pause、keyboard、input 等命令。

(3) 执行了 getframe 命令。

(4) 执行了 drawnow 命令。

(5) 重新调整图形窗口大小。

其中，drawnow 命令允许用户强迫 MATLAB 刷新屏幕图形若干次。另外，将若干绘图命令写在一行，也可以减少屏幕图形刷新。

3．图形缩放

为了能看清图形，MATLAB 提供命令 zoom on 以扩展二维图形区域或缩放某一区域。在 Windows 系统中，每单击一次鼠标左键，则以鼠标点为中心的当前图形就放大 2 倍，每单击一次鼠标右键，则缩小 2 倍。也可以单击或拽曳缩放区域。

命令 zoom　xon 仅使当前图形 *x* 轴可缩放；

命令 zoom　yon 则仅使当前图形 *y* 轴可缩放；

命令 zoom　off 则关闭缩放模式；

命令 zoom　out 则使图形返回初始状态；

不带参数的命令 zoom 则触发当前图形窗口的缩放开关状态；

命令 zoom (factor)则可设置缩放因子，其中 factor 为缩放因子数值，默认值为 2。

3.2.5 交互式绘图命令

MATLAB 提供了 ginput、gtext、legend、zoom 等与鼠标操作图形有关的命令。其中 ginput 只能用于二维图形，其余几个命令可用于二维或三维图形；ginput 与 zoom 命令经常配合使用，以便图形获得准确数据。此外，应尽量避免几个交互指令同时运作，以免引起图形混乱。

72

1. ginput

该命令用于从图形中获取数据，其格式为：

[x, y]=ginput(n)

即用鼠标从二维图形上获取 n 个点的数据坐标(x, y)，这在数值优化及工程设计中非常有用。

具体操作方法是：运行该命令后，MATLAB 会自动把当前图形调到前台，同时鼠标光标变为十字叉丝，此时用户可以移动十字叉丝到待取坐标点处，然后单击鼠标左键，便可获得该点数据。当取完 n 个点后，图形便自动回到后台，系统则回到执行 ginput 命令前的环境。该命令与 zoom 命令配合使用更好。

2. gtext

该命令用于把字符串或字符串元胞数组放置到当前图形上。格式为：

gtext (arg)

其中，arg 为字符串或字符串元胞数组。如果 arg 为单个字符串或单行字符串矩阵，则一次鼠标操作就可以把全部字符以单行形式放置在图形上；若 arg 为包含多个字符串的单行元胞数组，则一次鼠标操作可以把多个字符串以多行形式放置到图形上；若 arg 为多行字符串矩阵或多行字符串元胞数组，则每执行一次鼠标操作，仅放置一行字符串，通过多次鼠标操作，可以将多行字符串依次放置到图形中。

具体操作方法是：运行该命令后，当前图形自动调到前台，鼠标光标变为十字叉丝，移动十字叉丝到合适位置，单击鼠标右键后，arg 所代表示的字符串便紧靠十字叉丝放置在"第一象限"位置。

3. legend

该命令用于在图面指定位置建立图例，其格式为：

legend(arg, postion)

其中，arg 为图例中的文字注释，与 gtext 命令要求相同；postion 是图例在图面上位置的指定符，如表 3-5 所示。

表 3-5　postion 指定符及涵义

Position 取值	0	1	2	3	4	-1
图中对应位置	自动设置	右上角(默认值)	左上角	左下角	右下角	图右侧

具体操作方法是：在图形窗口中，按下鼠标左键进行拖曳操作，图例将随鼠标移动直至合适的位置，放开鼠标左键则结束。

3.3　三维绘图功能

实际科学研究和工程计算中，也经常用到三维图形。MATLAB 具有强大的三维绘图功能，如最常用的三维曲线图、三维网格图及三维曲面图，此外还提供数据显示、曲面分块、填充、着色、旋转、隐藏及视点变换等功能。

3.31 基本绘图命令

MATLAB 提供最基本的、也是最常用的用于绘制三维曲线的命令 plot3( )，其使用格式与 plot( ) 非常相似。调用格式如下：

1. plot3(x，y，z，'s')

这是最基本的调用方式，其中 s 的涵义同 plot( )，用来指定诸如线型、颜色及数据点形状。

(1) 矢量式：若 x、y、z 是长度相同的矢量，则在三维空间中绘制由 $\{x(i)，y(i)，z(i)\}$ 生成的折线或曲线。

(2) 矩阵式：若 x、y、z 是维数相同的矩阵，则按三个矩阵对应的列矢量在三维空间中绘制多条折线或曲线；若 x、y、z 中有一个或两个是矢量，则矢量的长度必须等于矩阵的行数或列数，此时 MATLAB 将按长度对应的方式选择矩阵的行或列矢量来生成折线或曲线。

2. plot3(X1，Y1，Z1，'S1'，X2，Y2，Z2，'S2'，...)

这是标准的四元组方式，每个四元组(X1，Y1，Z1，'S1')的结构及作用与 plot3(x，y，z，'s') 中元素涵义对应，各四元组之间没有联系。

[例 3-8] 绘制三维螺旋线。

```
>> t=0:pi/10:10*pi;
   plot3(sin(t), cos(t), t, ':bp');
```

结果如图 3-9 所示。

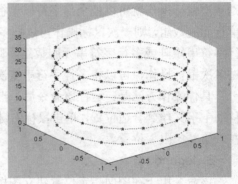

图 3-9 三维螺旋线图示例

3.3.2 网格图与曲面图

网格图与曲面图的绘制比较复杂，其主要步骤为：准备数据，生成网格、配置色彩、阴暗、光照及视点。

1. 绘图基本步骤

1) 准备数据

假定绘制函数 $z = f(x,y)$ 所代表的三维空间图形，首先需要确定自变量 $(x，y)$ 的取值范围及取值间隔。可用如下语句生成：

```
x=x0:dx:xm;        %dx 为 x 方向间隔，x0 及 xm 为 x 取值范围
y=y0:dy:yn;        %dy 为 y 方向间隔，y0 及 yn 为 y 取值范围
```

2) 生成网格

MATLAB 生成网格的基本思想是：假设函数 $z = f(x,y)$ 是定义在一个矩形区域中的，矩形区域 $\boldsymbol{D}=[x_0，x_m]\times[y_0，y_n]$。为了绘制矩形区域 $\boldsymbol{D}$ 上的三维曲面，首先将 $[x_0，x_m]$ 在 x 方向上分成 m 份，将 $[y_0，y_n]$ 在 y 方向上分成 n 份，由各分划点作平行于坐标轴的直线，将区域分成 $m\times n$ 个小矩形块，并计算出网格点的函数值。对每个小矩形，通过四个顶点 $\{(x_i,y_j),(x_{i+1},y_j),(x_i,y_{j+1}),(x_{i+1},y_{j+1})\}$ 得到空间曲面小四边形对应的的四个顶点值

$\{f(x_i,y_j),f(x_{i+1},y_j),f(x_i,y_{j+1}),f(x_{i+1},y_{j+1})\}$，连接每个曲面小四边形，便得到由函数 $z=f(x,y)$ 在区域 D 上的空间网格曲面。

为方便起见，MATLAB 提供函数 meshgrid 来生成 $x-y$ 平面上的小矩形顶点坐标值的矩阵。其调用格式为：

(1) [X，Y]=meshgrid(x，y)

其中，x 是区间$[x_0, x_m]$上划分点组成的矢量，y 是$[y_0, y_n]$上划分点组成的矢量。输出的 X、Y 都是矩阵，矩阵 X 的行矢量都是矢量 x，矩阵 Y 的列矢量都是 y。X 和 Y 的元素组$\{(X(i, j)，Y(i, j))\}$恰好是区域 D 的第(i, j)网格顶点。也就是说，函数 meshgrid 将两个矢量决定的曲面转换成对应的网格点矩阵。

(2) [X，Y]=meshgrid(x)

相当于[X，Y]=meshgrid(x, x)，其余同上。

3) 计算函数在网格点上的取值，即计算 $z=f(x,y)$。

由于矩阵 X、Y 的对应元素恰好组成某个网格点，因此利用矩阵运算功能，很容易计算出所有网格上的函数值所组成的矩阵。

2. 网格图

由前述步骤得到网格点上的函数值矩阵 Z 后，便可用 mesh 函数来生成网格曲面，即由网格线组成的曲面。命令格式如下：

(1) mesh(X, Y, Z, C)

最完整的调用格式，X, Y, Z, C 都是同维矩阵，X、Y 是自变量网点矩阵，Z 是网点上的函数矩阵，C 是指定各点颜色的矩阵，可以省略。当 C 省略时，默认颜色矩阵是 Z，即认为 $C=Z$。

(2) mesh(X, Y, Z)

最常用的调用格式。相当于(1)中的 $C=Z$。

(3) mesh(x, y, Z, C)

x、y 是矢量，Z 和 C 是同维矩阵，且矢量 x 的长度等于矩阵 Z 的列数，矢量 y 的长度等于矩阵 Z 的行数。C 决定网格线的颜色。

(4) mesh(x, y, Z)

是(3)的简化形式，相当于 $C=Z$。

(5) mesh(Z, C)

Z 和 C 都是 $m \times n$ 矩阵，相当于(3)中的 x=1:n, y=1:m。

(6) mesh(Z)

以 Z 矩阵的列和行分别作为 x 及 y 轴自变量，画网线图，相当于(5)中的 $C=Z$。

MATLAB 还提供了两个与 mesh 函数相关且调用格式完全相同的函数：

函数 meshc 除生成网格曲面外，还在 $x-y$ 平面上生成曲面的等高线图形；

函数 meshz 除生成网格曲面外，还在网格曲面下增加一个长方体台柱，使图形更加美观。

[例3-9] 网格图示例，如图3-10所示，M 文件如下：

```
x=-8:0.5:8;                    [X, Y]=meshgrid(x, y);
y=x;                           R=sqrt(X.^2+Y.^2)+eps;
```

```
P=peaks(30);                          mesh(P);
Z=sin(R)./R;                          subplot(2, 2, 3);
 subplot(2, 2, 1);                    meshc(P);
mesh(Z);                              subplot(2, 2, 4);
 subplot(2, 2, 2);                    meshz(P);
```

3. 曲面图

MATLAB 提供函数 surf 来绘制曲面图,这种图形除各线条之间的空档(称作补片)用颜色填充外,和网格图看起来基本一样。该函数通常需要函数 mesh 配合使用,使用格式如下:

Surf(X, Y, Z) X, Y, Z 为数值矩阵

[例 3-10]　peaks 函数的曲面图,如图 3-10 所示。

```
>>[X, Y, Z]=peaks(30);
  surf(X, Y, Z);
```

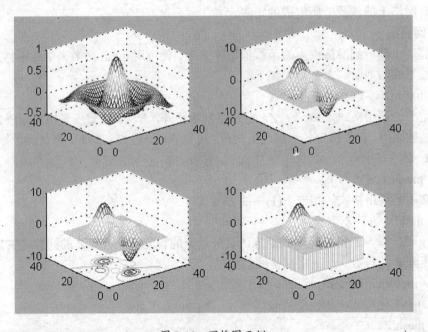

图 3-10　网格图示例

3.3.3　光照效果与视角

MATLAB 的光照与视角技术使图形看起来更加逼真。

1. 视角及设置

MATLAB 提供函数 view 来设置方位角和俯视角以确定观察点的方位。所谓方位角是指观察点和坐标原点连线在 x-y 平面内的投影和 y 轴的负方向的夹角,当方位角为正时,表示逆时针方向。俯视角则指观察点与坐标原点的连线和 x-y 平面的夹角,当俯视角为正时,表示观察点在 z 值为 0 的 x-y 平面的平面上。观察点、方为角和俯视角的关系如图 3-12 所示。

76

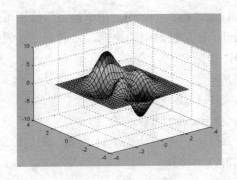

图 3-11　peaks 函数曲面图

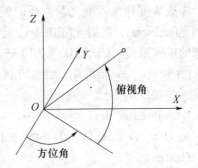

图 3-12　观察点、方为角和俯视角的关系

对二维图形，MATLAB 自动设置其方位角为 0°，俯视角为 90°；对三维图形，MATLAB 自动设定其方位角为-37.5°，俯视角为 30°。

函数 view 只能用来设置方位角和俯视角，不能用来设定观察点的位置。其使用格式如下：

```
view([方位角  俯视角])
```

2. 光照效果

MATLAB 提供 light 函数，通过模拟物体在自然光条件下的明暗效果来调整图形上的颜色。light 函数的使用格式如下：

```
Light('position', [x y z], 'color', [r g b])
```

其中，Position 为光照位置，用以表示光源在空间上和物体的位置关系，用[x y z]表示光源位置。

Style 为光源类型，用以指明光源是线光源还是点光源，'local'为点光源，'infinite'为平行光。

Color 为光源发出的颜色，以[r g b]三元组方式表达，r 为红色，g 为绿色，b 为蓝色，取值 0~1。

[例 3-11]　显示 MATLAB 徽标，并用不同光照效果表示。

```
>>membrane                              %显示 MATLAB 徽标
>> light('position', [1 0 0], 'color', [1 0 0])  %光源位于坐标原点前方，红色
```

3. 光照控制

MATLAB 提供函数 surfl 来控制光源位置和光线性质，以产生带有明暗效果的三维表面图。使用格式如下：

```
surfl(z)
surfl(x, y, z)
surfl(x, y, z, s)
surf(x, y, z, s, k)
```

其中，x、y、z 是用来绘制曲面的数值矩阵。

参数 s 用来设置光源的坐标位置，默认值为光源的方位角 az 在观察点逆时针方向的 $\pi/4$ 处，若采用直角坐标系，则 s=[sx, sy, sz]，即 s 为光源的坐标位置；若米用球坐标，则 s=[az, el]，即光线的投射角度。

参数 k 是用来控制光源性质的矢量，k=[ka，kd，ks，spread]，用来确定三维图形的背景光(ambient)、漫射光(diffuse)、定向光(specular)在总投射中的比例，元素 spread 表示图像的扩散系数。k 的默认值为[0.55，0.6，0.4，10]。

[例 3-12] peaks 函数的光照控制示例，如图 3-13 所示。

```
x=-3:0.1:3;
[x, y]=meshgrid(x);
surfl(x, y, peaks(x, y), [45, 45]);
figure
```

```
x=-3:0.1:3;
[x, y]=meshgrid(x);
 surfl(x, y, peaks(x, y), [45, 45], [0.2,
0.3, 0.1, 5]);
```

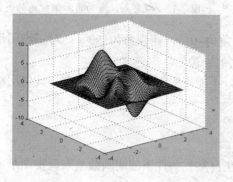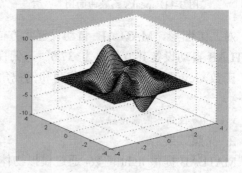

图 3-13   三维光照控制图示例

3.3.4 色图与色彩控制

1. 色彩风格

MATLAB 提供了几个用于控制色彩的函数，使用格式如下：

colordef options	按缺省值设定"根"屏幕上的所有子对象
colordef(fig, options)	按缺省值设定图形窗口 fig 的所有子对象
h= colordef('new', options)	按缺省值设定新图形窗口的所有子对象
bg	使当前图形窗口上的"轴"背景色在黑白间切换
whitebg(fig)	使图形窗口 fig 上的"轴"背景色在黑白间切换
whitebg(C)	使当前图形窗口上的"轴"背景色变成 C 指定的颜色

其中，colordef 会影响其后产生的图形窗口中的所有图形用色；whitebg 则仅影响当前或指定图形窗口的，默认的"轴"背景色为 white；options 用于色彩控制的设定，如表 3-6 所列。

表 3-6   色彩控制的默认设定

options	"轴"背景色	图背景色	轴标色	色图	画线用色次序
white	白	浅灰	黑	jet	蓝、深绿、红、青、洋红、黄、黑
black	黑	黑	白	jet	黄、洋红、青、红、深绿、蓝、浅灰
none					

2. 色图

色图是 MATLAB 着色的基础，也是色彩处理的基础，所以对表现图形具有重要意义。

MATLAB 的着色技术主要有以下两种：

1) 变址色彩法着色

该方法先把每个数据点变换为色图中的某个索引号，而该索引号代表某一种颜色，然后依据这些数据点颜色，按"浓淡处理"模式推算出曲面上其它点的颜色。

2) 真彩法着色

每个数据点直接采用 RGB 三元组指定颜色，其它点的颜色也用"浓淡处理"模式推算确定。

MATLAB 的色彩控制方法主要有以下两种：

(1) RGB 三元组。该方法将一种色彩用[R G B]基色三元数组表示。数组元素 R、G、B 在[0，1]区间取值，分别表示红、绿、蓝三原色的相对亮度，通过设定 R、G、B 的大小，就可以"调配"出不同的色彩。表 3-7 是常用色的 R、G、B 值。

表 3-7 常用色的 R、G、B 值

基色			调配色		色符	基色			调配色		色符
R	G	B	中文	英文		R	G	B	中文	英文	
1	0	0	红色	Red	R	1	0	1	品红	Magenta	M
0	1	0	绿色	Green	G	0.5	0.5	0.5	灰色	Gray	
0	0	1	蓝色	Blue	B	1	0.5	0	橙色	Orange	
1	1	0	黄色	Yellow	Y	1	0.62	0.40	铜色	Copper	
0	1	1	青色	Cyan	C	0.67	0	1	紫色	Violet	
1	1	1	白色	White	W	0.49	1	0.83	宝石蓝	Aquanmarine	
0	0	0	黑色	Black	K						

(2) 色图矩阵及色图。每个图形窗口只能有一个色图(Color map)，色图为($m\times3$)矩阵，每一行是 RGB 三元组，既可以通过矩阵元素直接赋值，也可以按某种数学规律生成。如表 3-8 所列。

表 3-8 MATLAB 预定义的色图矩阵 CM

CM	涵义	CM	涵义
autumn	以红、黄色为基调，浓淡处理	jet	蓝头红尾的饱和值色
bone	以蓝色为基调，浓淡处理	lines	按 plot 默认值绘线
colorcube	多彩交错	pink	淡淡的粉红色
cool	以青、品红色为基调，浓淡处理	prism	光谱交错色
copper	以纯铜色为基调，浓淡处理	spring	以青、黄色为基调，浓淡处理
flag	红-白-蓝-黑 四色交错	summer	以绿、黄色为基调，浓淡处理
gray	以灰色为基调，浓淡处理	winter	以蓝、绿色为基调，浓淡处理
hot	红-黑-黄-白 四色交错	white	纯白色
hsv	两端为红色的饱和值色		

3.3.5 三维图形的透视

用 mesh 命令绘制网格图时，默认情况下会消隐掉重叠在后面的网格，如果需要看到被掩盖的部分，可以利用透视命令 hidden off。格式如下：

hidden on   打开消隐功能，使图中前面部分挡住后面部分

hidden off   关闭消隐功能，从而可以看到被挡住的部分

图 3-14(a)、(b)是 peaks 函数在透视打开和关闭时的对比。

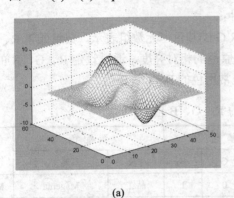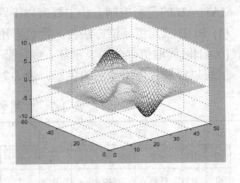

(a)   (b)

图 3-14   peaks 函数在透视打开和关闭时的效果图

(a) hidden on 时的效果；(b) hidden off 时的效果。

3.3.6 曲面图形的遮掩

MATLAB 提供函数 shading 用一对曲面图形颜色进行均衡处理。使用格式如下：

shading flat   根据整个网格值在每个网眼上确定一个颜色值

shading faceted   默认格式，对网眼颜色不作处理，但加深网线的黑色

shading interp   在网眼内采用差分法详细计算网眼内不同位置处的颜色差异，使图形颜色连续变化

[例 3-13] peaks 函数的几种图形效果比较。

```
surf(peaks(30));
shading flat;        %图 3-15 （a）
figure;
surf(peaks(30));
shading faceted;     %图 3-15 （b）
figure;
surf(peaks(30));
shading interp;      %图 3-15 （c）
figure;
surf(peaks(30));
shading interp;
colormap pink;       %图 3-15 （d）
```

80

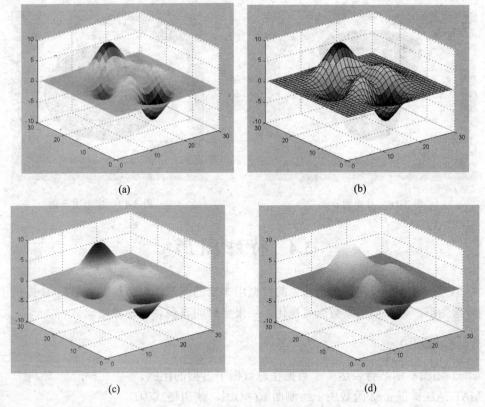

图 3-15　peaks 函数的几种图形效果

3.3.7　柱面与球面表达

1. 柱面图

函数 cylinder 用于绘制柱面图，与平时作图一样，绘制柱面时首先给出其母线和轴线，该函数中，柱面的轴线已经定义 z 轴，因此只要给出其母线就可以绘制柱面，再加一个参数 n，用以描述旋转柱面上的分格数。调用格式为：

[x，y，z]=cylinder(r，n)

其中，r 为描述柱面母线的矢量；n 为描述旋转柱面上的分格数。

[例 3-14]　柱面表达示例。

```
>>t=2*pi:pi/12:5*pi;
r=sin(t)+t;              %确定柱面母线
cylinder(r，50);         %绘制柱面如图 3-16 所示
```

2. 球面图

由于绘制的球面是一个单位球面，所以只要给出分格数 n 即可，通常该命令还要和其它命令配合使用。函数调用格式如下：

[x，y，z]=sphere(n)

[例 3-15]　球面表达示例。

```
>>[X，Y，Z]=sphere(30);
surf(X，Y，Z);           %如图 3-17 所示
```

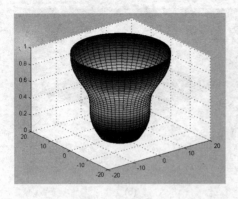

图 3-16 柱面图示例

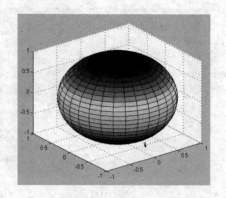

图 3-17 球面图示例

3.4 特殊图形

在工程计算中，经常需要把抽象的数据用丰富的图形予以表达。MATLAB 提供了一系列特殊图形，可以使抽象数据可视化，结果更鲜明直观、更形象生动。

3.4.1 面域图

面域(积)图特别适合表达一个数据在总数据中占据的比例。

MATLAB 提供 area 函数用于绘制面域(积)图，使用格式为：

area(X，Y，'FaceColor'，[R G B]，'EdgeColor'，[R G B]，'LineWidth'，L)

其中 X 为矢量，表示横坐标；Y 为矢量或矩阵，表示纵坐标；FaceColor 用于表达面域颜色，EdgeColor 用于表达连线颜色，均用[R G B]三元组方式表达，R 表示红色、G 表示绿色、B 表示蓝色，取值 0~1；LineWidth 用于表达连线的线宽，用数字表达。

该函数可以画出矢量或矩阵的列矢量中的数据并连线，且填充 X 轴和曲线之间的面积。

[例 3-16] 某公司 1998 年—2002 年的销售额、成本、利润如表 3-9 所列，试用面域图表达之。

表 3-9 某公司 1998 年—2002 年的销售额、成本、利润一览表　　(单位：万元)

年度	1998	1999	2000	2001	2002
销售额	520.8	824.9	931.7	920.8	901.8
成本	190.5	367.9	450.3	403.2	397.5
利润	330.3	457.0	481.3	517.6	504.3

M 文件如下：

```
sales=[520.8 824.9 931.7 920.8 901.8];
expence=[190.5 367.9 450.3 403.2 397.5];
x=1998:2002;
area(x, sales, 'FaceColor', [0.5 0.5 0.9], 'EdgeColor', 'b', 'LineWidth', 5);
hold on;
```

```
area(x, expence, 'FaceColor', [0.5 0.9 0.5], 'EdgeColor', 'b', 'LineWidth', 3);
hold off;
set(gca, 'XTick', [1998:2002]);
set(gca, 'Layer', 'top');
gtext('\leftarrow 销售额');
gtext('成本');
gtext('利润');
xlabel('年份', 'FontSize', 18);
ylabel('利润=销售额-成本','FontSize',18);
```

结果如图 3-18 所示,用鼠标选择合适的位置后,文字会自动标注。

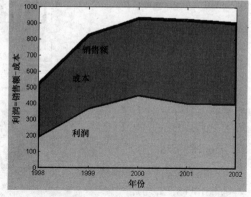

图 3-18 面域图示例

3.4.2 直方图

直方图便于比较和分析数据,特别适合于表达某数据在总体中的比例。

MATLAB 提供了 4 个绘制直方图的函数:bar、bar3、bath、bar3h。其中函数 bar 和 bar3 分别用于绘制二维和三维竖直直方图,函数 barh 和 bar3h 则分别用于绘制二维和三维水平直方图。此外,这几个函数还可以选择不同的方式绘制,选择"grouped"项,可以把同一列数据的直方条靠在一起,称为分组式直方图;选择"stacked"项,则把同一列数据画在一个直方条上,称为累计式直方图;选择"detached"项,则把数据分离绘制,称为分离式或队列式直方图。

函数的调用格式如下:

```
bar(Y)           %以 Y 的下标作为直方图的横坐标值
bar(x, Y)        %以严格单调递增(减)矢量 x 的值为横坐标,绘制直方图
bar(…, width)    %用 width 确定直方图中每个数据条在图中的宽度,其默认值为 0.8;当该
                  值大于 1 时,数据条将重合在一起
bar(…, 'style')  %选定直方图的类型,当 style 为 stacked 时,绘制累计式直方图;当 style
                  为 grouped 时,绘制分组式直方图;当 style 为 detached 时,绘制分离式
                  直方图
bar(…, LineSpec) %LineSpec 可以控制直方图的颜色。
```

其余几个函数的调用格式与此相同。

[例 3-17] 直方图绘制示例,如图 3-19 所示。

```
x=[1 2 3 4 5 6 7];
Y=[5 2 1; 8 9 12; 9 6 3; 7 4 2; 8 7 6; 3 7 10; 4 7 9;];
colormap(summer);            %设置图形的颜色
subplot(3, 3, 1);
bar(Y);
subplot(3, 3, 2);
bar(Y, 'stacked');
subplot(3, 3, 3);
```

```
bar(Y, 'grouped');
subplot(3, 3, 4);
barh(Y, 'grouped')
subplot(3, 3, 5);
barh(Y, 'stacked');
subplot(3, 3, 6);
bar3(x, Y, 'stacked');
subplot(3, 3, 7);
bar3(Y, 'grouped');
subplot(3, 3, 8);
bar3h(Y);
subplot(3, 3, 9);
bar3h(Y, 'grouped');
```

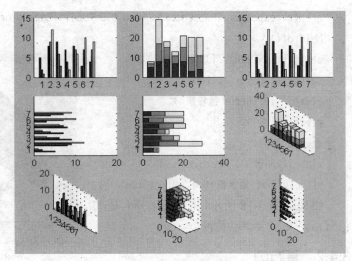

图 3-19　直方图绘制示例

3.4.3　饼图

饼图便于比较各个元素在一个整体中的比例。MATLAB 提供 pie 及 pie3 两个函数绘制饼图，其中，pie 用于绘制平面饼图，pie3 用于绘制三维饼图。使用格式如下：

```
pie(X, explode)
```

其中 X 为矢量；explode 为与 X 同维的矢量，若元素取值非 0 时，表示对应数据与饼图脱开。pie3 的使用格式与 pie 相同。

[例 3-18] 某年级学生成绩为：优秀 21 人，良好 87 人，中等 75 人，及格 64 人，不及格 20 人。试利用饼图予以表达和分析。

M 文件如下，饼图如图 3-20 所示。

```
X=[21  87  75  64  20];          pie(X, [0 0 0 0 1]);
subplot(2, 2, 1);                subplot(2, 2, 3);
pie(X, [1 0 0 0 0]);             pie3(X, [1 0 0 0 0]);
legend({'优秀', '良好', '中等', '及格',   subplot(2, 2, 4);
'不及格'});                       pie3(X, [0 0 0 0 1]);
subplot(2, 2, 2);
```

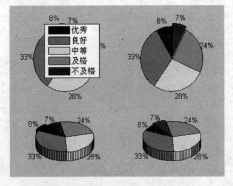

图 3-20　饼图绘制示例

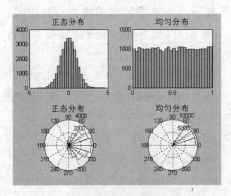

图 3-21　频数图示例

84

3.4.4 频数图

函数 hist 和 rose 用于绘制统计频数直方图，前者用直角坐标，后者用极坐标。这两个函数将统计在给定的各个区间内的数据个数，然后画出这些统计数据的直方图。函数调用格式为：

hist(y, x)

其中，x 为需要统计的数据，当 x 为标量时，指定统计的区间数，当 x 为矢量时，以这些值为中心划分区间进行统计，区间数等于 x 的长度。当变量 x 为默认值时，函数 hist 将数据所在区域自动分成 10 个子区域，并绘制 10 个直方条。函数 rose 默认的子区域数为 20。

[例 3-19]　由随机矩阵函数产生正态分布和均匀分布的矢量统计结果。正态分布统计 30 个区间的结果，均匀分布则统计 25 个区间上的结果，如图 3-21 所示，M 文件如下：

```
yn=randn(30000, 1);        %产生正态分布
yu=rand(30000, 1);         %产生均匀分布
x=min(yn):0.2:max(yn);
colormap(cool);            %设定图形颜色
subplot(2, 2, 1);
hist(yn, 30);
title('正态分布', 'FontSize', 14);
subplot(2, 2, 2);
hist(yu, 30);
title('均匀分布', 'FontSize', 14);
subplot(2, 2, 3);
rose(yn);
title('正态分布', 'FontSize', 14);
subplot(2, 2, 4);
rose(yu);
title('均匀分布', 'FontSize', 14);
```

3.4.5 火柴杆图

MATLAB 提供函数 stem 及 stem3 用于绘制火柴杆图，前者绘制二维火柴杆图，后者绘制三维火柴杆图。火柴杆图把图中每个数据点画成一根曲线，并数据点处用圆圈表示，看起来很像火柴杆。二维火柴杆图中，火柴从 x 轴开始，三维火柴杆图中，火柴杆从 x-y 平面开始。

函数的使用格式为：

stem(x, y, ' shape' ,' style')

其中，x 为横坐标矢量；y 为纵坐标矢量；shape 为火柴杆头的形状；style 为火柴杆头填充与否标志；fill 表示填充。函数 stem3 的调用格式与此相同。

[例 3-20]　横坐标在 0~2π 之间均匀生成 30 个点，用不同颜色绘制 a=sin(x)，b=cos(x)以及(a+b)的图形，其中(a+b)用火柴杆图绘制。M 文件如下，结果如图 3-22 所示。

```
x=linspace(0, 2*pi, 30);
a=sin(x);
b=cos(x);
plot_handle=plot(x, a, '-r', x, b, '-g');
hold on;
stem_handle=stem(x, a+b);
hold off;
legend_handle=[plot_handle; stem_handle];
legend(legend_handle, 'a=sin(x)', 'b=cos(x)', 'a+b');
xlabel('时间(单位: 秒)');
ylabel('幅值');
title('a, b, a+b');
```

[例 3-21]　用火柴杆图表达离散方波的快速 Fourier 变换幅频，如图 3-23 所示。

```
t=(0:127)/128*2*pi;              %在圆周 2π 范围内采样
x=cos(t);      y=sin(t);
f=abs(fft(ones(10, 1), 128));    %对例三方波进行 FFT 变换，并取幅值
stem3(x, y, f');                 %绘制火柴杆图
view([-65  30]);                 %选择方为角俯视角，以便于观察
```

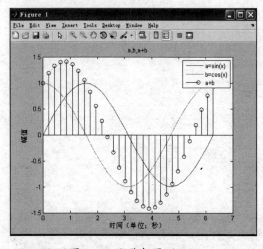

图 3-22　火柴杆图示例

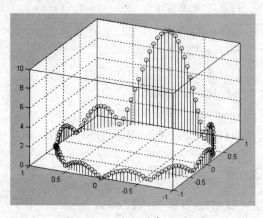

图 3-23　三维火柴杆图示例

3.4.6　阶梯图

函数 stairs 用于绘制阶梯图，所谓阶梯图是指相邻两点之间的区间的所有值均为两点中起点的值，两点间用阶梯线连接。阶梯图主要用于表达数字系统的时程曲线等。

函数调用格式为：

```
stairs(x, y, LineSpec)
```

其中，*x* 为横坐标矢量；*y* 为纵坐标矢量；LineSpec 为线型及颜色，见表 3-2。

[例 3-22] 绘制区间[0，2π]内 sin(x)的阶梯图，步长取 0.25，如图 3-24 所示。

```
x=0:0.25:2*pi;
y=sin(x);
stairs(x, y, '-b');    %绘制阶梯图
xlabel('sin(x)阶梯图');
hold on;
plot(x, y, '-r');      %绘制曲线
hold off;
```

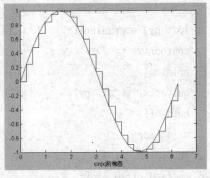

图 3-24 阶梯图示例

3.4.7 矢量图

MATLAB 提供函数 compass、quiver、quiver3 绘制矢量图，其中 compass 以罗盘方式绘制，矢量从同一点出发，每个矢量相当于一根指针，图形中显示环向栅格；调用函数 quiver 和 quiver3 时，需要指定每个矢量的起点坐标，quiver3 用于绘制三维矢量图；函数 feather 用来绘制羽毛图，矢量的起点为水平轴上等距离的点，第 n 条矢量，其起点为坐标为$(n，0)$。

函数的调用格式为：

compass(U, V)	%U，V 为矢量，U 为复数的实部，V 为复数的虚部
compass(Z)	%Z 为虚矩阵
compass(…, LineSpec)	%LineSpec 为线型及颜色的控制字符
quiver(U, V)	%U，V 为矢量
quiver(X, Y, U, V)	%其中，X，Y 为矢量 U，V 的位置，X，Y，U，V 必须同维
quiver(…, scale)	%scale 为控制矢量长度的实数，默认值为 1
quiver3(Z, U, V, W)	%其中，Z 为虚矩阵，U，V，W 为矢量
quiver3(X, Y, Z, U, V, W)	%其中，X，Y，Z 为矢量 U，V，W 的位置，X，Y，Z，U，V，W 同维
quiver3(…, scale)	%scale 为控制矢量长度的实数，默认值为 1
quiver3(…, LineSpec)	%LineSpec 为线型及颜色的控制字符
quiver3(…, LineSpec, 'filled')	%filled 对图形进行填充
feather(U, V)	%U，V 为矢量
feather(Z)	%Z 为虚矩阵
feather(…, LineSpec)	%LineSpec 为线型及颜色的控制字符

[例 3-23] 由以下 M 文件(L0322.m)生成的矢量图，如图 3-25 所示。

```
x=0:pi/15:2*pi;                    %准备数据
subplot(2, 2, 1);
compass(sin(x), x.*cos(x)/8);      %绘制罗盘图
subplot(2, 2, 2);
feather(sin(x), cos(x));           %绘制羽毛图
subplot(2, 2, 3);
[x, y] = meshgrid(-2:0.2:2, -1:0.1:1);%准备数据
```

```
z = x .* exp(-x.^2 - y.^2);
[px, py] = gradient(z, 0.2, 0.1);            %求梯度
contour(x, y, z);                            %绘制等位(高)线
hold on;
quiver(x, y, px, py);                        %绘制矢量图
hold off;
axis image;
subplot(2, 2, 4);
theta=0:pi/10:2*pi;                          %准备数据
rho=0:0.5:5;                                 %准备数据
[t, r]=meshgrid(theta, rho);                 %准备数据
z=r.^2;
[x, y, z]=pol2cart(t, r, z);                 %坐标转换(极坐标转换成迪卡尔坐标)
surf(x, y, z);                               %绘制三维彩色曲面
hold on;
[u, v, w]=surfnorm(x, y, z);                 %生成曲面上的法线矢量
quiver3(x, y, z, u, v, w);                   %绘制曲面上的法线
```

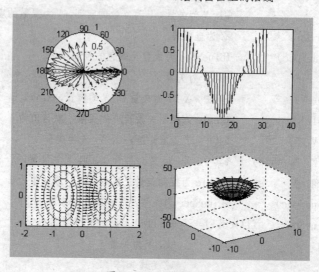

图 3-25   矢量图示例

3.4.8   等高线图

所谓等高线是指每条高线上的高度相等，又称等位线。MATLAB 提供函数 clabel、contour、contour3、contourf 用于绘制等高线，其中 contour、contour3、contourf 分别用于绘制二维等高线、三维等高线、着色等高线；clabel 用于标注计算高度值。此外，函数 meshc 和 surfc 也可在绘制网线图和表面图的同时绘制等高线图。

调用格式如下：

contour(z, n)   %z 为二元函数的函数值矩阵，n 为整数，用于指定等高线条数

88

```
contour(x, y, z, n)         %x, y为横、纵坐标值矢量
contour(x, y, z, v)         %v为矢量，用于指定在哪些高度绘出等高线，如果只想在一个高度z
                               绘出等高线，则可令v=[z z]
contourf(…)                 %参数与contour( )函数完全一致，但绘出的等高线将自动填上颜色
clabel(c)                   %自动标注等高线
clabel(c, v)                %自动标注由矢量v确定的若干条等高线高度值
clabel(c, 'manual')         %手工标注高度
```

[例3-24] 等高线示例，如图3-26所示。

```
[X, Y, Z]=peaks;
subplot(2, 2, 1);
contour(X, Y, Z, 10);              %绘制10条等高线
subplot(2, 2, 2);
contour3(X, Y, Z, 10);             %绘制10条三维等高线
subplot(2, 2, 3);
contour3(X, Y, Z, [1 2 3 4 5 6]);  %绘制高度为1, 2, 3, 4, 5, 6的等高线
subplot(2, 2, 4);
c=contour(X, Y, Z, 2);             %计算c阵
clabel(c);                         %标注c阵处的高度值
```

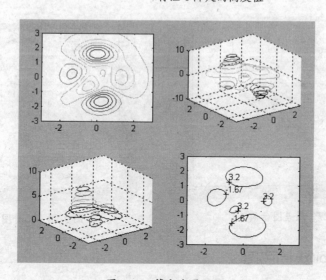

图 3-26　等高线图示例

3.4.9　误差图

误差图适于表现数据可信度或者相对于标准的偏离程度。函数格式如下：

```
errorbar( Y, E)       %在plot(Y)的基础上，对每个Y元素所对应的点上绘制误差棒
                         误差棒长度为2E(i)，中点在(X, Y)处
errorbar(X, Y, E)     %在plot(X, Y)的基础上，对每个Y元素所对应的点上绘制误差棒
                         误差棒长度为2E(i)，中点在(X, Y)处
```

89

errorbar(X, Y, L, U)　　%X, Y, E, L, U 均必须为 n×m 矩阵或 n 为矢量，L 是误差棒下端到
　　　　　　　　　　　　　　(X, Y)的距离，U 是误差棒上端到(X, Y)的距离

errorbar(…, LineSpec)　%LineSpec 为线型及颜色设置标志

[例 3-25]　假设误差函数为 5/length(x)，区间[0，1]，试绘制函数 sin(x)在区间[0，10]内的误差图，如图 3-27 所示。

```
x=[0:0.5:10];                    e=5*[0:1/(length(x)-1):1];
y=10+x.^2;                       errorbar(y, e);
```

3.4.10　拓扑图

MATLAB 提供函数 gplot 用以绘制拓扑图。使用格式如下：

```
gplot(A, C)
gplot(A, C, LineSpec)
```

其中，*A* 为 n×n 邻阶矩阵；*C* 为 n×2 或 n×3 的相配矩阵，用以确定每个节点与其它 2 个或 3 个节点相连，其中 n 为拓扑图中节点个数；LineSpec 为线型及颜色控制标志。

[例 3-26]　拓扑图示例，如图 3-28 所示。

```
k=1:50;                  %返回 xyz 坐标给[b, xy]
[b, xy]=bucky;
gplot(b(k, k), xy(k, :), 'r-p');
```

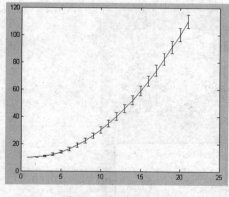

图 3-27　误差图示例

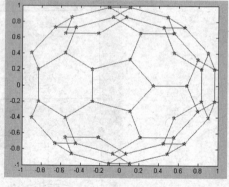

图 3-28　拓扑图示例

3.4.11　voronoi(沃若尼)图

所谓 voronoi 图是指用 voronoi 多边形勾画每个点的最近邻范围。voronoi 多边形在计算几何、模式识别中有重要应用。MATLAB 提供函数 voronoi 来绘制 voronoi 图。使用格式如下：

```
voronoi(A, B)
voronoi (X, Y)                    %绘制点 X, Y 处的 voronoi 图
voronoi (X, Y, TRI)               %使用 TRI 三角测量法而不是 DELAUNAY 计算法
H = voronoi (…, 'LineSpec')       %绘制带有颜色及线型的 voronoi 图，并将线形句并返回给 H
[VX, VY] = voronoi (…)            %返回 voronoi 图的顶点给 VX, VY, 以便通过函数
plot(VX, VY, '-', X, Y, '.')      %绘制 voronoi 图
```

[例 3-27]　voronoi 图示例，如图 3-29 所示。

```
n=30;
A=rand(n, 1)-0.5;
B=rand(n, 1)-0.5;
voronoi(A, B);
```

3.4.12 彩带图

函数 ribbon 用以绘制彩带图，这种图形犹如迎风飞舞的彩带，故名。使用格式如下：

```
ribbon( Y )              %默认 X=1: size(Y, 1)
ribbon (X,     Y)        %与函数 plot(X，Y)类似，但 Y 绘制成分离的三维图形
ribbon (X, Y, WIDTH)     % WIDTH 为彩带的宽度，默认值为 0.75
H = ribbon (...)         %返回对象的矢量句柄给 H
```

[例 3-28] 利用彩带图，绘制归一化二阶系统 $G = \dfrac{1}{s^2 + 2\xi s + 1}$ 在不同 ξ 值时的阶跃相应。

```
zeta2=[0.1  0.2  0.3  0.4  0.5  0.6  0.8  1.0];     %zeta 的不同值
n=length(zeta2);                                   %计算数据个数
for k=1:n
    Num{k, 1}=1;                                    %生成二阶系统的分子数据
    Den{k, 1}=[1 2*zeta2(k) 1];                     %生成二阶系统的分母数据
    str_leg{k, 1}=num2str(zeta2(k));                %生成图例索引数据
end
S=tf(Num, Den);                                    %产生单输入多输出系统
t=(0: 0.4 : 30)';                                  %确定时间采样点
[Y X]=step(S, t);
tt=t*ones(size(zeta2));                            %生成与函数 Y 同维的时间矩阵
ribbon(tt, Y, 0.4);                                %绘制宽度为 0.4 的彩带图
legend(str_leg);                                   %绘制图例索引
```

结果如图 3-30 所示。

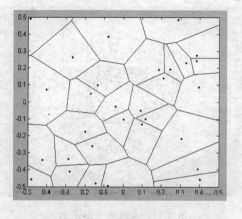

图 3-29　voronoi 图示例

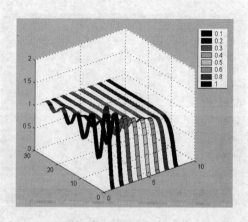

图 3-30　彩带图示例

91

3.4.13 散点图

函数 scatter、scatter3 及 plotmatrix 用来分别绘制二维散点图、三维散点图及散点矩阵图。使用格式如下：

```
scatter (X, Y)                    %用默认值及颜色绘制散点
scatter (X, Y, S)                 %用单一颜色绘制散点，颜色由 S 控制
scatter (..., M)                  %使用' M' 而不是用默认的'o' 作为散点
scatter (..., 'filled')           %填充散点
scatter 3(X, Y, Z)                %用默认值及颜色绘制三维散点
scatter 3(X, Y, Z, S)             %用单一颜色绘制三维散点，颜色由 S 控制
scatter 3(..., M)                 %使用'M' 而不是用默认的'o' 作为三维散点
scatter 3(..., 'filled')          %填充三维散点
H = scatter3 (...)                %返回创建对象的句柄
plotmatrix(X, Y)                  %绘制对应的 X、Y 散点矩阵图，便于表现数据统计特性
plotmatrix (..., 'LineSpec')      %采用指定的线型颜色绘制
[H, AX, BigAx, P, PAx] = plotmatrix (...)  %返回对象的句柄
```

[例 3-29]　图 3-31～图 3-33 分别是二维散点图、三维散点图及散点矩阵图示例，对应的 M 文件如下：

```
%绘制二维散点图
load seamount
scatter(x, y, 5, z)
%绘制三维散点图
[x, y, z] = sphere(16);
X = [x(:)*.5  x(:)*.75  x(:)];
Y = [y(:)*.5  y(:)*.75  y(:)];
Z = [z(:)*.5  z(:)*.75  z(:)];
S = repmat([1 .75 .5]*10, prod(size(x)), 1);
C = repmat([1 2 3], prod(size(x)), 1);
scatter3(X(:), Y(:), Z(:), S(:), C(:), 'filled');
view(-60, 60);
    %绘制散点矩阵图
    x = randn(50, 3);%产生
y = x*[-1 2 1; 2 0 1; 1 -2 3;]';
axis square;
plotmatrix(y);
```

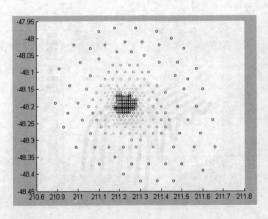

图 3-31　二维散点图示例

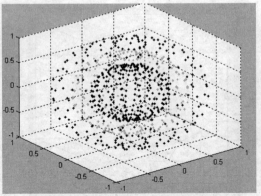

图 3-32　三维散点图示例

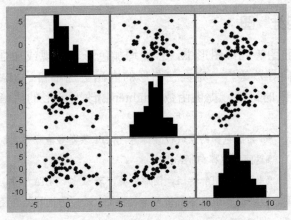

图 3-33 散点矩阵图示例

3.4.14 "二维半"图

所谓"二维半"图是指在二维图形中增加色彩,以区分不同特征,也称伪彩图。MATLAB 提供函数 pcolor 绘制"二维半"图,通常配合 contour(等高线)、contourf(注色等高线)和 clabel(标注等高线)以获取更好效果。使用格式如下:

pcolor(C)　　　　　　　C 为颜色矩阵

pcolor(X, Y, C)　　　　X, Y 为矢量或矩阵

[例 3-30] 绘制 peaks 函数的"二维半"图,如图 3-34 所示。

M 文件如下:

```
[X, Y, Z]=peaks(30);              subplot(1, 2, 2);
n=3;                              C=contour(X, Y, Z, n, 'k:');
subplot(1, 2, 1);                 clabel(C);
                                  zmax=max(max(Z));
pcolor(X, Y, Z);                  zmin=min(min(Z));
colormap summer;                  caxis([zmin, zmax]);
shading interp;                   colorbar;
hold on;                          hold off;
```

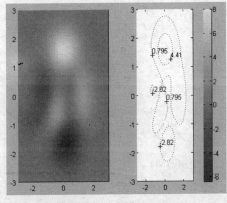

图 3-34 "二维半"图示例

3.4.15 色彩"四维"图

在网线图、曲面图等三维图形中，若能增加色彩以表现或加强函数的某些特征，如梯度、曲率、方向导数等，一定会使图形的内涵更加丰富。MATLAB 中提供函数 colorbar( )，表达颜色的特征，提供函数 brighten( )改变图形的明暗效果。使用格式如下：

```
colorbar(H)        %H 为颜色棒的摆放位置标志，vert 表示竖直摆放，horiz 表示水平摆放
H = colorbar(...)  %返回颜色棒句柄给 H
brighten(BETA)     %当 0 < BETA <= 1，图形变亮，若-1 <= BETA < 0，则图形变暗
```

[例 3-31] 用四维图表达函数 sinR/R 的高度及半径特征，x、y 方向导数、径向导数、曲率特征，M 文件如下，结果如图 3-35～图 3-37 所示。

```
x=0.0001+[-4:0.2:4];              %准备数据
y=-3:0.2:3;
[X, Y]=meshgrid(x, y);            %生成网格
R=pi*sqrt(X.^2+Y.^2)+eps;         %计算 R
Z=sin(R)./R;                      %计算 sin(R)/R
[dzdx, dzdy]=gradient(Z);         %计算导数 dz/dx 及 dz/dy
dzdr=sqrt(dzdx.^2+dzdy.^2);       %计算对 r 的全导数
dz2=del2(Z);                      %计算三维图的曲率特征，dz2 与 Z 同维，dz2 的元素
subplot(1, 2, 1);                    值与 Z 相应元素与其四邻元素的平均值之差。
surf(X, Y, Z);                    %绘制三维图形
shading faceted;                  %对图形遮掩，加深网格黑色
colorbar('horiz');               %水平设置颜色棒
brighten(0.2);                    %设置亮度
title('no.1: surf(X, Y, Z)');
subplot(1, 2, 2);
surf(X, Y, Z, R);
shading faceted;
colorbar('horiz');
title('no.2: surf(X, Y, Z, R)');
clf;
subplot(1, 2, 1);
surf(X, Y, Z, dzdx);             %绘制三维图及 x 方向导数
shading faceted;
brighten(0.1);
colorbar('horiz');
title('no.3: surf(X, Y, Z, dzdx)');
subplot(1, 2, 2);
surf(X, Y, Z, dzdy);             %绘制三维图及 y 方向导数
```

```
shading faceted;
brighten(0.1);
colorbar('horiz');
title('no.4: surf(X, Y, Z, dzdy)');
clf;
subplot(1, 2, 1);
surf(X, Y, Z, abs(dzdr));              %绘制三维图及径向导数
shading faceted;
brighten(0.5);
colorbar('horiz');
title('no.5: surf(X, Y, Z, abs(dzdr))');
subplot(1, 2, 2);
surf(X, Y, Z, abs(dz2));               %绘制三维图的曲率特征
shading faceted;
brighten(0.7);
colorbar('horiz');
title('no.6: surf(X, Y, Z, dzdy)');
```

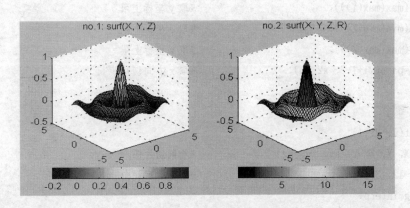

图 3-35 用颜色表达函数的高度及半径特征

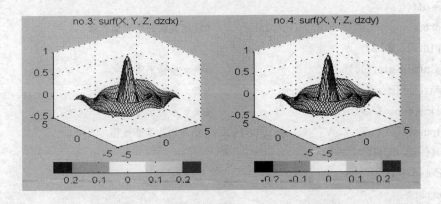

图 3-36 用颜色表达函数的 x、y 方向导数特征

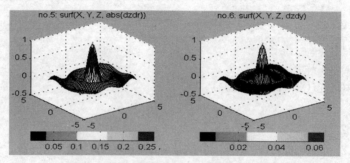

图 3-37　用颜色表达函数的径向导数和曲率特征

3.4.16　切片"四维"图

MATLAB 提供函数 slice 及 contourslice 对三维图形进行切片,前者是对三维图形切片,后者是绘制三维图形的切面等高线图。这两个函数可以实现真正意义上的四维图形描述。

[例 3-32]　射流数据矩阵的四维图形表达,M 文件如下,结果如图 3-38 所示。

```
[X, Y, Z, V]=flow;                      %取射流数据矩阵, V 为射流速度
x1=min(min(min(X)));                    %取 x 坐标下限
x2=max(max(max(X)));                    %取 x 坐标上限
y1=min(min(min(Y)));                    %取 y 坐标下限
y2=max(max(max(Y)));                    %取 y 坐标上限
z1=min(min(min(Z)));                    %取 z 坐标下限
z2=max(max(max(Z)));                    %取 z 坐标上限
sx=linspace(x1+1.2, x2, 5);            %取 x 方向切片步长
sy=0;
sz=0;
subplot(1, 2, 1);
slice(X, Y, Z, V, sx, sy, sz);         %绘制切片图
view([-12, 30]);                       %改变观察视角
shading interp;
colormap jet;
axis off;
colorbar;                              %设置默认的竖直颜色棒
subplot(1, 2, 2);
v1=min(min(min(V)));                   %取 v 坐标下限
v2=max(max(max(V)));                   %取 v 坐标上限
cv=linspace(v1, v2, 15);              %取 v 方向切片步长
contourslice(X, Y, Z, V, sx, sy, sz, cv);  %绘制切片等高线图
view([-12, 30]);
colormap jet;
colorbar;
box on;
```

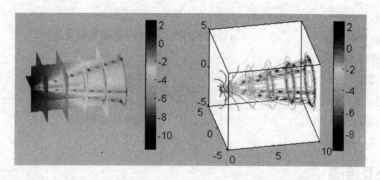

图 3-38　用切片及切片等高线方式表达的三维图形

3.4.17　泛涵图

MATLAB 提供函数 fplot 用来绘制泛涵图。该函数具有数据点自适应产生功能，在函数剧烈变化处，自动加密数据点，反之，则减少。特别适于绘制导数变化较大的函数，但代价是花费较多的时间。使用格式如下：

fplot(fname, lims, tol, LineSpec)　　　　　　　%直接绘制泛涵图

[x, Y]= fplot(fname, lims, tol, LineSpec)　　　　%返回泛涵调用格式

fname 是函数名称字符串，可以是多个分量函数构成的函数列矢量，分量函数可以是函数的直接字符串，或内建函数，或 M 文件名，但自变量必须是字母 x。

lims 为自变量范围，取行矢量形式，二元矢量[xmin, xmax]确定 x 轴的范围；四元矢量[xmin, xmax, ymin, ymax]确定 x、y 的取值范围。

tol 用来确定精度，控制逐段线性延长与真实函数值之间的相对误差，默认值为 1e-3。

LineSpec 为线型、颜色及数据点形控制标志。

[例 3-33]　分别用泛涵图和通常的采样图绘制函数 $y = \cos(\tan(\pi x))$，并加以比较。M 文件如下，结果如图 3-39 所示。

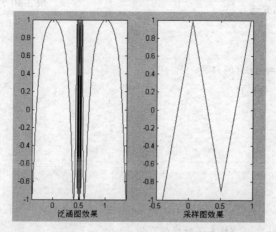

图 3-39　函数 $y = \cos(\tan(\pi x))$ 的泛涵图与采样图比较

```
y=cos(tan(pi*x));
n=length(x);                              %测算数据点，为图形对比做准备
```

```
subplot(1, 2, 1);
fplot('cos(tan(pi*x))', [-0.4, 1.4], 2e-3);      %用 fplot 绘制泛涵图
xlabel('泛涵图效果');
t=(-0.4: 5/n: 1.4)';                             %等分采样
subplot(1, 2, 2);
plot(t, cos(tan(pi*t)));                         %通常的绘图效果
xlabel('采样图效果');
```

3.4.18 交互绘图

除内建了大量、丰富的绘图函数外，MATLAB 还提供函数 ginput 用于交互式绘图，从而使绘图具有更大的灵活性。在命令窗输入该命令后，系统弹出绘图窗口，此时鼠标形状变为十字叉丝，单击鼠标左键时选点，单击鼠标右键则结束选点。此时命令窗会返回一系列用户所选点值。若编制程序，则可实现由所选点顺序连线绘图。使用格式如下：

```
[X, Y] = ginput(N)              %得到 N 个点，并返回 x、y 坐标
[X, Y] = ginput                 %获取无限多个点，除非按鼠标右键结束
[X, Y, BUTTON] = ginput(N)      %BUTTON 为整数矢量，用以指定点的顺序
```

[例 3-34] 交互绘图示例，M 文件如下，结果如图 3-40 所示。

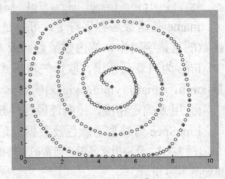

图 3-40 交互绘图示例

```
clf;                      %首先清除当前图面
axis([0 10 0 10]);        %指定绘图区域
hold on;
x=[];                     %数组清零
y=[];                     %数组清零
n=0;                      %点数清零
disp('单击鼠标左键选点，每按一次选一点，单击鼠
标右键选最后一点，并结束选点');
    tf=1;
    while tf==1
        [xi, yi, tf]=ginput(1);
        plot(xi, yi, 'b+');
        n=n+1;
        x(n, 1)=xi;
        y(n, 1)=yi;
    end
    t=1:n;
    ts=1:0.2:n;
    xs=spline(t, x, ts);      %样条函数插值
    ys=spline(t, y, ts);
    plot(xs, ys, 'ro');
    hold off;
```

3.5 动态图形

MATLAB 提供彗星轨迹、色图变换以及影片动画命令，可以方便地使图形及色彩产生动态效果。

3.5.1 彗星轨迹图

函数 comet 计 comet3 用来绘制二维及三维彗星轨迹图。使用格式如下：

comet(Y)	%绘制矢量 Y 的二维彗星轨迹图
comet(X, Y)	%绘制矢量 Y 随 X 变化的二维彗星轨迹图
comet(X, Y, p)	%p 维确定彗星长度的参量，默认值为 0.1，图形中慧长为 p*length(y)
comet3 (Z)	%绘制矢量 Z 的三维彗星轨迹图
comet3 (X, Y, Z)	%显示以点 points [X(i), Y(i), Z(i)]为轨迹的三维彗星轨迹图
comet3(X, Y, Z, p)	%p 维确定彗星长度的参量，默认值为 0.1，图形中慧长为 p*length(Z)

[例 3-35] 在[−π, π]之间动态显示函数 $y = \tan(\sin x - \sin(\tan x))$，M 文件如下，最终图形如图 3-41 所示。

shg;	%显示图形窗口	y=tan(sin(x))-sin(tan(x));	%参数方程
t = -pi:pi/200:pi;	%确定分点	p=0.01;	%确定彗星长度
x=t;		comet(t, y, p);	%绘制彗星轨迹图

[例 3-36] 三维彗星轨迹图示例。M 文件如下，最终图形如图 3-42 所示。

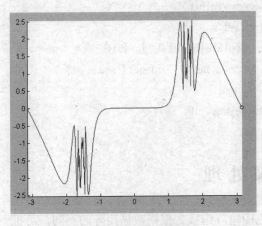

图 3-41　二维彗星轨迹图示例

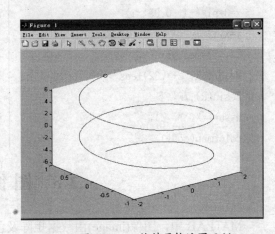

图 3-42　三维彗星轨迹图示例

```
figure;                              %显示图形窗口
t = -pi:pi/500:pi;                   %确定分点
p=0.02;                              %确定彗星长度
comet3(2*sin(2*t), cos(2*t), 2*t, p);    %绘制彗星轨迹图
```

3.5.2　色图变换

MATLAB 提供函数 spinmap 可以使当前图形的色图做循环变化,从而产生动画效果。该函数仅限于对色图进行操作,不涉及图形对象特性的操作。另外该函数只对 256 色设置有效。使用格式如下:

```
spinmap              %使色图按周期 3s 循环
spinmap(t)           %使色图按周期 ts 循环
spinmap(inf)         %使色图无限制循环,按[Ctrl+C]键终止
spinmap(t, inc)      %分别用 t、inc(默认值为 2)控制色图循环时间及快慢
```

[例 3-37]　对函数 peaks 进行色图变换并观察(注意仅对 256 色设置有效)。

```
peaks
spinmap
```

3.5.3　影片动画

MATLAB 也支持影片动画,使用时先把一组二维或三维图形储存起来,然后依次回放这些图形,由于人的视觉有短暂滞留,便产生了动画效果。使用格式如下:

```
M=movein(n)          %创建一个共有 n 列的矩阵 M, 每列存储一幅画面
M(:, i)=getframe     %对当前图形拍照后,将产生的数据矢量依次存放于画面的结构数组 M 中
movie(M, k)          %按列的顺序放映矩阵 M 中存储的画面,并重复 k 次
```

[例 3-38]　影片动画演示,M 文件如下:

```
clf;                              axis off;
shg;                              n=24;
x=3*pi*(-1: 0.05: 1);             num=moviein(n);
y=x;                              for i=1:n
[X, Y]=meshgrid(x, y);                rotate(h, [0 0 1], 45);
R=sqrt(X.^2+Y.^2)+eps;                    num(: , i)=getframe;
Z=sin(R)./R;                          end
h=surf(X, Y, Z);                  movie(num, 10, 20);
colormap(cool);
```

3.6　图 像 处 理

MATLAB 中,图像(image)由数据矩阵及色图矩阵组成。根据数据矩阵的不同,可把图像分成 3 类:变址图像(Indexed image)、强度图像(Intensity image)、真彩或 RGB 图像(True color or RGB image)。

3.6.1　三种图像的概念

1. 变址图像

变址图像由数据矩阵 X 和色图矩阵 C_{map} 组成,其特点是:数据矩阵 X 为二维矩阵,

数据元素一般是正整数；色图矩阵 C_{map} 每行由 RGB 三元素组成($m\times3$)矩阵。其成图方式是图像第 P_{ij} 像素的颜色为 $C_{\mathrm{map}}(x_{ij},:)$，$x_{ij}$ 是图像数据矩阵 X 的第(i, j)元素。

典型的绘图命令有：

```
image(X);  colormap(cmap);  axis image off
```

2. 强度图像

强度图像由数据矩阵 X 和色图矩阵 C_{map} 组成，其特点是：数据矩阵 X 为二维矩阵，数据元素一般是[0，1]间的双精度数；色图矩阵 C_{map} 一般为单色灰度色图组成($m\times3$)矩阵。其成图方式是图像第 P_{ij} 像素的颜色为 $C_{\mathrm{map}}(r_{ij},:)$，$r$ 由下式决定：

$$r = fix\left(\frac{x_{ij}-x_{\min}}{x_{\max}-x_{\min}}\times m\right)+1 \qquad x_{\min}\leqslant x_{ij}\leqslant x_{\max}$$

式中
$$m = \mathrm{length}(C_{\mathrm{map}})$$

典型的绘图命令有：

```
image(X, [0 1]); colormap(gray);  axis image off
```

3. 真彩或 RGB 图像

真彩图像仅由图像数据矩阵 X，没有色图矩阵，其特点是：三维数据矩阵($m\times n\times3$)的第三维是 RGB 三原色数据，一般是[0，1]间的双精度数。其成图方式是图像第 P_{ij} 像素的颜色由 $X(i,j,:)$ 决定 RGB 三原色合成。

典型的绘图命令有：

```
image(X);  axis image off
```

3.6.2 图像的读写

1. MAT 文件图像数据的存取

由于图像数据矩阵和色图矩阵与一般数值矩阵没有区别，所以 MATLAB 的 save 命令可以把任何图形数据连同色图以 MAT 文件形式进行存储，而 load 命令则可从 MAT 文件中读取数据矩阵和色图矩阵。

但 save 和 load 命令则不能对其它标准图形文件读取。

2. 标准格式图像文件的读写

MATLAB 用于读写各种标准图像文件的命令如下：

```
imfinfo(FileNAme)              %从 FileNAme 中获取或显示图像文件的特征数据
[X, cmap]=imread(FileName)     %读取变址图像的数据矩阵与伴随色图，并分别送给 X 和 cmap
X=imread(FileName)             %从 FileNAme 中读取强度图像或真彩图像的数据矩阵并送给 X
imwrite(X, cmap, FileName, Parameter, Value)    %将变址图像写入文件
imwrite(X, FileName, Parameter, Value)          %将强度图像或真彩图像写入文件
```

其中，FileName 是带扩展名的标准图像文件，扩展名可以是：

bmp	Windows Bitmap (BMP)
cur	Windows Cursor resources (CUR)
ico	Windows Icon resources (ICO)
jpg 或 jpeg	Joint Photographic Experts Group (JPEG)

gif	Graphics Interchange Format (GIF)
pcx	Windows Paintbrush (PCX)
tif 或 tiff	Tagged Image File Format (TIFF)
hdf	Hierarchical Data Format (HDF)
png	Portable Network Graphics
xwd	X Window Dump (XWD)

注意文件应在搜索路径或当前目录上，如果事先不知道文件的类型(变址图像、强度图像、真彩图像)，可以用 imfinfo 加以测试；X 是图像数据矩阵；C_{map} 是伴随色图矩阵；Parameter 及对应的 Value 用来修改对象属性，如表 3-10 所列。

表 3-10　常用的 Parameter 及对应的 Value 取值

格式	Parameter	Value	缺 省 值
JPEG	'Quality'	[0，100]之间的任意数值	75
TIFF	'Comoression'	'none'，'packbits'，二位图可选'ccitt'	二位图像'ccitt' 其余图像'pavkbits'
	'Description'	任何字符串	空串
HDF	'Comoression'	'none'，'rle'，'jpeg'	'rle'
	'WhiteMode'	'overwrite'，'append'	'overwrite'
	'Quality'	[0，100]之间的任意数值	75

[例 3-39]　利用 MATLAB 提供的图像，演示变址图像的读取与显示，如图 3-43 所示。

```
[X, cmap]=imread('trees.tif');
image(X);
colormap(cmap);
axis image off;
```

[例 3-40]　真彩图像的读取及显示，如图 3-44 所示。

```
X=imread('lily.tif');
imwrite(X, 'test.jpg', 'Quality', 100);
imfinfo('test.jpg')
Y=imread('test.jpg');
image(Y);
axis image off;
ans =
        Filename: 'test.jpg'
     FileModDate: '24-Nov-2002 21:17:44'
        FileSize: 54791
          Format: 'jpg'
   FormatVersion: ''
           Width: 230
          Height: 186
```

图 3-43　变址图像示例

图 3-44　真彩图像

102

```
            BitDepth: 24
          ColorType: 'truecolor'
    FormatSignature: ''
```

图 3-45 亮度图像

[例 3-41] 亮度图像的读取与显示，如图 3-45 所示。

```
X=imread('moon.tif');
image(X);
colormap(gray);
axis image off;
```

3.6.3 图形的捕获与图像生成

从 MATLAB5.3 版起，MATLAB 废弃了 capture 函数，而用 getframe 函数捕捉图形窗里的任何图形，并得到位图，还可以通过 imwrite 函数将其转化其它格式图像。使用格式如下：

```
f=getframe(h)          %由第 h 图形窗口中的图形产生一个位图构架数组 f
[X, cmap]=getframe(h)  %由第 h 图形窗口中的图形产生图形数据矩阵及伴随色图矩阵
```

[例 3-42] 比较由 getframe 函数生成的图像。图 3-46 (a)为捕捉后生成的图像，图 3-46 (b)为原图像。

```
figure(2);
surf(peaks);
f=getframe(2);
figure(1);
image(f.cdata);
colormap(f.colormap);
```

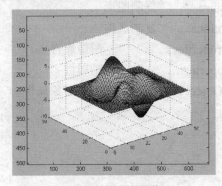

(a) 捕捉后生成的图像；

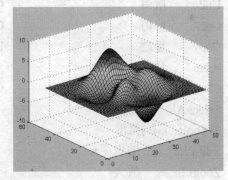

(b) 原图像。

图 3-46

3.7 MATLAB 的图形窗及图形打印

MATLAB 图形窗既能显示图形又能对图形对象进行交互操作。

3.7.1 图形窗简介

典型的图形窗如图 3-47 所示。

1. 主菜单简介

主菜单如图 3-48 所示。其主要菜单项及涵义如下：

1) File   (文件)菜单

New   新…

Open   打开文件

Close   关闭文件

Save   保存文件

Save As…   另存

Generate M-File 生成 M 文件

Import Data   导入数据

Export   导出

Preferences… 属性

Print Preview… 打印预览

Print…   打印

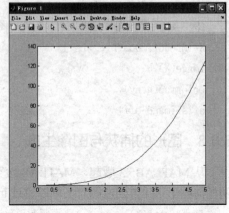

图 3-47　典型的图形窗

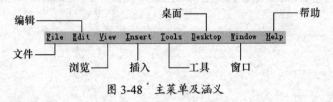

图 3-48　主菜单及涵义

2) Edit(编辑)菜单

Undo	撤消	Copy Figure	复制图形
Cut	剪切	Copy Options…	复制选项
Copy	复制	Figure Properties…	图像属性
Paste	粘贴	Axes Properties…	轴属性
Clear	清除	Current Object Properties…	当前对象属性
Select All	全部选择		

3) Tools(工具)菜单

Edit Plot   编辑图形

Zoom In   放大

Zoom Out   缩小

Rotate 3D   三维旋转

Basic Fitting 基本配置

Data Statistics 数据统计

2. 工具条简介

工具条及涵义如图 3-49 所示。

3.7.2　图形的交互编辑

MATLAB 提供了一系列工具可以对窗口中的图形属性进行编辑。

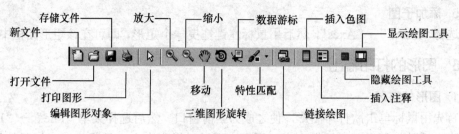

图 3-49 工具条及涵义

1. 图形"线"属性编辑

单击工具条编辑图形对象按钮 ，然后双击图形中的线条，系统弹出"线"属性编辑对话框，如图 3-50 所示。

在"line"中，用于编辑线型、线宽及线色；"Maker"用于编辑标志点的型式、尺寸大小、线框颜色及表面颜色等属性。此外，单击图形中的线条选中子对象后，单击鼠标右键，系统弹出快捷菜单，如图 3-51 所示，也可以设置线宽、线型及颜色等属性。

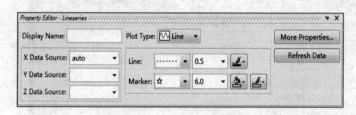

图 3-50 "线"属性编辑对话框

图 3-51 子对象编辑快捷菜单

2. "轴"对象编辑

双击图形空白处，弹出如图 3-52 所示"轴"对象编辑对话框。

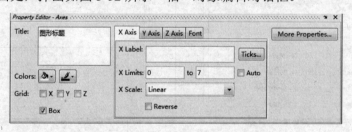

图 3-52 "轴"对象编辑对话框

其中，X Axis、Y Axis、Z Axis 设置(X Label、Y Label、Z Label)的名称、范围及尺度；"Title"用于设置图形标题。

3. 添加图例

单击工具条编辑图形对象按钮 ，然后在图形中的空白位置单击鼠标右键，系统弹出快捷菜单，选择"Show Legend"选项，即可在图面上添加图例，可以用鼠标拖移图例至合适位置，并双击说明文字进行编辑。

4. 图形旋转

单击工具条旋转图形对象按钮 ，然后在图形中用鼠标左键拽曳，即可旋转图形。

5. 添加子图

选择"Insert"→"Axes"，然后用鼠标左键拖曳一个矩形，即可在该矩形图框中绘图。

3.7.3 图形的打印输出

1. 图形的打印

首先用鼠标单击欲打印图形，使之成为当前窗口。然后选择菜单"File"→"Print"，系统弹出标准打印设置对话框。在对话框内可以对纸张大小、排版格式、打印份数、分辨率等参数进行设置。完成设置后，单击"确定"按钮，便可打印出图形。

2. 图形的预览及设置

选择当前图形后，选择菜单"File"→"Print Preview"，弹出如图 3-53 所示的对话框，选择"Layout"页面，在右侧的图形示意区中，反映了欲打印图纸在纸面上的位置和大小。可以拖放图形以确定打印图形位置，也可以调整其打印大小。

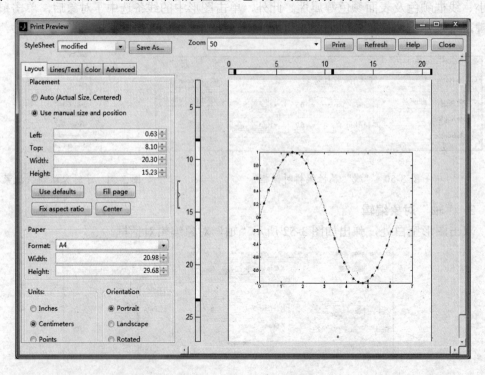

图 3-53 "Layout" 对话框

第4章 辅助数值分析与处理

在解决工程技术问题时，通常要首先建立问题的数学模型，然后设计合理的算法，并通过计算机计算最后得到问题的解。MATLAB 提供了丰富的用于数值计算和处理的函数，并且具有良好的数值稳定性、计算速度快、精度高、效率高。

4.1 多 项 式

多项式在代数中占有重要地位，它是诸多实际应用的基础，如实验数据的插值、曲线拟合等。多项式是最简单、最容易计算的函数，但同时也是其它绝大多数复杂函数的构成基础。MATLAB 提供了多项式的表达与创建以及各种运算方法，处理起来非常简单。

4.1.1 多项式的表示和创建

1. 多项式的一般表示及创建

任意多项式都可以用一个行矢量来表示，假定有多项式

$$y(x) = a_1 x^n + a_2 x^{n-1} + \cdots + a_n x + a_{n+1}$$

则在 MATLAB 中，可用(n+1)个元素的行矢量 **a** 来表示，它的系数是按幂降序排列的，应特别注意该行矢量中必须包括具有零系数的项。

$$y(x)=a(1)*x^n+a(2)*x^{(n-1)}+\cdots+a(n)*x+a(n+1)$$

[例 4-1] 多项式 $5x^4-4x^3-2x+1$ 的行矢量表示。

```
>> p=[5 -4 0 -2 1];
   >> poly2sym(p, 'x')
        ans =
           5*x^4-4*x^3-2*x+1
```

2. 多项式的符号表示与创建

MATLAB 提供了一些函数来表示具有符号的多项式，常用函数如下：

```
poly2sym(p)              %将矢量表示的多项式表示为符号表示的多项式
poly2sym(p, 'v')         %用 v 来表示多项式的变量
poly2sym(p, sym('v'))    %用 v 来表示多项式的变量
```

[例 4-2]

```
>> p=[3 -4 0 2 1];
>> poly2sym(p)
ans =
```

```
        3*x^4-4*x^3+2*x+1
>> poly2sym(p, 's')
ans =
        3*s^4-4*s^3+2*s+1
>> poly2sym(p, sym('v'))
ans =
        3*v^4-4*v^3+2*v+1
```

4.1.2 多项式的基本运算

1. 多项式的加减运算

MATLAB 没有直接给出多项式加减运算的函数，但由于多项式的表达是统一的，因此只要两个多项式矢量大小相同，标准的数组加减运算就是有效的，所以加减运算是非常方便的。

[例 4-3] 求多项式 p_1 与 p_2 的和与差。

$$p_1=3x^4+2x^2-8x+5$$

$$p_2=3x^3+x^2+6$$

```
>> p1=[3  0  2  -8  5];
p2=[0  3  1  0  6];
>> p1+p2
ans =
    3    3    3    -8    11
>> p1-p2
ans =
    3    -3    1    -8    -1
```

如果两个多项式阶数相差太大，用这种方式就不太合适。为此可以编写一个多项式加减运算函数。

M 文件名 pplus.m

```
function    yy=pplus(x, y)
nx=length(x);
x=reshape(x, 1, nx);
ny=length(y);
y=reshape(y, 1, ny);
n=max(nx, ny);
cc=zeros(1, n);
if nx>ny
    cc(1, (nx-ny+1):nx)=y;
    yy=x+cc;
elseif nx<ny
```

```
        cc(1, (ny-nx+1):ny)=x;
        yy=y+cc;
    else
        yy=x+y;
end
```

下面的程序更简洁。

```
function p=ppadd(a,b)
if nargin<2
  error('Not enough input arguments')
end
a=reshape(a,1,[]);          %确保a为列矢量
b=b(:).';                   %确保b为列矢量
na=length(a);               %测量a矢量的长度
nb=length(b);               %测量b矢量的长度
p=[zeros(1, nb-na) a]+[zeros(1, na-nb) b];
```

[例 4-4]　求两个多项式的和与差。

```
>> p1=[3 0 2 -8 5];
>> p2=[3 1 0 6];
>> pa=pplus(p1,p2)
pa =
    3    3    3    -8    11
>> pb=pplus(p1,-p2)
pb =
    3    -3    1    -8    -1
```

2. 多项式的乘法运算

MATLAB 提供的函数 w=conv(u，v)可以求多项式 u 和 v 的乘积，即求矢量 u 和 v 的卷积。如果 m=length(u)，n=length(v)，则 w 的长度(m+n-1)，并且满足

$$w(k)=a(1)b(k)+a(2)b(k+1)+\cdots+a(k)b(2k+1)$$

[例 4-5]　求两个多项式的乘积。

```
>> p1=[3 0 2 -8 5];
>> p2=[3 1 0 6];
>> w=conv(p1, p2)
w =
  9    3    6    -4    7    17    -48    30
```

3. 多项式的除法运算

MATLAB 提供函数[q，r]=deconv(u，v)，表示多项式 u 除以多项式 v 得到商多项式 q 和余数多项式 r，如果 r 的元素全部为零，则表示多项式 u 可以整除多项式 v。多项式除法运算实际上是进行解卷积的运算。

109

[例 4-6]　两个多项式的除法。

```
>> p1=[3  0  2  -8  5];
>> p2=[3  1  0  6];
>> [q, r]=deconv(p1, p2)
q =
     1.0000   -0.3333
r =
     0        0     2.3333   -14.0000     7.0000
```

4．多项式的根

MATLAB 提供函数 roots(c)返回多项式 c 的根所组成的矢量，同时也是多项式友元阵的特征矢量。对于系数为实数的多项式的根，如果其根出现复数，则复数必然是成对出现的。

[例 4-7]　求多项式的根。

```
>> p2=[3  1  0  6];
>> roots(p2)
ans =
     -1.3814
     0.5240 + 1.0831i
     0.5240 - 1.0831i
```

5．多项式的数组运算

函数 polyval(p, x)计算多项式在 x 处的值，若 x 是矩阵或矢量，则函数计算多项式在 x 的每个元素处的值，即

$$Y = P(1)*X^n + P(2)*X^{\wedge}(n-1) + \cdots + P(n)*X + P(n+1)$$

[例 4-8]，多项式的数组运算。

```
>> p=[3  2  -1  4  6];
>> X=[1  2  3; 4  5  6; 7  8  9];
>> y=polyval(p, X)
y =
        14        74       306
       902      2126      4314
      7874     13286     21102
```

6．多项式的矩阵运算

函数 polyvalm(p, X)用来进行多项式的矩阵运算，**p** 是多项式的系数矢量。该函数相当于用矩阵 **X** 来替代多项式的变量来对矩阵而不是数组进行计算，**X** 必须是方阵，即

$$Y = P(1)*X^n + P(2)*X^{\wedge}(n-1) + \cdots + P(n)*X + P(n+1)*I$$

[例 4-9]　多项式的矩阵运算。

```
>> p=[3  2  -1  4  6];
>> X=[1  2  3; 4  5  6; 7  8  9];
```

```
>> z=polyvalm(p, X)
z =
    23596        28988        34386
    53428        65654        77868
    83266       102308       121356
```

7. 多项式的微分

MATLAB 中用 polyder 函数求多项式的微分。例如：

```
>> p=[3 3 3 -8 11]
p =
     3     3     3    -8    11
>> polyder(p)
ans =
    12     9     6    -8
```

8. 多项式的积分

MATLAB 中用 polyint 函数求多项式的积分，但需用户提供一个积分常数。例如：

```
>> pp=[12 9 6 -8]
pp =
    12     9     6    -8
>> polyint(pp,11)
ans =
     3     3     3    -8    11
```

9. 多项式求值

MATLAB 中用 polyval 函数求多项式的值。例如：

```
>> p=[3 3 3 -8 11]
p =
     3     3     3    -8    11
>> polyval(p, 2)
ans =
    79
```

4.1.3 多项式的展开与分解

函数 residue()在部分分式展开和多项式系数之间进行转换。

(1) [r, p, k]=residue(b, a)

找出两个多项式 $b(x)$ 和 $a(x)$ 之比 $b(x)/a(x)$ 的留数、极点及值项分量，分别用 r，p，k 表示。

(2) [b, a]=residue(r, p, k)

将部分分式展开的形式还原成两个多项 $b(x)$ 和 $a(x)$ 相除的形式 $b(x)/a(x)$。

若多项式 $a(x)$ 不含重根，则两个多项式之比可以写成

111

$$\frac{b(x)}{a(x)} = \frac{r_1}{(x-p_1)} + \frac{r_2}{(x-p_2)} + \cdots + \frac{r_n}{(x-p_n)} + k(x)$$

其中，p_1，p_2，$\cdots$，p_n 成为极点，r_1，r_2，$\cdots$，r_n 称为留数，$k(x)$ 成为值项。留数和极点的个数 n 满足 n=length(a)-1=length(r)=length(p)。如果 b 的次数小于 a 的次数，则值项的系数矢量的系数为空；否则，它们之间满足 length(k)=length(b)-length(a)+1。

若 $a(x)$ 含有 m 重根 $p(j)= \cdots =p(j+m-1)$，则展开的这 m 项应该写成 $r(j)/(x-p_j)+r(j+1)/(x-p_j)^2+\cdots+r(j+m-1)/(s-p_j)^m$。

[例 4-10] 多项式的展开。

```
>> p1=[3  0  2  -8  5];
p2=[3  1  0  6];
>> [r, p, k]=residue(p1, p2)
r =
   2.1366
  -0.6794 + 0.5827i
  -0.6794 - 0.5827i
p =
  -1.3814
   0.5240 + 1.0831i
   0.5240 - 1.0831i
k =
   1.0000   -0.3333
>> [b, a]=residue(r,p,k)
b =
   1.0000   -0.0000    0.6667   -2.6667    1.6667
a =
   1.0000    0.3333    0.0000    2.0000
```

4.2 线性方程组求解

在实际工程应用、实验数据分析以及理论研究中，很多问题都可以归结为线性或非线性方程组的求解。

4.2.1 恰定方程组求解

对于方程 $\mathbf{A}x=b$，如果 A 为方阵，则该方程为恰定方程。解恰定方程的方法有两种：

(1) 用方阵的逆来求解，即 x=inv(A)b，这里 b 为列矩阵。

(2) 用除法来求解，即 x=A\b。该方法的误差小，运行速度快。

[例 4-11] 恰定方程组求解。

$$\begin{cases} 10x_1 - 2x_2 - x_3 = 3 \\ -2x_1 + 10x_2 - x_3 = 15 \\ -x_1 - x_2 + 5x_3 = 10 \end{cases}$$

```
>> A=[10 -2 -1; -2 10 -1; -1 -2 5];
>> b=[3 15 10]';
>> x=inv(A)*b
x =
    1
    2
    3
>> x=A\b
x =
    1
    2
    3
```

4.2.2 线性超定方程组求解

对于方程 $Ax=b$，A 为 $n \times m$ 矩阵，如果 A 列满秩，且 $n<m$，则方程无解，即其精确解空间为零。然而在实际工程应用中，求得其最小二乘解也是有意义的。

超定方程组的求解也有两种方法：

(1) 用除法求解 x=A\b。

(2) 用广义逆求解，即

x=pinv(A)b，所求解并不满足 $Ax=b$，x 只是最小二乘意义上的解。

[例 4-12] 求下列超定方程组的解。

$$\begin{cases} x_1 + 2x_2 - 3x_3 = 5 \\ 3x_1 + 4x_2 + 2x_3 = 2 \\ -6x_1 + 7x_2 = 8 \\ 4x_1 - 2x_2 + 3x_3 = 6 \end{cases}$$

```
>> A=[1 2 -3; 3 4 2; -6 7 0; 4 -2 3];
>> b=[5 2 8 6]';
>> x=pinv(A)*b
x =
    0.3115
    1.0189
    0.2910
```

4.2.3 线性欠定方程组求解

欠定方程从理论上说有无穷多个解，如果利用求逆和矩阵除法求解，只能得到其中

113

一个解。

[例 4-13]　欠定方程组的求解。

```
>> A=[1  -2  3 ; 0  1  -1 ; -1  0  -1 ; 1  -3  4];
>> b=[4  -3  -4  1]';
>> x=pinv(A)*b
x =
    2.2549
    i.2157
    1.0392
>> y=A\b
Warning: Rank deficient, rank = 2  tol =    4.6151e-015.
y =
    3.4706
         0
   -0.1765
>> norm(x)
ans =
    2.7645
>> norm(y)
ans =
    3.4751
```

x 和 y 都是方程的解，其中 x=pinv(A)*b 是所有解中范数最小的一个，norm(x)= 2.7645，而 norm(y)= 3.4751。y=A\b 是所有解中 0 最少的一个，或非零解最多的一个。

4.2.4　齐次线性方程组求解

齐次坐标是空间位置矢量的一种表示方法，对于一个 n 维空间位置矢量 $r_n=[x_1\ x_2\ x_3\ \cdots\ x_n]$，它的齐次坐标表示是指在齐次坐标下将该矢量表示成 $(n+1)$ 维空间的位置矢量 $r_{n+1}=[hx_1\ hx_2\ hx_3\ \cdots\ hx_n\ \ h]$，式中 h 是一个不为零的比例因子。由于比例因子取值的不同，一个 n 维空间的位置矢量在 $(n+1)$ 维齐次空间内对应有无穷多个位置矢量。当 $h=1$ 时，有 $r_{n+1}=[x_1\ x_2\ x_3\ \cdots\ x_n\ \ 1]$，称为齐次坐标的规格化形式，是无穷多个位置矢量的一个特例。齐次坐标在图形变换中有非常重要的应用。

对于方程 $AX=0$，函数 B=null(A)可以返回矩阵 A 的零空间的标准正交基组成的矩阵 B，使得 $B'×B=1$，B 的列数等于矩阵 A 的零空间的维数。对于任意非齐次线性方程组 $AX=b$，可以用前述解超定方程的方法求解出方程的一个特解 X_0，再用函数 null(A)求解出齐次线性方程 $AX=0$ 的解空间 B，然后用 $B×Y+X_0$ 即可将方程所有的解表示出来，其中 Y 为维数等于矩阵 A 的零空间维数的列矢量。

[例 4-14]　齐次线性方程组的求解。

```
>> A=[1  -2  3  -4 ; 0  1  -1  1 ; -1  0  -1  2 ; 1  -3  4  -5];
>> a=null(A)
```

114

```
a =
     -0.4565    -0.6770
      0.5667     0.1102
      0.6770    -0.4565
      0.1102    -0.5667
>> a'*a
ans =
      1.0000    -0.0000
     -0.0000     1.0000
```

4.3 曲线拟合

在许多实际工程应用中，人们需要从一组测定的、有限个数据点中，设法找出一条光滑曲线，以得到函数的其它值，为此就要利用这组数据点进行最佳逼近即拟合，亦即要求达到某种误差指标最小化，但并不要求这条光滑曲线必须严格通过这组数据点，这就是曲线拟合的基本思想，拟合方法比较适合数据有误差、但数据量较大的情况。

常用的误差指标有两种：一是按照误差矢量的 ∞ 一范数定义，称为一致数据拟合；另一种按照误差矢量的 2 一范数定义，称为最小二乘数据拟合。

4.3.1 最小二乘法曲线拟合

最小二乘法曲线拟合的基本思想是：使拟合点与数据点的误差(在二维平面图上就是数据点与拟合点的垂直距离)求平方，然后把各点的误差平方和全部相加，即得到误差的平方和。如果所拟合的曲线能使该误差平方和为最小，就得到最佳拟合。最小二乘法实际上就是误差平方和为最小的简略说法。

最小二乘法曲线拟合的数学原理如下：

对于给定的一组数据 $\{(x_i,\ y_i), i=1,\ 2\cdots, n\}$，拟合的目标为 n 阶多项式：

$$y(x) = f(a, x) = a_1 x^n + a_2 x^{n-1} + \cdots + a_n x + a_{n+1}$$

实际上就是设法谋取参数 a_1, a_2, $\cdots$, a_n, a_n+1 使得 χ^2 为最小：

$$\chi^2(a) = \sum_{i=1}^{N}\left(\frac{y_i - f(a, x_i)}{\Delta y_i}\right)^2 = \sum_{i=1}^{N}\left(\frac{y_i - (a_1 x_i^n + a_2 x_i^{n-1} + \cdots + a_n x_i + a_{n+1})}{\Delta y_i}\right)^2$$

在 $\Delta y_i = \Delta y$ 不变的假设下，使上式最小的解为

$$a = V \backslash y$$

式中

$$\hat{a} = \begin{bmatrix} \hat{a}_1 \\ \hat{a}_2 \\ \hat{a}_3 \end{bmatrix},\ V = \begin{bmatrix} x_1^2 & x_1 & 1 \\ x_2^2 & x_2 & 1 \\ \vdots & \vdots & \vdots \\ x_N^2 & x_N & 1 \end{bmatrix},\ y = \begin{bmatrix} y_1 \\ y_2 \\ \vdots \\ y_N \end{bmatrix}$$

115

V 就是著名的 Vandemonde(范德蒙得)矩阵，$\hat{a}$ 的不确定性(离差)为

$$\sigma(\hat{a}) = (\text{diag}((V^{\mathrm{T}}V)^{-1}))^{-\frac{1}{2}} \cdot \begin{bmatrix} \Delta y \\ \Delta y \\ \Delta y \end{bmatrix}$$

MATLAB 中，用函数 polyfit(x，y，n)来对一组数据点 x，y 进行定阶数的多项式拟合，有两种用法：

(1) p=polyfit(x，y，n)

该函数用最小二乘法对数据 x，y 进行 n 阶多项式逼近，返回多项式的系数，并存放于长度为(n+1)的 p 矢量中。

(2) [p，s]=polyfit(x，y，n)

该函数除用最小二乘法对数据 x，y 进行 n 阶多项式逼近，返回多项式的系数，并存放于长度为(n+1)的 p 矢量中外，还返回由函数 polyval()获得的误差分析报告，生成一个结构数组 s。s 中的各项含义为：S.R 给出经 QR 分解后满足 $\boldsymbol{Q}.\boldsymbol{R}=\boldsymbol{V}$ 的矩阵 $\boldsymbol{R}$，S.df 给出相应 χ^2 量自由度 $v=N-(n+1)$，S.normr 给出拟合参数的 2-范数，即

$$\|r\| = \left(\sum_{i=1}^{N} (y_i - f(a,x))^2 \right)^{\frac{1}{2}} \tag{4-1}$$

需要注意的是，多项式的阶次若取得太低，则拟合精度低，若取得过高，又会将噪声纳入模型，一般不宜超过 5。判断拟合是否恰当，有很多方法，常用的有以下两种：

(1) 如果估计参数下的 χ^2 量与其自由度相近，则认为阶次比较恰当。具体判断方法为：把所得参数估计式带入式(4-1)中，计算 χ^2 量。合适的阶次应使 χ^2 量-自由度($N-(n+1)$)为期望值。这里 N 为原数据长度，(n+1)是多项式系数数目。

(2) 如果 $Q(\chi^2，N-(n+1))=1-P(\chi^2<(N-n-1))$ 与 0.5 相近，则认为阶次适当。

$P(\chi^2<(N-n-1))$ 利用 χ^2 分布的累计概率命令 chi2cdf(chi2，$(N-n-1)$)算出。

使用最小二乘法时应注意以下问题：

(1) 并非拟合的阶次越高越好，这是因为：越是高阶的多项式其数值特性越差，计算也越耗时；高阶多项式拟合的曲线，往往会不平滑，甚至出现局部波形；此外，也没有必要仅仅考虑使拟合的曲线无限接近数据点。故一般情况下，不要使拟合阶次超过 7，即便特殊情况，也不能使拟合阶次超过 19。

(2) 还要注意，在拟合区间内精度较高，在拟合区间外使用时应慎重。

[例 4-15]　最小二乘法曲线拟合示例。

```
>> x=0:1:10;
>> y=[2.1  3.2  4.3  5.7  8.9  13.5  17.9  16.8  14.2  11.2  8.9 ];
>> p=polyfit(x, y, 3)
p =
   -0.0861    0.9667   -0.5261    2.1650
>> [p, s]=polyfit(x, y, 3)
p =
```

```
      -0.0861     0.9667    -0.5261     2.1650
s =
    R: [4x4 double]
    df: 7
  normr: 4.3137
```

[例 4-16] 有一组风机叶片的耐磨实验数据，如表 4-1 所列，其中 X 为使用时间，单位为小时；Y 为磨失重量，单位为克。要求：

(1) 编写一个 M 文件，对该组数据进行合理的最小二乘法数据拟合。

(2) 绘出原始数据点及拟合数据曲线。

表 4-1　风机叶片耐磨实验数据

X	10000	11000	12000	13000	14000	15000	16000
Y	24.0	26.5	29.8	32.4	34.7	37.7	41.1
X	17000	18000	19000	20000	21000	22000	23000
Y	42.8	44.6	47.3	65.8	87.5	137.8	174.2

该实验数据在两个坐标轴上的数据相差较大，绘出数据点后会发现，两段数据趋势变化较大。可用两种方法进行拟合：其一，将两段数据分别拟合，写成分段函数形式；其二，将全部数据进行拟合，通过 $Q(\chi^2, N-(n+1))=1-P(\chi^2<(N-n-1))$ 与 0.5 相近，判定适当的拟合阶次。

以下采用第二种方法，程序如下：

```
x=10000:1000:23000;
y=[24.0, 26.5, 29.8, 32.4, 34.7, 37.7, 41.1, 42.8, 44.6, 47.3, 65.8, 87.5, 137.8, 174.2];
dy=1.5;                    %拟合数据y的步长
for n=1:6
        [a, S]=polyfit(x, y, n);
        A{n}=a;
        da=dy*sqrt(diag(inv(S.R'*S.R)));
        DA{n}=da';
        freedom(n)=S.df;
        [ye, delta]=polyval(a, x, S);
        YE{n}=ye;
        D{n}=delta;
        chi2(n)=sum((y-ye).^2)/dy/dy;
end
Q=1-chi2cdf(chi2, freedom);        %判断拟合良好度
clf, shg
subplot(1, 2, 1), plot(1:6, abs(chi2-freedom), 'b')
xlabel('阶次'), title('chi 2与自由度')
```

117

```
subplot(1, 2, 2), plot(1:6, Q, 'r', 1:6, ones(1, 6)*0.5)
xlabel('阶次'), title('Q 与0.5线')
nod=input('根据图形选择适当的阶次（请输入数值）');
clf, shg,
plot(x, y, 'kx');xlabel('x'), ylabel('y');
axis([8000, 23000, 20.0, 174.2]);hold on
errorbar(x, YE{nod}, D{nod}, 'r');hold off
title('较适当阶次的拟合')
text(10000, 150.0, ['chi2=' num2str(chi2(nod)) '~' int2str(freedom(nod))])
text(10000, 140.0, ['freedom=' int2str(freedom(nod))])
text(20000, 40.0, ['Q=' num2str(Q(nod)) '~0.5'])
disp(' ')
disp('拟合多项式系数'), disp(A{nod})
disp('拟合系数的离差'), disp(DA{nod})
```

运行结果分为两个阶段，第一阶段先判断拟合度(图 4-1)，第二阶段根据拟合度，选择合适的拟合阶次，再绘出拟合结果(图 4-2)。

运行结果如下：

>>根据图形选择适当的阶次 (请输入数值) 4

　　拟合多项式系数

　　　0.0000　　-0.0000　0.0000　　-0.1609　504.2295

　　拟合系数的离差

　　　0.0000　　　0.0000　　0.0000　　0.0399　153.3130

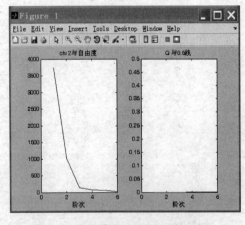

图 4-1　拟合度显示及拟合阶次选取

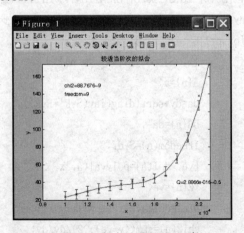

图 4-2　拟合结果显示(四阶)

4.3.2　其它多项式曲线拟合

拉格朗日多项式拟合法要求生成的多项式必须通过所有数据点，如果有(n+1)个数据点，则拟合生成的多项式为 n 阶多项式。该方法简单、易于编程，但生成的多项式对用来插值的数据有很大影响，另外若数据有所改变，则函数必须重新计算。此外，若数据量很大，则计算量相应增大，有时不太方便。

MATLAB 中没有直接给出拉格朗日法拟合函数，可以根据拉格朗日法拟合原理编制一个函数 Lagrange.m。

该函数中，x 和 y(x 和 y 的个数应相同，否则将忽略多余元素)为拟合所用的数据，也是用来插值的原始数据，yy 为返回的多项式，如果参数 z 存在，则 c 应该为 z 中的元素用拉格朗日插值法进行插值的结果。

Lagrange.m 文件如下：

```
function [yy, c]=lagrange(x, y, z)
nx=length(x); ny=length(y);
if nx~=ny
    warning('The length of X and Y should be equal!');
end
n=min(nx, ny);
if n<2
    error('The number of the DATA should be greater than 1');
    return;
end
yy=0;
for i=1:n
    p=1.0;
    for j=1:n
        if i~=j
            if abs(x(i)-x(j))<eps
                error('The DATA is error!');
                return;
            end
            ll=[1 0-x(j)]/(x(i)-x(j));
            p=conv(p, ll);
        end
    end
    yy=pplus(yy, p*y(i));
end
if nargout==2
    c=polyval(yy, z);
end
```

[例 4-17] 拉格朗日法拟合示例。

```
>> x=1:1:5;
>> y=[1.3  1.8  2.2  2.9  3.5];
```

119

```
>> lagrange(x, y)
ans =
   -0.0333    0.4000   -1.6167    3.0500   -0.5000
>> polyfit(x, y, 4)
ans =
   -0.0333    0.4000   -1.6167    3.0500   -0.5000
```

4.4 曲线插值

在工程应用和测量中，所得到的数据通常都是一些不连续的点，由数值计算方法求解时通常得到的也是不连续的点。如果要得到这些分散点以外的数值，就必须用已知点进行插值。插值一般分为一维插值、二维插值和多维插值，插值方法可分为线性插值、最近插值、最佳均方逼近插值等形式。

插值方法比较适合于数据准确或数据量较小的情况。

4.4.1 一维数表插值

一维插值方法有最近插值法、线性插值法、三次样条插值法、三次插值法等。

1. 插值函数 interp1( )及使用方式

(1) y_i=interp1(x，Y，x_i)

该函数根据数据 x、Y 进行插值，返回矢量 y_i。如果 Y 是一个矩阵，则将对 Y 的每一列进行插值，返回一个 length(x_i)×length(x)的矩阵 y_i。如果 x_i 中的元素不在 x 的范围内，则插值结果为 NaN。

(2) y_i=interp1(x，Y，x_i，method)

该函数按 method 所指定的方法进行插值。Method 的取值及对应的插值方法如下所示：

'nearest'最近插值；'linear'线性插值；'spline'三次样条插值；'cubic'三次插值。

上述各插值方法，都要求 x 的数据为单调排列。如果 x 中的数据为等间距，则可用快速插值法，method 相应取值为：

'*nearest'快速最近插值；'*linear'快速线性插值；'*spline' 快速三次样条插值；'*cubic' 快速三次插值。函数默认为线性插值方法。

[例 4-18] 数据插值示例。圆弧齿轮传动的润滑剂系数 Z_L 如表 4-2 所列。试分别用三次样条插值、三次插值、最近插值及快速三次样条插值方法求 v_{50}(mm^2/s)=90 时的 Z_L 值。

表 4-2 圆弧齿轮传动的润滑剂系数 Z_L

v_{50}(mm^2/s)	20	40	60	80	100	120	140	160
Z_L	0.85	0.90	0.94	0.97	1.00	1.025	1.05	1.07
v_{50}(mm^2/s)	180	200	220	240	260	280	300	
Z_L	1.085	1.10	1.12	1.125	1.135	1.14	1.15	

```
>> x=[20:20:300];
>> y=[0.85 0.90 0.94 0.97 1.00 1.025 1.05 1.07 1.085 1.10 1.12 1.125 1.135 1.14 1.15];
>> interp1(x, y, 90)
ans =
    0.9850
>> interp1(x, y, 90, 'spline')
ans =
    0.9853
>> interp1(x, y, 90, 'cubic')
ans =
    0.9853
>> interp1(x, y, 90, 'nearest')
ans =
    1
>> interp1(x, y, 90, '*spline')
ans =
    0.9853
```

2. 三次样条插值

函数 y_i=spline(x, y, x_i)用三次样条插值方法在 x_i 处插值，返回矢量 y_i。x_i 可以为矢量或矩阵。该函数等同于 interp1(x, y, xi, 'spline')。

函数 pp=spline(x, y)得到用三次样条插值的分段多项式，可以用 ppval(pp, x)计算多项式在 x 处的值。

[例 4-19]　三次样条插值示例。

```
>> x=0:0.5:3.0;
>> y=[0  0.4794  0.8415  0.9975  0.9093  0.5985  0.1411];
>> p=spline(x, y, 2.25)
p =
    0.7777
>> pp=spline(x, y);
>> ppval(pp, 2.25)
ans =
    0.7777
```

3. 一维数表的查找

利用函数 y=interp1(tab, x)可以从 tab 表中得到若干线性插值列的表，tab 的第 1 列相当于数据的第 1 坐标 x，第 1 列数据必须单调，tab 的其余列为插值的函数值，按列进行插值，x 可以是矢量，返回的变量 y 的列表数是表 tab 的列数减 1，而 y 的行数是矢量 x 的长度。x 中的元素必须在 tab 的第 1 列的范围内，否则出错。

[例 4-20]　一维数表查找示例。

```
x=0:0.5:1.5;
```

```
y=[ 0  1;  0.4794  1.00;  0.8425  1.0;0.9987  1.0];
y=interp1(x, y, [1.25, 0.75])
```

4.4.2 二维数表插值

1. interp2( )二维插值

interp2()是 MATLAB 自带的具有多种形式的插值函数。

1) Zi=interp2(X, Y, Z, Xi, Yi)

X 和 Y 为原始数据的第一和第二维坐标，Z 为函数值，函数返回在 Xi 和 Yi 所指定处插值所获得的函数值 Zi。

X 和 Y 可以是矢量，但必须为单调矢量或用单调的矢量以 meshgrid()格式所形成的网格格式。矩阵 X 和 Y 指定了 Z 的元素位置。如果 Xi 和 Yi 指定的插值超出了 X 和 Y 所指定的范围，则在相应点上返回 NaN 值。

Xi 和 Yi 也可以为矩阵，但必须是维数相同的"经纬"格式，即 Xi 阵每一行的元素依单调次序排列，而任何两行都是相同的；Yi 阵每一列的元素以单调次序排列，而任何两列都是相同的；返回值 Zi 与 Xi 和 Yi 有相同大小的矩阵，$Z(i, j)$ 就是函数在点 $(X(i, j)$, $Y(i, j))$ 的插值结果。Xi 和 Yi 可以用矢量 xi 和 yi 来替代，此时，MATLAB 认为在点 meshgrid(xi, yi)处进行插值，即相当于依次执行以下两步：[Xi, Yi]=meshgrid(xi, yi)，interp2(X, Y, Z, Xi, Yi)。

2) Zi=interp2(Z, Xi, Yi)

相当于依次执行下述命令：

```
[m, n]=size(Z)
x=1:n; y=1:m;
[X, Y]=meshgrid(x, y);
interp2(X, Y, Z, Xi, Yi);
```

3) Zi=interp2(Z, ntimes)

在 Z 的各点之间插入数据点以扩展，依次执行 ntime 次。默认为 1 次。

4) Zi=interp2(X, Y, Z, Xi, Yi, method)

按 method 指定的插值方法，进行二维插值。

Method 取值及相应的插值方法如下：

'nearest' 最近插值, 'linear' 双线性插值,

'cubic' 三次插值。

若 X 和 Y 是等间距的，则可以使用快速插值法，Method 取值及相应的插值方法为：

'*nearest' 快速最近插值, '*linear' 快速双线性插值, '*cubic' 快速三次插值。

[例 4-21] 二维插值示例。

```
>> [X, Y]=meshgrid(-3:0.25:3);
>> Z=peaks(X, Y);
>> [Xi, Yi]=meshgrid(-3:0.125:3);
>> Zi=interp2(X, Y, Z, Xi, Yi);
>> mesh(X, Y, Z);
```

```
>> hold on;
>> mesh(Xi, Yi, Zi+15);
```

图 4-3 是插值图形，其中上部图形为插值结
果，下部为原函数图形。

[例 4-22]　函数插值示例。

```
[X Y]=meshgrid(-5:0.5:5, -5:0.5:5);
Z=-100+exp(-sqrt((((X-1).^2+(Y-2).^2)))-0.618
*exp(-sqrt((((X+2).^2+(Y+1).^2))))…
      +randn(size(X))*0.05;
xi=linspace(-5, 5, 50);
yi=linspace(-5, 5, 50);
[XI YI]=meshgrid(xi, yi);
ZI=interp2(X, Y, Z, XI, YI, '*cubic');
subplot(1, 2, 1);
surf(X, Y, Z);          %未插值前的图形如图4-4左图所示
subplot(1, 2, 2);
surf(XI, YI, ZI);       %插值后的图形如图4-4右图所示
```

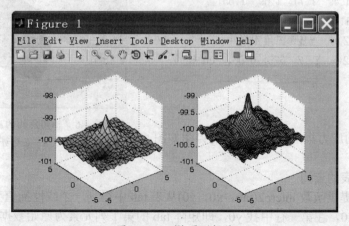

图 4-3　二维插值函数对 peak 函数插值结果

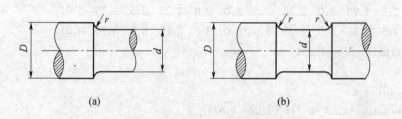

图 4-4　二维图形插值

[例 4-23]　表 4-3 为轴圆角处的应力集中系数 K_σ 值(部分)，参见图 4-5 轴圆角处的应力集中符号说明。试对该列表函数分别用二元插值方法查取$(D-d)/2=2$，$\sigma_B=675MPa$，$r/d=0.06$ 时的 K_σ 值。

(a)　　　　　　　　　　　　(b)

图 4-5　轴圆角处的应力集中符号说明示意图

表 4-3　轴圆角处的应力集中系数 K_σ 值

$\dfrac{D-d}{r}$　$\diagdown$　$\begin{array}{c}\sigma_b\\ \text{MPa}\end{array}$　r/d		400	500	600	700	800
2	0.01	1.34	1.36	1.38	1.40	1.41
	0.02	1.41	1.44	1.47	1.49	1.52
	0.03	1.59	1.63	1.67	1.71	1.76
	0.05	1.54	1.59	1.64	1.69	1.73
	0.10	1.38	1.44	1.50	1.55	1.61

程序如下：

```
X=[400:100:800];
Y=[0.01  0.02  0.03  0.05  0.10];
Z=[ 1.34  1.41  1.59  1.54  1.38;...
    1.36  1.44  1.63  1.59  1.44;...
    1.38  1.47  1.67  1.64  1.50;...
    1.40  1.49  1.71  1.69  1.55;...
    1.41  1.52  1.76  1.73  1.61]';
surf(X, Y, Z)      %显示三维图形
ksgm=interp2(X, Y, Z, 675, 0.06, 'cubic')
```

运行结果：

```
>> ksgm =
      1.5161
```

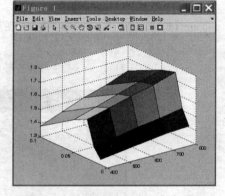

图 4-6　轴圆角处的应力集中
系数 K_σ 值趋势图

轴圆角处的应力集中系数 K_σ 值趋势图如图
4-6 所示

2. 二维数表的查询

MATLAB 提供函数 interp2(tab，x0，y0)从表 tab 中得到一个线性插值交点，在表 tab 的第一列中找 x0，在第一行中找 y0，即矩阵 tab 的第 1 列元素为原始数据的第 1 坐标，而第 1 行为其第 2 坐标，tab(i, j)为点(tab(i, 1)，tab(1，j))处的值，tab(1，1)会被忽略。tab 表的第 1 行元素和第 1 列元素都应该是单调的。

[例 4-24]　二维数表查询示例。

```
>> z=[NaN 1.0 2.0 3.0 4.0 5.0; 1.0 1.0 1.25 1.50 1.75 2.00;
 2.0 1.5 1.75 2.0 2.25 2.5; 3.0 2.0 2.25 2.5 2.75 3.0;
 4.0 2.5 2.75 3.0 3.25 3.5; 5.0 3.0 3.25 3.5 3.75 4.0];
>> interp2(z, 2.3, 1.25)
ans =
    1.2437
>> interp2(z, [2.23 2.7], [1.27 1.83])
ans =
      1.1834      1.2643
```

4.4.3 三维数表插值

MATLAB 中提供函数 interp3()计算三维函数的插值，基本用法为：

VI=interp3(X, Y, Z, V, XI, YI, ZI)

VI=interp3(V, XI, YI, ZI)

VI=interp3(V, ntimes)

VI=interp3(X, Y, Z, V, XI, YI, ZI, method)

VI=interp3(V, XI, YI, ZI, method)

X、Y、Z分别为第1、第2、第3维坐标，V为函数值，XI、YI、ZI为插值点坐标，它们可以为矢量或矩阵。其用法类同一维及二维插值函数。

4.4.4 拉格朗日插值

拉格朗日插值方法在生产实践与科学实验中有非常广泛的应用。拉格朗日插值方法如下：

设函数在(n+1)个相异点 x_0、x_1、x_2、$\cdots$、x_n 上的函数值 $f(x_0)$、$f(x_1)$、$f(x_2)$、$\cdots$、$f(x_n)$ 是已知的，则可用下述拉格朗日插值公式，求出插值区间内任意 x 处的函数值 y：

$$f(x) = \sum_{i=0}^{n} f_i \prod_{\substack{j=0 \\ j \neq i}}^{n} \frac{x - x_j}{x_i - x_j}$$

拉格朗日插值方法的 M 函数如下：

```
lagrange.m
function s=lagrange(x, y, x0)
%Lagrabge 插值，x 与 y 为已知插值点及函数值，x0 为需要插值点的 x 值
nx=length(x);
ny=length(y);
if nx~=ny
    waring('矢量 x 与 y 的长度应该相同')
    return;
end
m=length(x0);
%按照公式，对需要求的插值点矢量 x0 的每个元素进行计算
for i=1:m
    t=0.0;
    for j=1:nx
        u=1.0;
        for k=1:nx
            if k~=i
                u=u*(x0(i)-x(k))/(x(j)-x(k));
            end
```

```
            end
            t=t+u*y(j);
    end
    s(m)=t;
    end
return
```

[例 4-25] 拉格朗日法插值示例。

```
x=[0.4  0.5  0.7  0.8];
y=[-0.916291  -0.693147  -0.356675  -0.223144];
lagrange(x, y, 0.6)
ans=
    -0.5100
```

4.4.5 Newton 插值

拉格朗日插值公式结构紧凑,便于理论分析。但当插值节点增加、减少或其位置发生变化时,整个插值公式的结构将发生变化,因而不利于实际计算。

Newton 插值公式则克服了这些缺点,Newton 插值公式如下:

$$L_n(x) = f[x_0] + f[x, x_1](x - x_0) + \cdots + f[x_0, x_1, \cdots, x_n](x - x_0)(x - x_1) \cdots (x - x_{n-1})$$

其中,$f[x_0, x_1, \cdots, x_n]$ 用下式获得:

$$f[x_0, x_1, \cdots, x_{k+1}] = \frac{f(x, x_0, \cdots, x_{k-1}, x_{k+1}) - f(x, x_0, x_1, \cdots, x_{k-1}, x_k)}{x - x_{k+1}}$$

Newton 插值法的 M 函数 Newton.m 如下:

```
function s=Newton(x, y, x0, nn)
%   x 与 y 为已知插值点及其函数值,x0 为欲求插值点的 x 坐标
%   nn 为 Newton 插值多项式的次数
nx=length(x);
ny=length(y);
if nx~=ny
    waring('矢量 x 与的长度必须相同!')
    return
end
m=length(x0);
%按照公式,对需要求的插值点 x0 的每个元素进行计算
for i=1:m
    t=0.0;
    j=1;
    yy=y;
```

```
        kk=j;
%求各级均差
    while(kk<=nn)
        kk=kk+1;
        for k=kk:nx
            yy(k)=(yy(k)-yy(kk-1))/(x(k)-x(kk-1));
        end
%求插值结果
        t=yy(1);
        for k=2:nn
            u=1.0;
            jj=1;
            while(jj<k)
                u=u*(x0(i)-x(jj));
                jj=jj+1;
            end
            t=t+yy(k)*u;
        end
        s(i)=t;
    end
end
return
```

[例 4-26] 有一组数据如表 4-4 所列，试利用 4 次牛顿插值多项式计算 x=1.0 处的函数近似值。

表 4-4 某实验数据表

X	0.55	0.86	0.93	1.25	2.55	3.21
F(x)	0.8937	1.7865	2.1654	3.5678	4.7843	6.8955

用 MATLAB 实现如下：

```
>> x=[0.55  0.86  0.93  1.25  2.55  3.21];
>> y=[0.8937  1.7865  2.1654  3.5678  4.7843  6.8955];
>> Newton(x, y, 1.0, 4)
ans =
    2.5510
```

4.4.6 三次样条插值

用高阶多项式进行插值往往会产生某些病态，为此人们尝试用三次样条进行插值，取得了较好效果。三次样条插值的基本思想是：通过寻求三次多项式，来逼近每对数据点之间的曲线。由于两点只能决定一条直线，而在两点之间的曲线可以用无限多的三次多项式进行逼近，所以，为使结果具有惟一性，在三次样条插值中，需要增加一些附加的约束条件。这些条件是：限定每个三次多项式的一阶和二阶导数，使其在插值点处相等。对第一个与最后一个三次多项式，由于在第一个及最后一个插值点外，没有伴随多项式，所以，在这些点处(第一个及最后一个插值点)需要增加另外的约束条件。这里，采用使第一个与第二个三次多项式的三阶导数相等，最后一个与最后第二个三次多项式的三阶导数相等。MATLAB 提供的三次样条插值函数 spline 采用的就是这种约束条件。

spline 函数的调用格式如下：

(1) yy=spline(x，y，xx)

利用三次样条插值法寻找在插值点 *xx* 处的插值函数值 *yy*，插值函数根据输入参数 *x* 与 *y* 的关系得来。*x* 与 *y* 为矢量形式，而 *xx* 可以为矢量形式，也可以为标量形式。该函数的作用类似于 interp1(x，y，xx，'spline')。

(2) pp=spline(x，y)

返回三次样条插值的分段多项式的矢量，以后可以使用函数 ppval 来进行插值计算。

[例 4-27]

```
>> aa=spline(0:5, [0 1 0 -1 0 1 0 1; 3 4 3 2 3 4 3 2]);
>> xx=0:0.5:5;
>> cc=ppval(aa, xx)
cc =
Columns 1 through 7
   1.0000    0.6860         0   -0.6800   -1.0000   -0.7159         0
   4.0000    4.1609    3.0000    2.1956    2.0000    2.3068    3.0000
Columns 8 through 11
   0.7937    1.0000    0.2913         0
   3.8272    4.0000    3.1346    3.0000
```

4.4.7 最佳均方逼近

在实际应用中，如果实测数据比较多，则用多项式方法进行插值会使多项式次数过高，用样条函数插值虽然可使函数光滑并通过所有实测数据点，但表达式较复杂，数据较多时，还会占用较大空间。实际上，对于实验数据本身而言，没有必要让插值函数通过所有数据点，因为实验数据点本身存在误差，而最佳均方逼近方法则较好地解决了这一问题。

最佳均方逼近的基本思想是：利用一系列已知函数来逼近未知函数，只要知道了所有参与逼近函数的参数，就可以得到逼近的函数。

先构造一个函数 evalf(f, x)，其中 *x* 是输入参数，用来执行以字符串 *f* 所表示的函数，*f* 为一个表示函数名的字符串，该函数返回函数 *f* 在 *x* 处的函数值。evalf.m 文件如下：

```
function y=evalf(f, x)
f=deblank(f);
ff=[f '(' num2str(x) ')'];
y=eval(ff);
```

再构造一个主函数[a，e yy]=goodf(f，x，y，xx)，其中 *f* 为参与逼近的所有函数名所组成的字符串矩阵，每个函数占一行，每行的字符个数必须相等，个数不等时用空格补足；矢量 *x* 和 *y* 是参与逼近的原始数据的第 1 坐标和函数值，它们的长度必须相等，否则出错；*xx* 是要进行插值的点的第 1 坐标组成的矢量。返回参数中，*a* 为参与逼近的各函数的系数所组成的矢量，其长度与矩阵 *f* 的列长度相同，即各行对应；*e* 为均方误差；*yy* 为与 *xx* 对应的插值点的函数值。goodf.m 文件如下：

```
function [a, e, yy]=goodf(f, x, y, xx)
m=size(f);
m=m(1);
n=length(x);
b=zeros(m, m);
c=zeros(m, 1);
if n~=length(y)
    error('x 和 y 的长度应该相同！')
end
for j=1:m
    for k=1:m
        b(j, k)=0;
        for i=1:n
            b(j, k)=b(j, k)+evalf(f(j, :), x(i))*evalf(f(k, :), x(i));
        end
    end
    c(j)=0;
    for i=1:n
        c(j)=c(j)+evalf(f(j, :), x(i)*y(i));
    end
end
    a=b\c;                          %产生系数矢量 a
    e=0;
    for i=1:n                       %计算均方误差 e
        ff=0;
        for j=1:m
            ff=ff+a(j)*evalf(f(j, :), x(i));
        end
        e=e+(y(i)-ff)*(y(i)-ff);
    end
    if nargin==3
        return;
    end
```

```
yy=[];
for i=1:m                          %计算 xx 的各元素对逼近函数的函数值
    l=[];
    for j=1:length(xx)
        l=[1 evalf(f(i, :), xx(j))];
    end
    yy=[yy  l'];
end
yy=yy*a;                           %计算各插值点的函数值
a=a';
```

[例 4-28]
```
>>x=[1  2  3  4  5];
>>y=[1.3  1.8  2.2  2.9  3.5];
>>f=['ff1'; 'ff0'];
>>goodf(f, x, y)
ans =
    0.5500    0.6900
```
即逼近的函数为 $y=0.55x+0.69$ 。当给出新的插值点时，用该逼近函数就可以快速计算原函数的近似函数值。

4.5 极值与零点

4.5.1 极值

在很多工程应用中，都需要寻找函数的极值点，从数学上讲，极值是函数在其导数(斜率)为 0 的位置处的值。MATLAB 提供两个函数求极值：fminbnd 和 fminsearch，这两个函数分别求一维和多维函数的极小值。其中，fminbnd 使用黄金分割和抛物线插值的结合算法来求取极小值。

1. fminbnd 函数简介

1) x=fminbnd(fun，x1，x2)

返回区间[x1，x2]上标量函数 fun 的最小值。

2) [x，fval]= fminbnd(…)

返回解 x 及 x 处目标函数的值。

2. fminsearch 函数简介

1) x = fminsearch(fun，x0)

返回初值 x0 附近，函数 fun 的最小值。

2) [x，fval]= fminsearch(...)

返回解 x 及 x 处目标函数的值。

[例 4-29] 求函数 $2e^{-x}\sin x$ 在区间[2，5]中的极小值。

130

```
>> fn='2*exp(-x)*sin(x)';
xmin=fminbnd(fn, 2, 5)
 xmin =
      3.9270
 >> fn='2*exp(-x)*sin(x)';
xmin=fminbnd(fn, 2, 5, [1, 1.e-6])
 xmin =
      3.9270
 >> [X, FVAL, EXITFLAG, OUTPUT] = FMINBND(fn, 2, 5)
 X =
      3.9270
 FVAL =
      -0.0279
 EXITFLAG =
      1
 OUTPUT =
      iterations: 10
      funcCount: 10
      algorithm: 'golden section search, parabolic interpolation'
```

[例 4-30]　求多维函数 $f(x)=100(x_2-x_1^2)^2+(1-x_1)^2$ 在[0, 0]附近的极小值。

首先编写函数 M 文件 fb.m 如下：

```
function f=fb(x)
f=100*(x(2)-x(1)^2)^2+(1-x(1))^2;
```

主程序(假定文件名为：L0429)如下：

```
x=[-2:0.2:2];
y=[-2:0.2:2]*3;
[X, Y]=meshgrid(x, y);
Z=100.*(Y-X.*X)^2+(1-X).^2;
mesh(X, Y, Z)
hidden off
xlabel('x(1)')
ylabel('x(2)')
title('Example Function')
hold on
plot3(X, Y, Z, 'g:', 'markersize', 10)
hold on
[x, fval, exitflag, output]=fminsearch(@fb, [0;0])
```

运行结果如下：

```
x =
1.0000
1.0000
fval =
     3.6862e-010
exitflag =
     1
output =
     iterations: 79
     funcCount: 146
     algorithm: 'Nelder-Mead simplex
direct search'
     message: [1x196 char]
```

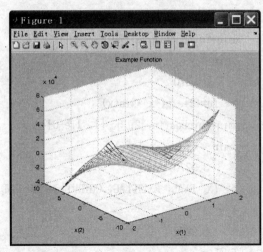

图 4-7　多维函数极值示例

结果如图 4-7 所示。

4.5.2　零点(方程求解)

1. 非线性方程的求解

实际工程应用中，有时也经常需要寻找函数通过零或通过其它常数的情况，或求解非线性方程。MATLAB 提供函数 fzero 可以解决类似问题。

非线性方程的求解问题可以看作是单变量的最小化问题，通过不断搜索区间来逼近问题的解。MATLAB 提供函数 fzero 进行非线性方程求解，所采用的算法是：二分法、secant 法和逆二次插值法的组合，算法由 T.Dekker 发明(1944 年 Algol 60 程序、1963 年 FORTRAN 程序)。

1) 函数 fzero 简介

函数功能：求单变量函数的零点。

使用方法：

(1) x=fzero(fun，x0)

如果 x0 为标量，函数试图找到 x0 附近 fun 函数的零点。当函数发现 Inf、NaN 或复数时，搜索终止。

(2) x=fzero(fun，x0，options)

用 options 指定的参数进行优化计算

(3) x=fzero(fun，x0，options，P1，P2，…)

直接将变量 P1，P2，…传递给目标函数 fun。若没有选项设置，可令 options=[ ]。

(4) [x，fval]= fzero(…)

返回解 x 处的目标函数值。

(5) [x，fval，exitflag]= fzero(…)

返回 exitflag 参数，描述退出条件。

(6) [x，fval，exitflag，output]= fzero(…)

返回包含优化信息的输出结构 output。

注意：(1) 调用该函数时，使用初值区间(二元素 x0)常常比用标量 x0 快。

(2) 该函数定义的零点适于 x 轴相交的点，函数虽与 x 轴接触但没有穿过 x 轴的点不算作有效零点。

(3) options 为由内置函数 optimset 确定的参数，在优化设计工具箱中广为应用，最简单的使用如下：

```
options=optimset('display', 'off')                %关闭显示
```

(4) 函数名 fun 由单引号引用，注意没有扩展名 ".m"；$x0＝x_0$，或 $x0＝[x_1, x_2]$，p1，p2 等都是参数 p_j。

2) 应用示例

[例 4-31] 求解下述非线性函数在 2 附近的零点。

$$f(x) = e^{-x} - x^3 + 25$$

首先编写目标函数 L0430.m 如下：

```
function y=f(x)
y=exp(-x)-x.^3+25
```

在命令窗口输入：

```
z= fzero(@L0430, 2)               %或直接写成: z=fzero(' exp(-x)-x.^3+25', 2)
```

经过若干次迭代，得到运行结果如下：

```
y =
 -3.5527e-015
z =
    2.9261
```

如果寻求通过某一常数 c 时的值，可以定义一个新函数 NewFunctionName，并令 NewFunctionName(x)= FunctionName(x)-c，然后在 fzero 函数中使用 NewFunctionName 即可，亦即： fzero(NewFunctionName, x0)。

[例 4-32] 寻求函数 $2e^{-x}\sin x$ 在 3 附近的零点以及函数等于 0.1 时的 x 坐标值。

```
>> f='2*exp(-x)*sin(x)';
fzero(f, 3)
  ans =
  3.1416
>> fn='2*exp(-x)*sin(x)-0.1';
>> fzero(fn, 3)
ans =
  2.4924
```

[例 4-33] 计算 $\cos(x)$ 在 6 附近的根。

```
>> options=optimset('display', 'off');
  >>w=fzero('cos', 2*pi, options)/pi
w =
    1.5000
```

2. 非线性方程组的求解

假定非线性方程组的数学模型为 $F(x)=0$，其中，x 为一矢量，$F(x)$ 为一函数，返回

矢量值。MATLAB 提供了用函数 fsolve 求解非线性方程组的一般方法，其算法基于最小二乘法。

1) 函数 fsolve 简介

函数功能：求解非线性等式系统。

使用方法：

(1) x=fsolve(fun，x0)

初值为 x0，求解由函数 fun 描述的等式系统。

(2) x=fsolve(fun，x0，options)

用 options 结构指定的参数进行最小化。

(3) x=fsolve(fun，x0，options，P1，P2，…)

将 P1，P2，…直接传递给函数 fun 求解。

(4) [x，fval]= fsolve(…)

返回解 x 处的目标函数值。

(5) [x，fval，exitflag]= fsolve(…)

返回 exitflag 参数，描述函数的退出条件。

(6) [x，fval，exitflag，output]= fsolve(…)

返回包含优化信息的结构输出 output。

(7) [x，fval，exitflag，output，jacobian]= fsolve(…)

返回解 x 处函数 fun 的雅可比(Jacobian)矩阵。

参数说明：

(1) fun：为需要最小化的目标函数。该函数需要输入标量参数 x，返回解 x 处的目标函数值。可以将 fun 函数指定为命令行，如: x=fminimax(inline('sin(x*x) ')，x0)；fun 也可以是 M 文件、内部函数或 MEX 文件。

(2) options：优化参数选项。主要有：

LargeScal：当设为'on'时用大型算法，设为'off'时使用中型问题算法同时适用于大型算法和中型算法的参数。

Diagnostics：显示最小化函数的诊断结果。

Disoplay：显示水平，选择'off '，不显示输出；选择'iter'，则显示每一步迭代结果；选择'final'，则只显示最终结果。

Jacobian：用户定义的目标函数的雅可比矩阵。

MaxFunEvals：函数评价的最大次数。

MaxIter：最大允许迭代次数。

TolFun：函数值的最终容限。

TolX：x 处的终止容限。

只用于大型算法的参数：

JacobPattern：用于有限差分法的 Jacobian 矩阵的稀疏形式。若不方便求函数 fun 的稀疏 Jacobian 矩阵 **J**，可以通过用梯度的有限差分法获得的 **J** 稀疏矩阵来得到近似的 Jacobian 矩阵 **J**。若连矩阵的稀疏结构都不知道，则可将 JacobPattern 设为密集矩阵，在每一次迭代过程中，都将进行密集矩阵的有限差分法近似，将导致大量的计算。

MaxPCGIter：PCG 迭代的最大次数。

PrecondBandWidth：PCG 前处理的上带宽，默认为 0；对有些问题，增加带宽可减少迭代次数。

TolPCG：PCG 迭代的终止容限。

TypicalX：典型 x 值。

只用于中型算法的参数：

DerivativeCheck：对用户提供的导数和有限差分法求出的导数进行对比。

DiffMaxChange：变量有限差分法梯度的最大变化。

DiffMinChange：变量有限差分法梯度的最小变化。

LineSearchType：一维搜索算法的选择。

算法说明：

(1) 该算法基于非线性最小二乘法。好处是若等式系统没有零解，该算法仍返回一个残差很小的点；若系统的雅可比矩阵为奇异矩阵，该算法会收敛于一点，该点不是等式系统的解。

(2) 大型优化问题。默认情况下函数 fsolve 选择大型算法，该算法基于内部映射牛顿法的自空间置信域法。

(3) 中型优化问题。当 options.LargeScale 设置为'off'时，为中型算法。该算法使用 Gauss-Newton 法进行一维搜索。

(4) 函数默认的一维搜索法。当 options.LineSearchType 设置为'quadcubic'时，将使用二次、三次混合插值法；当 options.LineSearchType 设置为'cubicpoly'时，将采用三次多项式插值法。

局限性：

(1) 要求目标函数必须是连续的。

(2) 该函数只对实数变量有效。当 x 为复数时，必须将其分解为实部与虚部。

(3) 若在函数 fun 中提供了雅可比矩阵，则 options 参数不能与大型算法同时使用以比较解析雅可比矩阵和有限差分雅可比矩阵。可通过将参数 MaxIter 设置为 0 来核对导数，再用大型算法重新计算。

2) 应用示例

[例 4-34]　用函数 fsolve 求解下述非线性方程组在[4, 4]附近的解：

$$\begin{cases} x_1^2 - x_1 x_2 - x_2^2 - 31 = 0 \\ x_1 x_2^2 + x_1 + 10 x_2 - 5 = 0 \end{cases}$$

首先编写描述非线性方程组的 M 文件 L0433.m 如下：

```
function y=fx(x)
y(1)=x(1)*x(1)-x(1)*x(2)-x(2)*x(2)-31;
y(2)=x(1)*x(2)*x(2)+x(1)+10*x(2)-5;
y=[y(1)  y(2)];
```

在命令行输入：

```
>> x0=[4, 4];
>> options=optimset('Display', 'iter');
```

```
>> [x, fval]=fsolve(@L0433, x0, options)
```

Iteration	Func-count	f(x)	Norm of step	First-order optimality	Trust-region radius
1	3	12818		4.89e+003	1
2	6	5466.94	1	2.44e+003	1
3	9	269.622	2.5	235	2.5
4	12	4.53592	1.31213	19.8	6.25
5	15	0.00521573	0.227477	0.657	6.25
6	18	8.51054e-008	0.00820558	0.00302	6.25
7	21	2.38149e-017	3.0618e-005	5.04e-008	6.25

```
Optimization terminated successfully:
 First-order optimality is less than options.TolFun.
x =
    5.5402   -0.0557
fval =
  1.0e-008 *
    -0.1044    0.4767
```

option 参数中，Iteration 为迭代次数；Func-count 为目标函数计算次数；$f(x)$为目标函数值；Norm of step 为当前步长的范数；First-order optimality 为当前梯度的无限范数；Trust-region radius 为可信区间半径。

[例 4-35] 求解下列方程组：

$$\begin{cases} 2x_1 - x_2 = \mathrm{e}^{-x_1} + 8 \\ -x_1 + 2x_2 = \mathrm{e}^{-x_2} - 3 \end{cases}$$

首先编写一个目标函数的 M 文件 L0434.m 如下：

```
function y= fx(x)
y(1)=2*x(1)-x(2)-exp(-x(1))-8;
y(2)= -x(1) +2*x(2)-exp(-x(2))+3;
y=[y(1) y(2)];
```

将下述命令存于 L0434.m 值：

```
x0=[-5;  -5];                          %提供初值
options=optimset('Display', 'iter');    %显示每一步迭代结果
[x, fval]=fsolve(@L0434, x0, options)
```

运行结果如下：

```
>> L0334
```

Iteration	Func-count	f(x)	Norm of step	First-order optimality	Trust-region radius
1	3	48678.3		2.41e+004	1
2	6	12834.4	1	6.06e+003	1

3	9	3595.81	1	1.65e+003	1
4	12	1111.19	1	479	1
5	15	397.005	1	155	1
6	18	169.372	1	58	1
7	21	84.0767	1	25.9	1
8	24	44.4379	1	13.5	1
9	27	22.5124	1	7.73	1
10	30	1.60961	2.5	2.86	2.5
11	33	0.0148264	0.810305	0.292	6.25
12	36	7.04607e-007	0.0719097	0.002	6.25
13	39	1.50854e-015	0.000497548	9.27e-008	6.25

```
Optimization terminated successfully:
 First-order optimality is less than options.TolFun.
    x =
        4.4721
        0.9328
    fval =
        1.0e-007 *
           -0.0029
           -0.3884
```

结果显示，x_1，x_2 取值为 4.4721 及 0.9328，两个函数的目标值为 1.0e-007* [-0.0029 -0.3884]。

4.6 数值微商

一般地，求函数的导数比求积分稍微容易些。但是，对于实验或工程应用中的离散数据点，求函数的导数就不容易了，这是因为积分描述的是一个函数的宏观性质，而微分则描述的是一个函数的微观性质，即一个函数在某一点的斜率，函数形状在微小范围内的变化，都会导致相邻点斜率产生较大的变化，特别是对由实验获得的数据进行微分时，数值微分方法就更敏感。通常的做法是用数值微分来求导数。数值微分的基本思想是：先用拟合方法把一定范围内的近似函数求出来，然后再用特定的方法对该近似函数求微分。常用的方法是，多项式求导微分、样条微分及中心差分法。

4.6.1 多项式求导方法

多项式求导方法的基本思想是：首先用最小二乘法对离散数据点进行曲线拟合，再对所得的多项式进行微分。然后再对微分后的多项式求值，就可以求出在拟合范围内任意一点的任意阶微分。对于拟合所得多项式进行高阶求导时，会导致误差增大，因此该方法仅适用于低阶数值微分。采用拉格朗日法和牛顿法拟合求多项式的导数比最小二乘法拟合多项式求导数的精度要高。

[例 4-36] 有一组数据，如表 4-5 所列，试采用多项式求导方法求导数，并计算 $x=2.5$ 时的函数值和导数值，绘制数据点及函数图和导数函数图。

表 4-5　示例离散数据表

x	0.0000	0.1500	0.3000	0.4500	0.6000	0.7500	0.9000
y	1.0000	0.9888	0.9553	0.9004	0.8253	0.7317	0.6216
x	1.0500	1.200	1.3500	1.5000	1.6500	1.8000	1.9500
y	0.4976	0.3624	0.2190	0.0707	-0.0791	-0.2272	-0.3702
x	2.1000	2.2500	2.4000	2.5500	2.7000	2.8500	3.0000
y	-0.5048	-0.6282	-0.7374	-0.8301	-0.9041	-0.9578	-0.9900

```
>> x=0:0.15:3;
>> y= [1.0000    0.9888    0.9553    0.9004    0.8253    0.7317    0.6216...
       0.4976    0.3624    0.2190    0.0707   -0.0791   -0.2272   -0.3702...
      -0.5048   -0.6282   -0.7374   -0.8301   -0.9041   -0.9578   -0.9900] ;
>> p=polyfit(x, y, 3)              %用最小二乘法拟合三阶多项式
   p =
      0.1449   -0.6817    0.0803    0.9936
>> y1=polyval(p, 2.5)             %计算多项式的值
   y1 =
     -0.8019
>>yp=polyval(p, x);
>> plot(x, y, 'go', x, yp, 'b--')   %绘制拟合点及拟合曲线，如图 4-8 所示
>> pp=polyder(p)                  %求多项式导数
   pp =
      0.4347   -1.3633    0.0803
>> y2=polyval(pp, 2.5)            %计算多项式导数的值
   y2 =
     -0.6110
>>ypp=polyval(pp, x);
>> plot(x, ypp)                   %绘制导数函数的图形，如图 4-9 所示
```

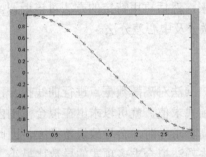

图 4-8　数据点及多项式函数图

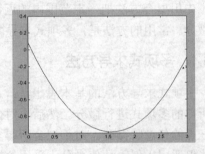

图 4-9　导数函数图

4.6.2　中心差分法

对离散数据，先用拟合法或逼近法求出其近似函数的表达式，然后利用中心差分法进行微分运算。

中心差分法的基本思想是：计算函数的中心点差分，并与初始点函数值进行比较，若两者之差足够小则结束，则以中心点差分函数值作为结果；否则，步长减半，并将中心点差分函数值送给初始点函数值，继续迭代，直至满足误差要求为止。

下面是中心差分法求函数微分的 M 函数 cdiff.m，该函数要求初始步长选择 0.1~0.01，精度 tol 一般选择 1.0e-4。

```
function y=cdiff(f, a, h, tol, maxn)
% f 为欲求微分函数的函数名字符串，a 为求微分的点的坐标
% h 为初始步长，tol 为计算精度，maxn 为计算的最大循环次数
ff=evalf(f, a);
if nargin<=4
  maxn=1000;
end
for i=1:maxn
  gg=(evalf(f, (a+h))-evalf(f, (a-h)))/(2*h);
  if abs(gg-ff)<tol
      y=gg;
      return;
  end
  h=h*0.5;
  ff=gg;
end
y=gg;
```

[例 4-37]

```
>> cdiff('cos', pi/2, 0.01, 1e-4)
ans =
 -1.0000
>> cdiff('cos', pi, 0.01, 1e-4)
ans =
      7.3464e-006
>> cdiff('cos', pi/2, 0.01, 1e-6, 100000)
ans =
 -1.0000
```

可以看出，微分结果与初始步长及求解精度有关。

4.7 数值积分

对已知函数求积分时，理论上可以使用牛顿-莱布尼斯公式求解，但在实际工程中却不一定能行得通，因为实际上遇到的大多数函数都不能找到其积分函数，有些虽然能够找到，但表达式过于复杂，很难用牛顿-莱布尼斯公式求解。用数值积分既方便又精确，是工程实际中常用的方法。

4.7.1 牛顿-科特斯(Newton-Cotes)方法

Newton-Cotes 方法适用于等间距节点情况，因此也称等距节点求积公式。其基本思想是：把积分区间 $[a, b]$ 分成 n 等分，$x_k=a+bh$，$h=(1/n)(b-a)$，$k=0，1，\cdots，n$。由此构造 Newton-Cotes 求积公式：

$$I_n = (b-a)\sum_{k=0}^{n} c_k^{(n)} f(x_k)$$

式中：$c_k^{(n)}$ 称为 Cotes 系数，可以通过如下公式求得：

$$c_k^{(n)} = \frac{1}{b-a}\int_a^b \prod_{\substack{j=0 \\ j\neq k}}^{n} \frac{x-x_j}{x_k-x_j} dx$$

化简，得

$$c_k^{(n)} = \frac{(-1)^{n-k}}{n.k!.(n-k)!}\int_0^n \prod_{\substack{j=0 \\ j\neq k}}^{n} (t-j) dt$$

由此可以看出，Cotes 系数不但与被积函数无关，而且也与积分区间无关，因此可利用上式先求出 Cotes 系数。注意，当 $n=8$ 时，出现负数，会使实际计算中的舍入误差增大，且难于估计，从而导致 Newton-Cotes 求积公式的收敛性和稳定性得不到保证。因此，实际计算中多采用低阶($n=1$，2，3)Newton-Cotes 求积公式。

当 $n=1$ 时，$C_0^{(1)} = C_1^{(1)} = 1/2$，此时 Newton-Cotes 求积公式变为梯形求积公式；

当 $n=2$ 时，$C_0^{(2)} = 1/6, C_1^{(2)} = 2/3, C_2^{(2)} = 1/6$，此时 Newton-Cotes 求积公式变为辛普森(Simpson)求积公式；

当 $n=3$ 时，$C_0^{(3)} = 1/8, C_1^{(3)} = 3/8, C_3^{(3)} = 1/8$，此时 Newton-Cotes 求积公式变为科特斯(Cotes)求积公式。

MATLAB 提供了计算有限区间内，数值计算某函数积分的方法，分别是梯形求积方法 trapz，辛普森(Simpson)求积方法 quad，科特斯(Cotes)求积方法 quad8。

1. 梯形求积方法 trapz

trapz 调用格式如下：

(1) z=trapz(y)

通过梯形求积方法计算 y 的数值积分。对于矩阵，trapz 返回一行矢量，矢量中的元素分别对应矩阵中每列对 y 进行积分后的结果。

140

(2) z=trapz(X，Y)

通过梯形求积方法计算 Y 对 X 的积分值。X 与 Y 矢量的长度必须相等，或者 X 必须是一个列矢量，而 Y 为一个非独立维长度与 X 等长的数组，trapz 就从这一维开始计算。

(3) z=trapz(x，y，dim)

或 z=trapz(y，dim)从 y 的第 dim 维开始运用梯形求积方法进行计算。X 矢量的长度必须与 zize(y，dim)的长度相等。

[例 4-37]
```
>> x=-1:0.05:2;
>> y=humps(x);
>> aera=trapz(x, y)
aera =
    26.3446
```

2. 辛普森(Simpson)求积方法 quad

(1) q= quad('f'，a，b)

计算函数 $f(x)$ 在区间$[a，b]$上的数值积分。

(2) q= quad('f'，a，b，tol)

指定相对误差 tol(默认值为 1.e-3)，计算函数 $f(x)$ 在区间$[a，b]$上的数值积分。dang tol 的形式为[rel_tol abs_tol]时，分别表示相对误差与绝对误差。

(3) q= quad('f'，a，b，tol，trace)

若参数 trace 非零，则指定相对误差 tol(默认值为 1.e-3)，计算函数 $f(x)$ 在区间$[a，b]$上的数值积分并以动态图形方式实现。

(4) q= quad('f'，a，b，tol，trace，p1，p2...)

表示允许参数值解述给函数 $f(x)$。

对异常函数，若递归调用次数超过 10，将会出现警告信息，并返回 Inf 值。

3. 科特斯(Cotes)求积方法 quad8

quad8 函数的调用格式如下：

(1) q=quad8('f'，a，b)

计算函数 $f(x)$ 在区间$[a，b]$上的数值积分，误差在 1e-3 范围内。

(2) q=quad8('f'，a，b，tol)

指定相对误差 tol(默认值为 1.e-3)，计算函数 $f(x)$ 在区间$[a，b]$上的数值积分，误差在 tol 范围内。当 tol 的形式为[rel_tol abs_tol]时，分别表示相对误差与绝对误差。

(3) q=quad8('f'，a，b，tol，trace)

当 trace 不为零时，以动态点图形式实现积分，其余内容同上。

(4) q=quad8('f'，a，b，tol，trace，p1，p2...)

允许参数 p1，p2 直接输给函数 f，其余同上。

对异常积分，MATLAB 限制最大递归调用次数为 10，超过 10 时，将出现警告信息，并返回 Inf 值。

[例 4-38] 分别用 Simpson 方法和 Cotes 求积方法求 $f(x) = \int_0^1 \sin x \mathrm{d}x$ 的积分。

```
>> quad('sin', 0, 1, 1.e-6)
ans =
  0.4597
>> quad8('sin', 0, 1)
ans =
  0.4597
```

4.7.2 高斯法

Newton-Cotes 求积公式中，由于节点是等节距的，因而限制了求解精度。Gauss 求积公式取消了这一限制条件，从而使得求解精度得以提高。

Gauss 求积的基本思想是：通过对[-1，1]区间上若干非等距采样点 x_i 的函数值 $f(x_i)$ 进行加权 ω_i 求和，获得 $\int_{-1}^{1} f(x)\mathrm{d}x$ 的近似值。而和可以通过一定的数学方法(通过准确计算变阶多项式的积分经优化回归得到)获得。经整理后的 Gauss 求积公式如下：

$$\int_{-1}^{1} f(x)\mathrm{d}x = \sum_{k=1}^{n} A_k f(x_k)$$

式中：x_k 称为 Gauss 求积点，A_k 称为求积系数。对于一般的求积区间[a，b]，需将[a b]区间变换成[-1 1]区间，即作如下变量变换，才能使用 Gauss 求积公式：

$$x=0.5*(a+b)+0.5*(b-a)t$$

经变换，有

$$\int_{a}^{b} f(x)\mathrm{d}x = \frac{b-a}{2} \int_{-1}^{1} f\left[\frac{1}{2}(a+b) + \frac{1}{2}(a-b)t\right]\mathrm{d}t$$

对上式右侧，可用 Gauss 求积公式进行数值积分。

表 4-6 是 Gauss-Legendre 求积公式中的 Gauss 求积点 x_k 及求积系数 A_k。

表 4-6 Gauss 求积点 x_k 及求积系数 A_k

n	x_k	A_k	n	x_k	A_k
1	0.0000000	2.0000000	4	±0.8611363 ±0.3398810	0.3478548 0.6521452
2	±0.5773503	1.0000000	5	±0.9061793 ±0.5384693 0.000000000	0.2369269 0.4786287 0.5688889
3	±0.7745967 ±0.0000000	0.5555555556 0.8888888889	6	±0.9324695 ±0.66120939 ±0.23861919	0.1713245 0.3607616 0.4679139

据此，可编写 Gauss 求积公式的 M 函数 gauss.m，以下给出的是 6 点 Gauss 求积公式的 M 函数 gauss.m。

```
function s=Gauss(a, b)
n=6
x=[0.9324695  -0.9324695  0.66120939  -0.66120939  0.23861919  -0.23861919];
u=[0.1713245   0.1713245   0.3607616   0.3607616   0.4679139   0.4679139];
t=0.0;
for i=1:n
    y=(x(i)*(b-a)+(a+b))*0.5;
    t=t+u(i)*fg(y);                    %fg 为被积函数 f(x)的 M 文件名
end
s=t*(b-a)*0.5;
return;
```

[例 4-39] 求 $\sin(x)$ 在[0，π]区间上的积分。

首先编写被积函数的 M 文件 fg.m。

```
function y=fg(x)
y=sin(x);
```

然后，利用 Gauss 求积公式求积。

```
>> gauss(0, pi)
n =
     6
ans =
    2.0000
```

4.7.3　Romberg(龙贝格)求积公式

Romberg 求积方法的基本思想是：对梯形求积公式得到的近似值进行修正，从而得到更精确的求积公式，它的特点在于，能自动改变积分步长，以使其相邻两次值的绝对误差或相对误差小于预先设定的允许误差。Romberg 求积公式如下：

$$T_{j+1}^k f = \frac{4^j T_j^{k+1} f - T_j^k f}{4^j - 1}$$

由此，可编写 Romberg 求积公式的 M 函数。

```
function s=Romberg(a, b, eps)
% 其中，a 与 b 为积分区间，eps 为预先设定的误差值
if nargin==2
    eps=1.0e-6
elseif nargin<2
    error;
    return;
end
t1=10000;
t2=-10000;
```

143

```
  n=2;
  t(1, 1)=0.5*(b-a)*(fr(a)+fr(b));
while abs(t2-t1)>=eps
    aera=0.0;
    % n=n+1
    h=(b-a)/2^(n-1);
    for i=1:(2^(n-1))
        aera=aera+0.5*h*(fr(a+h*(i-1))+fr(h*i+a));
    end
    t(n, 1)=aera;
    for j=2:n
        for i=1:(n-j+1)
            t(i, j)=(4^(j-1)*t(i+1, j-1)-t(i, j-1))/(4^(j-1)-1);
        end
    end
t1=t(1, n);
t2=t(1, n-1);
n=n+1;
end
s=t1;
return;
```

[例 4-40]　利用 Romberg 求积公式计算积分：$\int_0^1 x^2 e^x \mathrm{d}x$

首先编写被积函数 M 文件 fr.m：

```
function y=fr(x)
y=x*x*exp(x);
```

然后利用 Romberg 求积公式进行计算。

```
>> Romberg(0, 1, 1.0e-6)
ans =
    0.7183
```

第5章　辅助优化设计与应用

最优化(优化设计)方法是在数学规划方法和现代计算机广泛应用的基础上于 20 世纪 60 年代发展起来的一项新技术，是专门研究如何在各种限制条件下，从多个方案中科学合理地提取最佳方案的科学。它根据最优化原理和方法综合考虑各方面因素，是一种解决复杂设计问题的有效方法。它以人机交互配合方式或"自动探索"方式，在计算机上进行半自动或自动设计，以选出现有工程条件下的最佳设计方案。最优化方法的特点是其设计原则是最优设计；设计手段是计算机及计算程序；设计方法是采用最优化数学方法。

最优化方法是保证产品具有优良性能、减轻自重或体积、降低工程造价的一种行之有效的方法。通过 MATLAB 实现最优化方法，可以使设计者从大量繁杂和重复的计算工作中解脱出来，使之有更多的时间和精力从事创造性工作，并大大提高工作效率。

用最优化方法解决最优化问题的技术称为最优化技术，主要包含两个方面的内容：

(1) **建立优化设计数学模型**：即用数学语言来描述最优化问题。模型中的数学关系反映了最优化问题所要达到的目标和各种约束条件；建立数学模型时要选取设计变量，列出目标函数，给出约束条件，其中目标函数是涉及问题所要求的最优指标与设计变量之间的函数关系式。

(2) **以适当的最优化方法求解数学模型**：选择合理的最优化技术进行求解，即在给定的(约束)条件下求解目标函数的极值或最优值问题。

5.1　MATLAB 求解最优化问题的方法及常用函数

MATLAB 的优化工具箱(Optimization Toolbox)提供了求解最优化问题的一系列函数，利用 MATLAB 的优化工具箱，可以求解许多工程实际问题，如线性规划、非线性规划和多目标规划问题，包括线性、非线性问题的最小化，最大最小化，二次规划，半无限问题，线性、非线性方程(组)求解，线性、非线性的最小二乘问题。此外，还提供了线性、非线性最小化，方程求解，曲线拟合，二次规划等大型课题的求解方法。

利用 MATLAB 的优化工具箱求解工程实际问题的基本步骤如下：

(1) 根据实际工程问题，建立最优化问题的数学模型，确定变量，列出约束条件和目标函数。

(2) 对所建模型进行分析研究，选择合适的最优化求解方法。

(3) 根据最优化算法，选择优化函数、整理数据、编写代码，用计算机求出最优解。

5.1.1　最优化方法概述

20 世纪 30 年代末期，由于军事及工业发展的需要，人们提出了一些不能用古典的微分法和变分法解决的最优化问题，在许多学者的共同努力下，至 20 世纪 60 年代，形成和发展了一些新的数学方法——最优化方法。

1. 最优化方法的概念

1) 设计变量

一般情况下，设计方案都以一组设计参数来表达，这些设计参数可以是几何参数、物理参数和其它特征的参数。这些参数中，有些是可以根据设计要求事先给定的，称为设计常量。而有些参数则是需要在设计过程中不断调整，以确定其最优值的，亦即在设计过程中进行选择并最终必须确定的独立变量，统称为设计变量。设计变量一旦确定以后，则设计对象也就完全确定。优化设计就是研究怎样合理地优选这些设计变量值的一种现代设计方法。

设计变量 $X = (x_1, x_2, \cdots, x_n)^{\mathrm{T}}$ 可看做是 n 维欧氏空间 E^n 内的一点。

设计变量可分为连续设计变量和离散设计变量。凡设计变量可在某一区间内任意连续变化的，称为连续设计变量，如齿轮的变位系数。若设计变量只能在某些离散点上取值的，则称为离散变量，如齿轮的模数、齿数。

设计变量的数目称为优化设计的维数，若一个优化问题有 $n(n=1, 2, \cdots)$ 个设计变量，则称该问题为 n 维设计问题。设计空间的维数表征了设计的自由度，设计变量越多，设计的自由度越大，可供选择的方案越多，设计越灵活，但设计难度也越大，设计越复杂。一般地，设计变量 $n=2\sim10$ 的问题称为小型设计问题，$n=10\sim50$ 的问题称为中型设计问题，$n>50$ 的问题称为大型设计问题。

2) 目标函数

目标函数是设计中预期要达到的目标，可以表达为各设计变量的函数表达式

$$\min f(X), \quad X \in \Omega \subset E^n$$

式中：Ω 为可行域。

在最优化设计中，可将所追求的设计目标(最优指标)用设计变量的函数形式表达出来，这一过程称为建立目标函数。

目标函数作为评价方案的一个标准，有时不一定具有明显的物理意义和量纲，只是设计指标的一个代表值。

3) 约束函数

也称为约束条件。在具体实际问题中，设计变量必须遵从的一些条件称为约束条件，有不等式约束条件及等式约束条件。

不等式约束：$g_i(x) \leqslant 0, i = 1, 2, \cdots, m$

等式约束：$h_i(x) = 0, i = m+1, m+2, \cdots, p$

4) 最优化问题的数学模型

数学模型是对实际问题的特征或本质的抽象。在设计变量、目标函数及约束条件 $g_i(x) \leqslant 0, i = 1, 2, \cdots, m$ 及 $h_i(x) = 0, i = m+1, m+2, \cdots, p$ 确定的情况下，最优化问题的数学模型可用如下形式表达

$$\begin{cases} \min & f(x) \\ s.t. & g_i(x) \leqslant 0, i = 1, 2, \cdots, m \\ & h_i(x) = 0, i = m+1, m+2, \cdots, p \end{cases} \tag{5-1}$$

2. 最优化问题的分类

1) 线性规划

若 $f(x), g_i(x)(i=1,2,\cdots,m), h_i(x)(i=m+1,m+2,\cdots,p)$ 都是 x 的线性函数，则上述问题(式(5-1))称为线性规划问题，简称 LP 问题。

2) 二次规划

若 $g_i(x)(i=1,2,\cdots,m), h_i(x)(i=m+1,m+2,\cdots,p)$ 都是 x 的线性函数，而 $f(x)$ 是 x 的二次函数，则上述问题(式(5-1))称为二次规划问题，简称 QP 问题。

3) 非线性规划

若 $f(x), g_i(x)(i=1,2,\cdots,m), h_i(x)(i=m+1,m+2,\cdots,p)$ 中，至少有一个是 x 的非线性函数，则上述问题(式(5-1))称为非线性规划问题，简称 NLP 问题。

4) 多目标规划

若 $f(x)=(f_1(x),f_2(x),\cdots,f_p(x))^{\mathrm{T}}$，$p\geqslant 2$，即 $f(x)$ 是 x 的一个矢量函数，则上述问题(式(5-1))称为多目标规划问题。

3. 最优化问题的求解思路

求解优化问题有两种方法即解析法和数值迭代方法。解析法是利用数学解析方法(如微分、变分等方法)来求解。数值迭代方法是利用函数在某一局部区域的一些性质和函数值，采用某种方法逐步逼近到函数极值点的方法。优化设计中常用的优化方法大都采用数值迭代方法。

数值迭代方法的基本思想是：搜索、迭代、逼近。大致过程如下：

(1) 首先从某一初始点 $X^{(0)}$ 出发，按照某种优化方法所规定的原则，确定适当的搜索方向 $d^{(0)}$，计算最佳步长 $\alpha^{(0)}$，求目标函数的极值点，即获得一个新的设计点 $X^{(1)}$。

(2) 再从 $X^{(1)}$ 点出发，重复上述过程，获得第二个改进的设计点 $X^{(2)}$。

(3) 重复上述迭代过程，依次得到 $X^{(3)}$、$X^{(4)}$、$X^{(5)}$ $\cdots$。最终得到满足设计精度要求的逼近理论最优点的近似最优点 X^*。

写成一般形式，即

$$X^{(k+1)} = X^{(k)} + \alpha^k d^k$$

在搜索迭代过程中，由设计点 $X^{(k)}$ 按照某种优化算法确定搜索方向 d^k 后，在

$$F(X^{(k+1)}) = F(X^{(k)} + \alpha^{(k)}d^{(k)})$$

中，只有 α^k 是变量，这样就成为求函数 $\varphi(\alpha^{(k)})$ 的极值问题。待求出最佳步长 α^k 后，即可得到下一个迭代点 $X^{(k+1)}$。数值迭代方法的核心是建立搜索方向 d^k 和计算最佳步长 α^k。

由于数值迭代方法是逐步逼近理论最优点而获得近似最优点的，因此应根据终止准则来判断是否达到了足够的精度而终止迭代。迭代终止准则一般有 3 种：

(1) 当相邻两迭代点 $X^{(k)}$ 和 $X^{(k+1)}$ 的间距充分小时，终止迭代计算，即

$$\left\| X^{(k+1)} - X^{(k)} \right\| \leqslant \varepsilon \quad (\varepsilon \text{ 为迭代精度})$$

(2) 当相邻两迭代点的目标函数值的下降量或相对下降量已经充分小时，则终止迭代，即

$$|F(X^{(k+1)}) - F(X^{(k)})| \leqslant \varepsilon \text{ 或 } \frac{|F(X^{(k+1)}) - F(X^{(k)})|}{|F(X^{(k)})|} \leqslant \varepsilon$$

(3) 当目标函数在迭代点的梯度已达到充分小时，终止迭代，即

$$\| \nabla f(X^{(k)}) \| \leqslant \varepsilon$$

5.1.2 MATLAB 优化工具箱常用函数

1. 最小化函数(表 5-1)

表 5-1 最小化函数

序号	求解的问题	MATLAB 优化工具箱的函数
1	线性规划问题	linprog
2	二次规划问题	quadprog
3	无约束非线性规划问题	fminsearch, fminunc
4	有约束最优化问题	fminbnd, fsemcnf
5	有约束非线性最小化问题	fmincon
6	最大最小化问题	fminimax
7	多目标规划的优化问题	fgoalattain
8	半无限(半无穷条件)问题的极小值	fseminf

2. 方程求解函数(表 5-2)

表 5-2 方程求解函数

序号	求解的问题	MATLAB 优化工具箱的函数
1	线性方程求解	\
2	非线性方程求解	fsolve
3	标量非线性方程求解	fzero

3. 最小二乘函数(表 5-3)

表 5-3 最小二乘函数

序号	求解的问题	MATLAB 优化工具箱的函数
1	线性最小二乘(平方)问题	\
2	有约束线性最小二乘(平方)问题	lsqlin
3	非线性曲线拟合问题	lsqcurvefit
4	非线性最小二乘(平方)问题	lsqnonlin
5	非负线性最小二乘(平方)问题	lsqnonneg

4. 插值函数(表 5-4)

表 5-4　插值函数

序号	求解的问题	MATLAB 优化工具箱的函数
1	4 点内插值估计极大值	cubic
2	2 点内插值和梯度估计极小值	cubici1
3	3 点内插值和 1 梯度	cubici2
4	2 点内插值和梯度估计步长和极小值	cubici3
5	3 点内插值估计极大值	quad2
6	3 点内插值估计极小值	quadinter

5.2　无约束最优化问题

所谓无约束最优化问题是对指设计变量的取值范围不加任何限制，其数学模型为

$$\min f(X)，\quad X \in R^n$$

无约束最优化问题的基本思想是从选定的某一初始点 $X(0)$ 出发，沿着按一定规律的搜索方向 d^k 寻求使函数值下降的新迭代点，使得 $X^{(k+)} = X^{(k)} + \alpha^{(k)} d^{(k)}$，且满足关系 $f(X^{(k+1)}) < f(X^{(k)})$。随着迭代次数 k 的不断增加，无约束最优化问题将逐步逼近最优点。

各种无约束最优化方法的区别主要在于搜索方法的不同。无约束最优化问题的求解方法大致分为直接解法和间接解法两类。直接解法中只用到函数 $f(X)$，而不用其导数；间接解法除用到函数 $f(X)$ 外，可能还会用到一阶导数或二阶导数。

实际工程问题中，无约束最优化问题比较少见，但无约束最优化方法却是求解有约束最优化问题的基础，此外，有些问题则是通过约束条件的处理而转化为无约束最优化问题来求解的。由此可见，无约束最优化方法是最优化方法的基本方法。

5.2.1　单变量最小化问题

1. 基本数学原理

单变量最小化问题即一维搜索问题，是多变量优化方法的基础，在某些简单情况下也可以直接求解实际问题。

该问题的数学模型是：

$$\min f(x)，\quad x_1 < x < x_2$$

式中：x_1，x，x_2 为标量；$f(x)$ 为函数，返回标量。

该问题的求解思想是一维迭代搜索。

求解单变量最优化问题的方法按是否需要求导，可分为两类，即直接法和间接法。直接法不需要对目标函数求导，间接法则需要对目标函数求导。

1) 直接法

主要有消去法和近似法两种。

(1) 消去法：消去法的基本思想是利用单峰函数具有的消去性质进行反复迭代，首先在初始单峰区间中求解单峰函数的极小点，然后将初始单峰区间逐步缩小，直至极小点存在的范围小于给定的一个正数 ε，ε 称为收敛精度或迭代精度，逐渐消去不包含极小点的区间，缩小搜索区间，直到搜索区间缩小到给定的允许精度为止。

最常用的消去法是黄金分割法(Golden Section Search)，其基本思想是通过对黄金分割点函数值的计算和比较，将区间逐次缩短，其缩短系数为 $\lambda = 0.618$。具体做法是在单峰区间内适当插入两点，将区间分为三段，然后通过比较这两点函数值的大小来确定是删去左段还是右段，或同时删去左右两端保留中间段。重复该过程使区间无限缩小，当区间缩短到预定精度范围时，即可获得近似最优解。由于插入点放在区间的黄金分割点及其对称点上，所以称为黄金分割法。该方法的优点是算法简单、不需要求导数，对连续和非连续函数均能获得较好的效果，适用范围广，稳定性好，但效率较低。

(2) 多项式近似法：该方法用于目标函数比较复杂的情况，其基本思想是首先寻找一个近似函数替代目标函数，并用近似函数的极小点作为原函数极小点的近似点。

常用的近似函数为二次或三次多项式。二次多项式近似法可看做如下拟合问题

$$m_q(\alpha) = a\alpha^2 + b\alpha + c$$

其中步长极值为

$$\alpha^* = \frac{-b}{2a}$$

利用三个梯度或函数方程组来确定系数 a 和 b，从而确定 α^*，并缩小搜索区间。在缩短的新区间中，重新安排三点来求出下一次的近似极小点 α^*，如此迭代下去，直到满足终止条件为止。迭代公式为

$$x_{k+1} = \frac{1}{2}\frac{\beta_{23}f(x_1) + \beta_{31}f(x_2) + \beta_{12}f(x_3)}{2\gamma_{23}f(x_1) + \gamma_{31}f(x_2) + \gamma_{12}f(x_3)}$$

式中

$$\beta_{ij} = x_i^2 - x_j^2, \quad \gamma_{ij} = x_i - x_j$$

二次插值法的计算速度比黄金分割法快，但对于一些特殊的强烈扭曲或多峰曲线，其收敛速度反而会变慢，甚至失败。

2) 间接法

间接法需要计算目标函数的导数，但计算速度快。最常见的方法是牛顿切线法、对分法、割线法、三次插值多项式近似法等。优化工具箱中用的较多的是三次插值法。

三次插值法的迭代基本思想是：用 4 个已知点构造一个三次多项式 $p_3(x)$，用它来逼近函数 $f(x)$，以 $p_3(x)$ 的极小点作为函数 $f(x)$ 的近似极小点。一般情况下，三次插值法比二次插值法收敛速度要快些，但每次迭代需要计算两个导数值。

三次插值法的迭代公式是

$$x_{k+1} = x_2 - (x_2 - x_1)\frac{\nabla f(x_2) + \beta_2 - \beta_1}{\nabla f(x_2) - \nabla f(x_1) + 2\beta_2}$$

式中

$$\beta_1 = \nabla f(x_1) + \nabla f(x_2) - 3\frac{f(x_1) - f(x_2)}{x_1 - x_2}, \quad \beta_2 = (\beta_1^2 - \nabla f(x_1)\nabla f(x_2))^{1/2}$$

如果函数的导数容易求得，应首选三次插值法，因为它有较高的收敛效率。若只需计算函数值，则首选二次插值法，尤其是极小点所在区间较小时更应如此。对一般情况，应首选黄金分割法，因为其算法十分稳定。MATLAB 优化工具箱中使用较多的是二次插值法、三次插值法、二次、三次混合插值法和黄金分割法。

2. 函数 fminbnd 简介

函数功能： 在固定区间内寻求单变量函数的最小值。

使用方法：

(1) x=fminbnd(fun，x1，x2)

返回区间[x1，x2]上标量函数 fun 的最小值。

(2) x=fminbnd(fun，x1，x2，option)

用 option 参数指定的优化参数进行最小化计算。

(3) x=fminbnd(fun，x1，x2，option，p1，p2…)

提供参数 p1，p2…，传递给目标函数 fun。如果没有设置 option 选项，则令 option=[]。

(4) [x，fval]= fminbnd(…)

返回解 x 处目标函数的值。

(5) [x，fval，exitflag]=fminbnd(…)

返回 exitflag 值描述 fminbnd 函数的退出条件。

(6) [x，fval，exitflag，output]= fminbnd(…)

返回包含优化信息的结构输出。

参数描述：

(1) fun：需要最小化的目标函数。该函数需要输入标量参数 x，返回 x 处的目标函数值 f。

(2) option：优化参数选项。常用的有以下几个选项：

Display：显示的方式。选择"off"，则不显示输出；选择"Iter"则显示每一步迭代过程的值；选择"final"则仅显示最终结果。

MaxFunEvals：函数评价的最大允许次数。

MaxIter：最大允许迭代次数。

TolX：x 处的最终容限。

(3) exitflag：描述退出条件，有以下几种选择：

>0：表示目标函数收敛于解 x 处。

0：表示已经达到函数评价或迭代的最大次数。

<0：表示目标函数不收敛。

(4) output：输出控制参数。有下列优化选项：

output.iterations：迭代次数。

output.algorithm：所采用的算法。

output.funcCount：函数评价次数。

局限性：

(1) 目标函数必须是连续的。

(2) fminbnd 函数只能给出局部最优解。

(3) 当问题的解处于区间边界上时，fminbnd 函数的收敛速度通常很慢；此时用函数 fmincon 的计算速度则很快，计算精度也很高。

(4) fminbnd 函数值适用于实数变量。

3. 应用举例

[例 5-1]　求区间$[0, 2\pi]$上函数 $\sin(x)$的最小值。

```
>> x=fminbnd(@sin, 0, 2*pi)
x =
    4.7124
>> sin(x)
ans =
    -1.0000
```

[例 5-2]　求区间$[0，5]$上函数 $f(x)=(x-3)^2-1$ 的最小值。

编写的 M 函数文件 L0502.m 如下：

```
function f=L0502(x)
f=(x-3).^2-1;
>> x=fminbnd(@L0502, 0, 5)
x =
     3
>> L0502(x)
ans =
    -1
```

[例 5-3] 对边长为 5m 的正方形铁板，在四个角处剪去相等的正方形，焊成无盖水箱，问如何剪法可使水箱容积最大？

假设剪去的正方形边长为 x，则水箱容积为

$$f(x)=(5-2x)^2 x，\quad 0<x<2.5$$

该问题是求在区间$[0，2.5]$上确定一个 x，使得 $f(x)$ 最大化。将问题转化为 $g(x)=-f(x)$，则求函数 $g(x)$的最小化即可。

编写的 M 函数文件 L0503.m 如下：

```
function g=L0503(x)
g=-(5-2*x).^2*x;
>>x =fminbnd(@L0503, 0, 2.5)
x =
    0.8333                    %剪去的正方形边长
>> y=-L0503(x)
y =
    9.2593                    %水箱最大容积
```

5.2.2 无约束非线性规划问题

1. 基本数学原理

工程中常见的参数反演问题，其实质就是无约束非线性规划问题。此外，许多约束最优化问题，都可以转化为无约束最优化问题求解。

求解无约束最优化问题的方法主要有两类：直接搜索法(Search Method)和梯度法(Gradient Method)。

直接搜索法适用于目标函数高度非线性，没有导数或导数很难计算的情况，由于实际工程中很多问题都是非线性的，因此直接搜索法是一种非常有效的搜索方法。最常用的直接搜索方法为单纯形法，此外 Hooke-Jeeves 搜索法、Pavell 共轭方向法等也较常用。

梯度法要求函数的导数可求，该方法利用函数的梯度(一阶导数)和 Hessian 矩阵(二阶导数)构造算法，可以获得更快的收敛速度。所以说，如果函数导数可求，则梯度法是一种更优的方法。函数 $f(x)$ 的负梯度方向 $-\nabla f(x)$ 反映了函数的最大下降方向，若搜索方向取为负梯度方向，则称为最速下降法。最速下降法对一些特殊函数(如有一个狭长的谷形值域的函数)效率很低。常见的梯度法有最速下降法、Newton 法、Marquart 法、共轭梯度法和拟牛顿法(Quasi-Newton method)等。

梯度法的诸方法中，拟牛顿法应用最广，该方法在每次迭代过程中建立曲率信息，构成如下所示的二次模型问题

$$\min \frac{1}{2} X^{\mathrm{T}} H X + C^{\mathrm{T}} X + b$$

式中：Hessian 矩阵 H 为一正定对称矩阵，C 为常数矢量，b 为常数。对 x 求偏导可获得问题的最优解

$$\nabla f(x^{*}) = H^{*} x + C = 0$$

解 x^* 为 $x^{*} = -H^{-1} C$

拟牛顿法求解包括如下两个阶段：

1) 确定搜索方向

拟牛顿法通过建立一个 Hessian 矩阵的近似矩阵来确定搜索方向，避开了大量的 Hessian 矩阵计算，从而具有较高的效率。

在优化工具箱中，通过将 option 参数 HessUpdate 设置为 BFGS 或 DFP 来确定搜索方向。当 Hessian 矩阵 H 始终保持正定时，搜索方向就保持为下降方向。

求解 Hessian 矩阵的方法很多，对于一般问题，Broyden，Hetcher，Goldfarb 和 Shanno 的方法(简称为 BFGS 法)是最有效的。BFGS 法的计算公式为

$$H_{k+1} = H_k + \frac{q_k q_k^{\mathrm{T}}}{q_k^{\mathrm{T}} s_k} - \frac{H_k^{\mathrm{T}} S_k^{\mathrm{T}} S_k H_k}{S_k^{\mathrm{T}} H_k S_k}$$

式中

$$S_k = x_{k+1} - x_k, \quad q_k = \nabla f(x_{k+1}) - \nabla f(x_k)$$

作为初值，H_0 可设为任意对称正定矩阵。

另外一个有名的构造近似 Hessian 矩阵的方法是 DFP(Daridon-Fletch-Powerll)方法，该方法的计算公式与 BFGS 方法的形式一样，只是用 q_k 替代 s_k。

2) 一维搜索

优化工具箱中有两套方案用于一维搜索。当梯度值可以直接得到时，用三次插值法进行一维搜索；当梯度值不能直接得到时，采用二次、三次混合插值法。

2. 函数 fminunc 简介

函数功能：求多变量无约束函数的最小值。

数学模型：$\min\limits_{x} f(x)$，式中，x 为一矢量，$f(x)$ 为一函数，返回标量。

调用格式：

(1) x=fminunc(fun，x0)

x0 为初值，可以是标量、矢量或矩阵，求函数 fun 的局部极小点 x。

(2) x=fminunc(fun，x0，options)

用 options 参数中指定的优化参数进行优化。

(3) x=fminunc(fun，x0，options，p1，p2，…)

将问题的参数 p1，p2，…等直接输入给目标函数 fun，也可以将 options 的参数置为空，作为 options 的默认参数。

(4) [x，fval]= fminunc(…)

将解 x 处目标函数的值返回到参数 fval 中。

(5) [x，fval，exitflag]= fminunc(…)

返回 exitflag 值，描述函数的输出条件。

(6) [x，fval，exitflag，output]= fminunc(…)

返回包含优化信息的结构输出。

(7) [x，fval，exitflag，output，grad]= fminunc(…)

将解 x 处目标函数的梯度值返回到 grad 参数中。

(8) [x，fval，exitflag，output，grad，hessain]= fminunc(…)

将解 x 处目标函数的 Hessain 矩阵信息返回到 hessain 中。

参数描述：

(1) exitflag：描述退出条件。

exitflag>0：表示目标函数收敛于解 x 处。

exitflag=0：表示已经达到函数评价或迭代的最大次数。

exitflag<0：表示目标函数不收敛。

(2) output：描述优化信息。

output.iterations：迭代次数。

output.algorithm：所采用的算法。

output.funcCount：函数评价次数。

output.cgiterations：PCG 迭代次数(只适用于大型问题)。

output.stepsize：最终步长大小(只适用于中型问题)。

output.firstorderopt：一阶优化的度量(解 x 处的范数)

(3) options：优化参数选项。其中有的参数适合所有的优化算法，有的则仅适合于大型或中型算法。

3. 应用举例

[例 5-4]　求函数 $f(x) = 5x_1^2 - 2x_1x_2 + 2x_2^2$ 在[1，1]附近的最小值及对应的函数值。

首先创建函数 M 文件(L0504.m)如下：

```
function f=L0504(x)
f=5*x(1)^2-2*x(1)*x(2)+2*x(2)^2;
```

然后调用 fminunc 函数在命令窗口求[1，1]附近函数的最小值。

```
x0=[1, 1];
[x, fval]=fminunc(@L0504, x0)
```

经过多次迭代后，返回解 x 及 x 处的函数值 fval。

```
x =
   1.0e-007*
     -0.0859    -0.1828
fval =
   7.2297e-016
```

若采用提供梯度 g 最小化函数，修改 L0504.m 如下(假定为 L0504A.m)：

```
function f=L0504A(x)
f=5*x(1)^2-2*x(1)*x(2)+2*x(2)^2;
if nargout>1
    g(1)=6*x(1)+2*x(2);          %提供的梯度
    g(2)=2*x(1)+2*x(2);          %提供的梯度
end
```

在命令行输入：

```
options=optimset('GradObj', 'on');
x0=[1, 1];
[x, fval]=fminunc(@L0504A, x0)
```

运行结果如下：

```
x =
  1.0e-007 *
    -0.0859   -0.1828
fval =
  7.2297e-016
```

5.3 有约束最优化问题

5.3.1 线性规划问题

1. 基本数学原理

线性规划是处理线性目标函数和线性约束的一种较为成熟的方法，目前已广泛应用到军事、经济、工业、农业、教育、商业和社会科学等许多行业。

线性规划问题的标准形式是

$$
\begin{cases}
\min z = c_1 x_1 + c_2 x_2 + \ldots + c_n x_n \\
a_{11} x_1 + a_{12} x_2 + \ldots + a_{1n} x_n = b_1 \\
a_{21} x_1 + a_{22} x_2 + \ldots + a_{2n} x_n = b_2 \\
\quad\vdots \\
a_{m1} x_1 + a_{m2} x_2 + \cdots + a_{mn} x_n = b_m \\
x_1, x_2, \cdots x_n \geqslant 0
\end{cases}
\quad\text{或}\quad
\begin{cases}
\min z = \sum_{j=1}^{n} c_j x_j \\
\sum_{j=1}^{n} a_{ij} x_j = b_i, i = 1, 2, \cdots, m \\
x_j \geqslant 0, j = 1, 2, \cdots, n
\end{cases}
$$

写成矩阵形式就是

$$
\begin{cases}
\min z = CX \\
AX = b \\
X \geqslant 0
\end{cases}
$$

式中：b 为 n 维列矢量。

线性规划的标准形式要求目标函数最小化，约束条件取等式，变量非负。若不符合条件，应先转化成标准形。

线性规划的求解方法主要是单纯形法(Simple Method)，由 Dantzig 于 1947 年提出，后经多次改进，单纯形法是求解线性规划的一种非常有效的算法，不仅是求解线性规划的基本方法，也是许多非线性规划算法的基础。单纯形法是一种迭代算法，它从所有基本可行解的一个较小部分中通过多次迭代选出最优解。其迭代过程可描述为：

(1) 将线性规划转换成典范形式，从而得到一个初始基本可行解 $x^{(0)}$(初始顶点)，将其作为迭代过程的出发点，目标值为 $z(x^{(0)})$。

(2) 寻找一个基本可行解 $x^{(1)}$，使得 $z(x^{(1)}) \leqslant z(x^{(0)})$。方法是通过消去法将产生的 $x^{(0)}$ 的典范形式转化为产生 $x^{(1)}$ 的典范形式；

(3) 继续寻找较好的基本可行解 $x^{(2)}, x^{(3)}, \cdots$，使目标函数值不断改进，即 $z(x^{(1)}) \geqslant z(x^{(2)}) \geqslant z(x^{(3)}) \geqslant \cdots$。当某个基本可行解再也不能被其它基本可行解改进时，它就是所求的最优解。

2. 函数 linprog 简介

函数功能：求解线性规划问题。

数学模型：$\min f^T x$，$A \cdot x = b$，$Aeq \cdot x = beq$，$lb \leqslant u \leqslant ub$。

156

其中，*f*，*x*，*b*，*beq*，*lb* 和 *ub* 为矢量，*A* 和 *Aeq* 为矩阵。

使用方法：

(1) linprog(f，A，b)

求解问题 $\min f'x$，约束条件为 A*x<=b。

(2) linprog(f，A，b，Aeq，beq)

求解上述问题，但增加等式约束，即 Aeq*x=beq。若没有不等式存在，则令 A=[ ]，b=[ ]。

(3) linprog(f，A，b，Aeq，beq，lb，ub)

定义变量 *x* 的下界 lb 和上界 ub，使得 *x* 始终在该范围内。若没有等式约束，则令 Aeq=[ ]，beq=[ ]

(4) linprog(f，A，b，Aeq，beq，lb，ub，x0)

设置初始值为 x_0，该选项只适用于中型问题，对默认的大型问题将忽略算法初值。

(5) linprog(f，A，b，Aeq，beq，lb，ub，x0，options)

用 options 指定的优化参数进行最小化计算。

(6) [x，fval]=linprog(…)

返回解 *x* 处的目标函数值 fval。

(7) [x，fval，exitflag]=linprog(…)

返回 exitflag 值，描述函数的退出条件。

(8) [x，fval，exitflag，output]=linprog(…)

返回包含优化信息的输出变量 output。

(9) [x，fval，exitflag，output，lambda]=linprog(…)

将解 *x* 处的拉格朗日乘子返回到 lambda 参数中。

参数说明：

lambda 参数：解 *x* 处的拉格朗日乘子，有下述属性：

lambda.lower：lambda 的下界。

lambda.upper：lambda 的上界。

lambda.ineqlin：lambda 的线性不等式。

lambda. Eqlin：lambda 的线性等式。

3. 应用举例

[例 5-5]　求解下列规划问题：

$$f(x) = -3x_1 - 4x_2 - 5x_3 - 6x_4$$

约束条件：

$$\begin{cases} x_1 - x_2 + 2x_3 - x_4 \leqslant 50 \\ 3x_2 + 4x_3 - x_4 \leqslant 45 \\ 3x_1 + 4x_3 + x_4 \leqslant 35 \\ x_1 + 2x_2 + 3x_4 \leqslant 30 \\ x_1 \geqslant 0, x_2 \geqslant 0, x_3 \geqslant 0, x_4 \geqslant 0 \end{cases}$$

编写的 M 文件 L0505.m 如下：

```
f=[-3; -4; -5; -6];                          %目标函数
A=[1 -1 2 -1; 0 3 4 -1; 3 0 4 1; 1 2 0 3];    %约束条件
b=[50; 45; 35; 30];                          %约束条件
lb=zeros(3, 1);
[x, fval, exitflag, output, lambda]=linprog(f, A, b, [], [], lb)
```

然后在 MATLAB 命令窗口运行：L0505

结果如下：

```
> L0505
Optimization terminated successfully.
x =
    0.0000
    6.9231
    7.4038
    5.3846
fval =
  -97.0192
exitflag =
    1                      %正常退出
output =
      iterations: 6
       algorithm: 'large-scale: interior point'
     cgiterations: 0
        message: 'Optimization terminated.'
lambda =
    ineqlin: [4x1 double]
     eqlin: [0x1 double]
     upper: [4x1 double]
     lower: [4x1 double]
>> lambda.ineqlin
ans =
    0.0000
    0.1923        %第二个不等式约束为主动约束
    1.0577        %第三个不等式约束为主动约束
    1.7115        %第四个不等式约束为主动约束
>> lambda.lower
ans =
    1.8846        %第一个下界约束是主动约束
    0.0000
```

158

```
       0.0000
           0
```

[例 5-6]　生产决策问题。

某厂生产甲乙两种产品，已知制成 1 吨甲产品需用 A 资源 3 吨、B 资源 0.5 吨、C 资源 $4m^3$；制成 1 吨乙产品需用 A 资源 2 吨，B 资源 2 吨、C 资源 $2m^3$，D 资源 5 个单位。若 1 吨产品甲和乙的经济价值分别为 12 万元和 9 万元，三种资源的限制量分别为 110 吨、90 吨、180 m^3 和 110 个单位，试决定应生产这两种产品各多少吨才能使创造的总价值最高？

假定生产甲产品数量为 x_1 吨，生产乙产品的数量为 x_2 吨，可得如下模型：

$$\begin{cases} \max z = 12x_1 + 9x_2 \\ 3x_1 + 2x_2 \leqslant 110 \\ 0.5x_1 + 2x_2 \leqslant 90 \\ 4x_1 + 2x_2 \leqslant 180 \\ 5x_2 \leqslant 110 \\ x_1 \geqslant 0, x_2 \geqslant 0 \end{cases}$$

将最大化函数转为最小化：

$$\min z = -12x_1 - 9x_2$$

编写的 M 文件 L0506.m 如下：

```
f=[-12; -9];
A=[3  2; 0.5  2; 4  2; 0  5];
b=[110; 90; 180;110];
lb=zeros(2, 1);
[x, favl, exitflag, output, lambda]=linprog(f, A, b, [], [], lb)
```

运行结果如下：

```
>> L0506
Optimization terminated successfully.
x =
        22.0000
        22.0000
favl =
        -462.0000
exitflag =
             1
output =
        iterations: 5
        cgiterations: 0
        algorithm: 'lipsol'
lambda =
```

159

```
ineqlin: [4x1 double]
eqlin: [0x1 double]
upper: [2x1 double]
lower: [2x1 double]
```

计算正常退出。结果显示，生产甲、乙产品各 22 吨，将获得总价值 462 万元。

[例 5-7]　投资问题。

某单位有一批资金拟用于 5 个项目的投资，用于各项目时所得到的净收益(投入资金的百分比)如表 5-5 所列。

表 5-5　工程项目及收益资料

工程项目	A	B	C	D	E
收益/%	15	12	11	10	13

由于某种原因，决定用于项目 A 的投资不大于其它各项投资之和；而用于项目 B 和 C 的投资要大于项目 E 的投资，并且项目 D 必须占总投资的 15% 以上。试确定使该单位收益最大的投资分配方案。

用 x_1、x_2、x_3、x_4、x_5 分别代表用于项目 A、B、C、D 和 E 的投资百分数，由于各项目的投资百分数之和必须等于 100%，所以

$$x_1 + x_2 + x_3 + x_4 + x_5 = 1$$

根据题意，可建立数学模型如下：

$$\begin{cases} \max z = 0.15x_1 + 0.12x_2 + 0.11x_3 + 0.10x_4 + 0.13x_5 \\ x_1 \leqslant x_2 + x_3 + x_4 + x_5 \\ x_2 + x_3 \geqslant x_5 \\ x_4 \geqslant 0.15 \\ x_1 + x_2 + x_3 + x_4 + x_5 = 1 \\ x_j \geqslant 0, j = 1,2,\cdots,5 \end{cases}$$

将其转换为标准形式后，为

$$\begin{cases} \min z = -0.15x_1 - 0.12x_2 - 0.11x_3 - 0.10x_4 - 0.13x_5 \\ x_1 - x_2 - x_3 - x_4 - x_5 \leqslant 0 \\ -x_2 - x_3 + x_5 \leqslant 0 \\ -x_4 \leqslant -0.15 \\ x_1 + x_2 + x_3 + x_4 + x_5 = 1 \\ x_j \geqslant 0, j = 1,2,\cdots,5 \end{cases}$$

编写的 M 文件 L0507.m 如下：

```
f=[-0.15; -0.12; -0.11; -0.10;-0.13];
A=[1 -1 -1 -1 -1; 0 -1 -1 0 1; 0 0 0 -1 0];
b=[0; 0; -0.15];
Aeq=[1 1 1 1 1];
```

```
beq=[1];
lb=zeros(5, 1);
[x, fval, exitflag, output, lambda]=linprog(f, A, b, Aeq, beq, lb)
```
运行结果如下：

```
>> L0507
Optimization terminated successfully.

x =
    0.5000
    0.1750
    0.0000
    0.1500
    0.1750
fval =
   -0.1337
exitflag =
            1
output =
            iterations: 9
         cgiterations: 0
            algorithm: 'lipsol'
lambda =
    ineqlin: [3x1 double]
      eqlin: 0.1375
      upper: [5x1 double]
      lower: [5x1 double]
```

计算正常退出。由计算结果可见，5 个项目的投资分别为 50%、17.5%、0%、15%及 17.5%时该单位获得最大受益，最大收益为 13.37%。

[例 5-8] 工件加工的分配优化问题。

某车间有甲、乙、丙三台机床，可用于加工三种工件。这三台机床的可用台时数分别为 720、850 和 650，三种工件的数量分别为 340、550 和 420，且已知三种不同机床加工单位数量的不同工件所需的台时数和加工费用(表 5-6)，问怎样分配机床的加工任务，才能既满足加工工件的要求，又使总加工费用最低？

表 5-6 机床加工情况表

机床类型	单位工件所需加工台时数			单位工件的加工费用			可用台时数
	工件 1	工件 2	工件 3	工件 1	工件 2	工件 3	
甲	0.5	1.1	1.0	13	9	10	720
乙	0.5	1.2	1.3	14	12	8	850
丙	0.6	1.3	0.8	14	13	7	650

设在甲机床上加工工件 1，2 和 3 的数量分别为 x_1、x_2 和 x_3，在乙机床上加工工件 1，2 和 3 的数量分别为 x_4、x_5 和 x_6，在丙机床上加工工件 1，2 和 3 的数量分别为 x_7、x_8 和 x_9，。根据三种工种的数量限制，有

$$(\text{对工件 1}) \; x_1 + x_4 + x_7 = 340, \quad (\text{对工件 2}) \; x_2 + x_5 + x_8 = 550,$$
$$(\text{对工件 3}) \; x_3 + x_6 + x_9 = 420$$

再根据机床甲和乙的可用总台时限制，可以得到其它约束条件。以总加工费用最少为目标函数，组合约束条件，得到以下数学模型：

$$\begin{cases} \min z = 13x_1 + 9x_2 + 10x_3 + 14x_4 + 12x_5 + 8x_6 + 14x_7 + 13x_8 + 7x_9 \\ x_1 + x_4 + x_7 = 340 \\ x_2 + x_5 + x_8 = 550 \\ x_3 + x_6 + x_9 = 420 \\ 0.5x_1 + 1.1x_2 + x_3 \leqslant 720 \\ 0.5x_4 + 1.2x_5 + 1.3x_6 \leqslant 850 \\ 0.6x_7 + 1.3x_8 + 0.8x_9 \leqslant 650 \\ x_{j \geqslant 0}, j = 1, 2, \cdots, 9 \end{cases}$$

编写 M 文件 L0508.m 如下：

```
f=[13; 9; 10; 14; 12; 8; 14; 13; 7];
A=[0.5 1.1 1 0 0 0 0 0 0; 0 0 0 0.5 1.2 1.3 0 0 0;...
    0 0 0 0 0 0 0.6 1.3 0.8];
b=[720; 850; 650];
Aeq=[1 0 0 1 0 0 1 0 0;0 1 0 0 1 0 0 1 0;...
    0 0 1 0 0 1 0 0 1];
beq=[340; 550; 420];
lb=zeros(9, 1);
[x, fval, exitflag, output, lambda]=linprog(f, A, b, Aeq, beq, lb)
```

执行结果如下：

```
>> L0508
Optimization terminated successfully.
x =
  230.0000
  550.0000
    0.0000
   55.7150
    0.0000
    0.0000
   54.2850
    0.0000
  420.0000
```

162

```
fval =
    1.2420e+004
exitflag =
    1
output =
    iterations: 6
    cgiterations: 0
    algorithm: 'lipsol'
lambda =
    ineqlin: [3x1 double]
    eqlin: [3x1 double]
    upper: [9x1 double]
    lower: [9x1 double]
```

计算正常退出。结果显示，在甲机床上加工 230 个工件 1，550 个工件 2；在乙机床上加工 56 个工件 1；在丙机床上加工 54 个工件 1，420 个工件 3。可在满足条件的情况下使总加工费最小为 12420 元。

[例 5-9]　生产计划的最优化问题。

某工厂生产 A 和 B 两种产品，它们需要经过三种设备的加工，工时如表 5-7 所列。设备一、二、三每天可使用的时间分别不超过 12、10 和 8 小时。产品 A 和 B 的利润随市场的需求有所波动，如果预测未来某个时期内 A 和 B 的利润分别为 4000 元/吨和 3000元/吨，问每天应安排产品 A、B 各多少吨，才能使工厂获利最大？

表 5-7　生产产品工时表

产　品	设备一	设备二	设备三
A/(小时/吨)	3	3	4
B/(小时/吨)	4	3	2
设备每天最多可工作时数/小时	12	10	8

假设每天应安排生产产品 A 和 B 分别为 x_1 和 x_2 吨，依题意可建数学模型如下：

$$\begin{cases} \max z = 4000x_1 + 3000x_2 \\ 3x_1 + 4x_2 \leqslant 12 \\ 3x_1 + 3x_2 \leqslant 10 \\ 4x_1 + 2x_2 \leqslant 8 \\ x_1 \geqslant 0, x_2 \geqslant 0 \end{cases}$$

首先将目标函数转换为标准形式：$\min z = -4000x_1 - 3000x_2$

编写 M 文件 L0509.m 如下：

```
f = [-4000; -3000];
A=[3 4; 3 3; 4 2];
b=[12;10;8];
```

163

```
lb = zeros(2, 1);
[x, fval] = linprog(f, A, b, [], [], lb)
```
运行结果如下：
```
>> L0509
Optimization terminated successfully.
x =
      0.8000
      2.4000
fval =
     -1.0400e+004
```
可见每天生产 A 产品和 B 产品分别为 0.8 吨和 2.4 吨可使工厂获得最大利润，每天最大利润为 104000 元。

[例 5-10]　生产计划问题。

有两种产品 A 和 B，需在两个车间加工处理。每件产品 A 在第一车间的处理时间为 2 小时，在第二车间处理的时间为 2.5 小时；每件产品 B 在第一车间的处理时间为 1.5 小时，在第二车间处理的时间为 1 小时。每个车间每月有 400 小时的时间可以利用。B 产品的最大市场需求量为 150 件，假定 A、B 产品的利润分别为每件 40 元和 50 元。试计算利润最大时的 A、B 产品生产量。

假定生产 A 产品的生产数量为 x_1，B 产品的生产数量为 x_2。依题意可建立目标函数和约束条件如下

$$\min f(x_1, x_2) = -40x_1 - 50x_2$$

约束条件

$$g_1 : 2x_1 + 1.5x_2 \leqslant 400$$
$$g_2 : 2.5x_1 + x_2 \leqslant 400$$
$$g_3 : x_2 \leqslant 150$$
$$(x_1 \geqslant 0, x_2 \geqslant 0)$$

不等式约束可以表示为

$$\begin{bmatrix} 2 & 1.5 \\ 2.5 & 1 \\ 0 & 1 \end{bmatrix} \begin{bmatrix} x_1 \\ x_2 \end{bmatrix} \leqslant \begin{bmatrix} 400 \\ 400 \\ 150 \end{bmatrix}$$

编写 M 文件 L0510.m 如下：
```
f = [-40; -50];
A=[2 1.5; 2.5 1; 0 1];
b=[400; 400; 150];
lb = zeros(2, 1);
[x, fval] = linprog(f, A, b, [], [], lb)
```

运行结果如下：

```
>> L0510
>> Optimization terminated successfully.
x =

    87.5000
   150.0000

fval =

  -1.1000e+004
```

即 A 产品生产 87 件，B 产品生产 150 件，可获利润约 11000 元。

5.3.2　有约束非线性最优化问题

1. 基本数学原理

有约束非线性最小化问题的数学模型是：

$$
\begin{cases}
\min_{x} f(x) \\
c(x) \leqslant 0 \\
ceq(x) = 0 \\
A \cdot x \leqslant b \\
Aeq \cdot x \leqslant beq \\
lb \leqslant x \leqslant ub
\end{cases}
$$

式中：x、b、beq、lb 和 ub 为矢量；A 和 Aeq 为矩阵；$c(x)$ 和 $ceq(x)$ 为函数，返回标量。$f(x)$、$c(x)$ 和 $ceq(x)$ 可以是非线性函数。

2. 函数 fmincon 简介

功能： 求解多变量有约束非线性函数的最小值。

使用格式：

(1) x=fmincon(fun，x0，A，b)

给定初值 x_0，求解函数 fun 的极小值 x。函数 fun 的约束条件为：A*x<=b，x_0 可以是标量、矢量或矩阵。

(2) x=fmincon(fun，x0，A，b，Aeq，beq)

最小化函数 fun 的约束条件是：Aeq*x=beq 和 A*x<=b。若不存在不等式，则设置 A=[]，b=[]。

(3) x=fmincon(fun，x0，A，b，Aeq，beq，lb，ub)

定义设计变量 x 的下界 lb 和上界，使得 lb<=x<=ub。若无等式，则设置 Aeq=[]，beq=[]。

(4) x=fmincon(fun，x0，A，b，Aeq，beq，lb，ub，nonlcon)

在 nonlcon 参数中提供非线性不等式 $c(x)$ 或等式 $ceq(x)$。函数求 c(x)<=0 且 ceq(x)=0。当无边界存在时，令 lb=[] 和/或 ub=[]。

(5) x=fmincon(fun，x0，A，b，Aeq，beq，lb，ub，nonlcon，options)

用 options 指定的参数进行最小化。

(6) x=fmincon(fun，x0，A，b，Aeq，beq，lb，ub，nonlcon，options，p1，p2，…)

将问题参数 p1，p2，…等直接传递给函数 fun 和 nonlin。若不需要这些变量，则传递空矩阵到 A，b，Aeq，beq，lb，ub，nonlcon 和 options。

(7) [x，fval]=fmincon(…)

返回解 x 处的目标函数值。

(8) [x，fval，exitflag]=fmincon(…)

返回 exitflag 参数，描述函数计算的退出条件。

(9) [x，fval，exitflag，output]=fmincon(…)

返回包含优化信息的输出参数 output。

(10) [x，fval，exitflag，output，lambda]=fmincon(…)

返回解 x 处包含拉格朗日乘子的 lambda 参数。

(11) [x，fval，exitflag，output，lambda，grad]=fmincon(…)

返回解 x 处 fun 函数的梯度。

(12) [x，fval，exitflag，output，lambda，grad，hession]=fmincon(…)

返回解 x 处 fun 函数的 hession 矩阵。

注意：

(1) nonlcon 参数用于计算非线性不等式约束 $c(x)<=0$ 和非线性等式约束 $ceq(x)=0$。该参数是一个包含函数名的字符串，可以是 M 文件、内部文件或 mex 文件。(2)要求输入一个矢量 x，返回两个矢量——解 x 处的非线性不等式矢量 c 和非线性等式矢量 ceq。

3. 应用举例

[例 5-11]　动力头优化设计问题。

解决土层锚固技术的关键技术设备是锚杆钻机。而动力头则是锚机的关键部件，要求重量轻、传动平稳。较为成熟的动力头结构布局有三种方案，如图 5-1 所示。图中，i 表示与马达相联的输入端短轴，o 表示与动力头相联的输出端长轴。

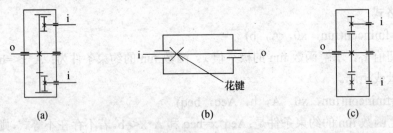

图 5-1　锚机动力头常用结构布局

图 5-1(a)所示为双马达驱动、空心输出轴、齿轮内啮合传动方案。采用内啮合齿轮传动可使箱体的体积减小，但同时大齿轮的外径和齿宽也加大了，而且内啮合齿轮的加工工艺比外啮合齿轮加工复杂。

图 5-1(b)所示为单马达驱动、实心轴输出方案，这一方案实心轴重量大，因为没有减速机构，只能采用大扭矩低速液压马达，而且马达转速低重量大，这对传动平稳性和减重是不利的。

图 5-1(c)所示为双马达驱动、空心输出轴、齿轮外啮合传动方案，双马达驱动可以改

善动力头传动的平稳性、减小冲击力；空心输出轴一方面可以减小重量，另一方面对在输出轴上安装液压凿岩机有利；但齿轮外啮合使箱体体积较大。

可以看出，图 5-1(c)比较合理成熟，这里选定该方案进行设计，并通过优化各零件的尺寸达到减重目的。

图 5-2 是优化并制造出的动力头外形。

图 5-2　动力头外形

1) 已知条件

动力头要求配对齿轮的输出扭矩大于 4800N·m，选定传动比 i =10，因此可求得其输入扭矩 T=4800/2i =240 N·m。系统的布局及齿轮结构如图 5-3 所示。

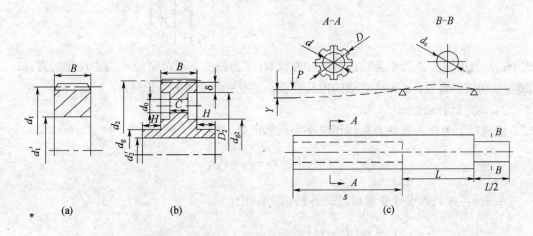

图 5-3　动力头的齿轮结构

(a) 小齿轮结构；(b) 大齿轮结构；(c) 被冲击输出轴。

2) 确定设计变量

如图所示，动力头的体积主要决定于箱体内齿轮和轴的尺寸，由于零件材料相同，以重量为目标的优化设计。根据齿轮几何尺寸及结构的计算公式，计算该动力头的近似体积 V 为

$$d_1 = mZ_1, \quad d_2 = mZ_2, \quad \delta = 5\,\mathrm{mm}, \quad d_{g_2} = 1.6d_2'$$

$$D_2' = mZ_2 - 10m, \quad d_o = 0.25\left(D_2' - d_{g_2}\right), \quad c = 0.2B$$

由此得：

$$V_1 = \frac{\pi}{4}\left(d_1^2 - d_1'^2\right)B$$

$$V_2 = \frac{\pi}{4}\left(d_2^2 - d_2'^2\right)B$$

$$V_3 = \frac{\pi}{4}\left(D_2'^2 - d_{g_2}^2\right)(B - c) + \frac{\pi}{4}d_o^2 c \cdot 8$$

$$V_4 = \frac{\pi}{4}d_2'^2(l + a') - \frac{\pi}{4}d^2(l + a')$$

动力头总体积为

$$V = 2V_1 + V_2 - V_3 + V_4 = f\left(B, Z_1, m, l, d_1', d_2', d, a'\right)$$

由上可知，动力头优化设计的变量可取为(近似取大小齿轮齿宽相等 $b_1 = b_2 = B$)

$$\boldsymbol{X} = \left(x_1, x_2, x_3, x_4, x_5, x_6, x_7, x_8\right)^{\mathrm{T}} = \begin{bmatrix} x_1 \\ x_2 \\ x_3 \\ x_4 \\ x_5 \\ x_6 \\ x_7 \\ x_8 \end{bmatrix} = \begin{bmatrix} B \\ Z_1 \\ m \\ l \\ d_1' \\ d_2' \\ d \\ a' \end{bmatrix}$$

式中：B 为齿宽；Z_1 为小齿轮齿数；m 为模数；l 为轴的支承跨距；d_1 为主动轴的直径；d_2 为从动轴的直径；d 为从动轴的内孔直径；a 为从动轴伸出端长度。

3) 确定目标函数

通过以上分析，取动力头体积最小为目标函数，得

$$V = 2V_1 + V_2 - V_3 + V_4$$

令 $pi = \frac{\pi}{4}$，代入设计变量后，得各表达式如下：

$$V_1 = pi\left(d_1^2 - x_5^2\right)x_1$$

$$V_2 = pi\left(d_2^2 - x_6^2\right)x_1$$

$$V_3 = pi\left(D_2'^2 - d_{g_2}^2\right)(x_1 - c) + pi\, d_o^2 c \cdot 8$$

$$V_4 = pi \cdot x_6^2(x_4 + x_8) - pi \cdot d^2(x_4 + x_8)$$

4) 确定约束条件

(1) 为了提高传动平稳性，减小冲击振动，并且避免根切，取 $\alpha = 20°$ 的标准圆柱齿轮，$Z \geqslant 17$，有

168

$$g(1)=17-x(2)\leqslant 0$$

(2) 为了保证齿轮承载能力同时又避免载荷沿齿宽分布不均,要求齿宽系数 $\varPhi=b/m$ 满足 $B\leqslant b/m\leqslant 25$,有

$$g(2)=x(1)/x(3)-25\leqslant 0,\ g(3)=8-x(1)/x(3)\leqslant 0$$

(3) 对于传递动力的齿轮,模数应不小于 2mm,且取标准系列值,有

$$g(4)=2-x(3)\leqslant 0$$

(4) 按结构关系,轴的支承跨距应满足:$1\geqslant b+2\varDelta+0.5d(2)$,$\varDelta$ 为箱体内壁到轴中心线的距离,取 $\varDelta=10\text{mm}$,有

$$g(5)=x(1)-x(4)+0.25*x(6)+20$$

(5) 主动轴材料选用 40Cr,由结构关系和经验可得主动轴及从动轴取值范围为

$$g(6)=20-x(5)\leqslant 0,\ g(7)=x(5)-35\leqslant 0,$$

$$g(8)=150-x(6)\leqslant 0,\ g(9)=x(6)-200\leqslant 0$$

(6) 根据齿轮的接触强度弯曲强度条件,有

$$\sigma_{\text{H}}=\frac{336}{a\sqrt{\dfrac{KT'(i+1)^3}{b\cdot i}}}\leqslant[\sigma_{\text{H}}]$$

$$\sigma_{\text{F}_1}=\frac{2KT'}{bdmY_{\text{F}_1}}\leqslant\left[\sigma_{\text{F}_2}\right]$$

$$\sigma_{\text{F}_2}=\sigma_{\text{F}_1}Y_{\text{F}_1}/Y_{\text{F}_2}\leqslant\left[\sigma_{\text{F}_2}\right]$$

式中:a 为齿轮传动的标准中心距,单位为 mm,$a=\dfrac{mz(i+1)}{2}$;K 为载荷系数,取 $K=1.3$,T' 为输入扭矩,已求得 $T'=305\text{N·m}$;$[\sigma_{\text{H}}]$ 为齿轮的许用接触应力,单位为 Mpa。

$$[\sigma_{\text{H}}]\frac{K_N\cdot\sigma_{\text{lin}}}{S}=\frac{0.95\times710}{1}=674.5(\text{Mpa})$$

其中 S 为安全系数,取 $S=1$,K_N 为寿命系数,取 $K_N=0.95$,σ_{lin} 可由图表查得。$[\sigma_{\text{F}_1}]$、$[\sigma_{\text{F}_2}]$ 分别为小齿轮与大齿轮的许用弯曲应力,单位为 MPa,算法如下:其中 S 为弯曲疲劳安全系数,取 1.4,K 为弯曲疲劳寿命系数,取 0.9,σ_{FE} 由机械设计手册查得,Y_{F_1}、Y_{F_2} 分别为小齿轮、大齿轮的齿形系数,对标准齿轮,有

$$Y_{\text{F}_1}=0.169+0.006666Z_1-0.0000854Z_1^2$$

$$Y_{\text{F}_2}=0.2824+0.0003539Z_2-0.000001576Z_2^2$$

$$[\sigma_{\text{F}_1}]=\frac{\sigma_{\text{FE1}}\cdot K_{\text{FN1}}}{S}=\frac{0.88\times680}{1.4}=427.4$$

对以上公式代入进行计算及整理,得

$$g_{10}(x) = \frac{443168.7749}{x_2 x_3 \sqrt{x_1}} - 690 \leqslant 0$$

$$\sigma_{F_1} = \frac{2KT_1' \cdot Y_{Fa} \cdot Y_{Sa}}{\phi_d \cdot m^3 \cdot Z_1^2} = \frac{2KT_1' \cdot Y_{Fa} \cdot Y_{Sa}}{Bm^2 Z}$$

$$[\sigma_{F_2}] = \frac{\sigma_{FE1} \cdot K_{FN1}}{S} = \frac{0.88 \times 680}{1.4} = 47.4 \, \text{N} \cdot \text{m}$$

$$g_{11}(x) = \frac{3579919.2}{x_1 x_2 x_3^2} - 427.4 \leqslant 0$$

$$g_{12}(x) = \frac{3135363.4}{x_1 x_2 x_3^2} - 427.4 \leqslant 0$$

(7) 按主动轴的弯曲强度条件，有

$$\sigma_b = \frac{\sqrt{M^2 + (\alpha' T)^2}}{W} \leqslant [\sigma_b]$$

式中：T' 为轴所受的扭矩，即马达可提供的最大扭矩 $T' = 305 \text{N} \cdot \text{m}$，$M$ 为轴所受的弯矩。

$$M = \frac{F_n l}{4} = \frac{4T'}{100 \times \frac{1}{2} x_2 x_3 x_4 \cos\left(\frac{\pi}{9}\right)} = \frac{T'l}{2mZ_1 \cos\alpha}, \quad \left(F_n = \frac{F_t}{\cos\alpha}, \ F_t = \frac{2T'}{d_1}\right)$$

考虑到 α' 为扭矩和弯矩作用性质差异的系数，取 $\alpha' = 0.59$；$[\sigma_b]$ 为轴的许用应力，$[\sigma_b] = 75\text{MPa}$，$W$ 为轴的抗弯剖面模量，对空心轴 $W = 0.1(d_2^3 - d_o^3)$，有

$$g_{13}(x) = \frac{\sqrt{\frac{M^2}{4} + (0.58T')^2}}{0.1 x_5^3} - 70 \leqslant 0$$

$$g_{14}(x) = \frac{\sqrt{\frac{M^2}{4} + (0.58T'i)^2}}{0.1(x_6^3 - x_7^3)} - 70 \leqslant 0$$

(8) 根据主动轴弯曲强度条件，得出从动轴弯曲强度条件，得出相应约束方程为

$$g_{15}(x) = \frac{\sqrt{\frac{M^2}{4} + (0.58T')^2}}{0.1 x_6^3} - 70 \leqslant 0$$

(9) 根据轴的刚度条件，轴的最大弯曲挠度应小于许用值 $[y]$，即 $y_{max} - [y] \leqslant 0$，取 $[y] = 0.05\text{mm}$，可根据下式求得：

$$J = \frac{\pi}{64}(D^4 - d^4), \quad y = \frac{64pa'(l+a')}{3\pi E(D^4 - d^4)}$$

主轴由钢材制造，$E = 2.1 \times 10^5\,\text{kg/cm}$，将参数和数值代入，得

$$g_{16}(x) = (3.233624 \times 10^{-7}) \times \frac{30000}{48} x_8^2 \cdot \frac{x_4 + x_8}{x_6^4 - x_7^4} - 0.005 \leqslant 0$$

(10) 空心从动轴内径的大小应满足条件 $1 - \dfrac{d_2}{d} \leqslant 0$，单位 mm，有

$$g_{17}(x) = 1 - \frac{x_4}{x_7} \leqslant 0$$

(11) 考虑到小齿轮与马达相连接，因此，小齿轮的直径不宜太小，根据结构，得

$$g_{18}(x) = 50 - x_2 x_3 \leqslant 0$$

(12) 为保证空心输出轴具有足够的刚度和扭转稳定性，要求输出轴的内径与外径之比为 0.5~0.7，所以，有 $g_{19}(x) = \dfrac{x_7}{x_6} - 0.7 \leqslant 0$

(13) 从动轴伸出端长度 a' 的边界应满足 $1 - \dfrac{a'}{650} \leqslant 0$（单位 mm），有

$$g_{20}(x) = 1 - \frac{x_8}{650} \leqslant 0$$

5) 优化计算

(1) 编写目标函数 myfunction 和非线性约束函数 myfunctionb 的 M 文件：

```
function y=myfunction(x)
y=2*pi/4*(x(2)^2*x(3)^2-x(5)^2)*x(1)+pi/4*(100*x(2)^2*x(3)^2-x(6)^2)*x(1)-pi/4*((x(2)*x
    (3)-10*x(3))^2-1.6*x(6))*0.8*x(1)-0.4*x(1)*pi/4*(x(2)*x(3)-10*x(3)-1.6*x(6))+pi/4*x(6)^
    2*(x(4)+x(8))+pi/4*(x(6)^2-x(7)^2)*(x(4)+x(8)));
function [c1, c2]=myfunctionb(x);
g(1)=17-x(2);
g(2)=x(1)/x(3)-25;
g(3)=8-x(1)/x(3);
g(4)=2-x(3);
g(5)=x(1)-x(4)+0.25*x(6)+20;
g(6)=20-x(5);
g(7)=x(5)-35;
g(8)=150-x(6);
g(9)=x(6)-200;
g(10)-443168.7740/x(2)/x(3)/sqrt(x(1))-674.5;
g(11)=3579919.2/x(1)/x(2)/x(3)^2-427.4;
g(12)=3135363.4/x(1)/x(2)/x(3)^2-427.4;
```

g(13)=sqrt((305*1000*x(4)/(2*x(2)*x(3)*cos(20)))^2/4+(0.58*305*1000)^2)/(0.1*x(5)^3)…-70;

g(14)=sqrt((305*1000*x(4)/(2*x(2)*x(3)*cos(20)))^2/4+(0.58*10*305*1000)^2)/(0.1*(x(6)^3-x(7)^3))-70;

g(15)=3.233624*0.0000001*30000/48*x(8)^2*(x(4)+x(8))/(x(6)^4-x(7)^4)-0.005;

g(16)=1-x(4)/x(7);

g(17)=1-x(8)/650;

g(18)=50-x(2)*x(3);

g(19)=x(7)/x(6)-0.6;

g(20)=sqrt((305*1000*x(4)/(2*x(2)*x(3)*cos(20))^2/4+(0.58*305*1000)^2))/(0.1*x(6)^3)-70;

c1=[g(2);g(3);g(10);g(11);g(12);g(13);g(14);g(15);g(16);g(18);g(19);g(20)];

c2=0;

(2) 为方便见，将上述内容存于 L0511.m 文件中，然后在命令窗口中调用进行优化。

x0=[48 17 2 105 20 150 105 650];

a=[0 -1 0 0 0 0 0;0 0 -1 0 0 0 0;1 0 0 -4 0 0.25 0 0;0 0 0 0 -1 0 0 0;0 0 0 0 1 0 0 0;…

0 0 0 0 0 -1 0 0;0 0 0 0 0 1 0 0;0 0 0 0 0 0 0 -1/650];

b=[-17 -2 -20 -20 25 -150 200 -1];

[x, f]=fmincon('myfunction', x0, a, b, [], [], [], [], 'myfunctionb')

6) 运行结果

运行结果如下：

x =

    40.6525   20.1733   2.5678   90.0000   25.0000   150.0000   90.0000   650.0000

f =2.9418e+007

7) 确定尺寸

根据计算结果确定结构的基本参数及尺寸为：

$$i = 8，\quad Z_1 = 20，\quad m = 2.5\,\text{mm}，\quad a' = 650\,\text{mm}，\quad d_1' = 35\,\text{mm}，\quad d_2' = 150\,\text{mm}，$$

$$l = 90\,\text{mm}，\quad d = 90\,\text{mm}，\quad B = 41\,\text{mm}。$$

由此，即可进一步算得各相关结构尺寸及导出尺寸。

5.4 二次规划问题

1. 基本数学原理

如果非线性规划的目标函数为自变量的二次函数，约束条件全是线性函数，则称这种规划为二次规划。其数学模型为

$$\begin{cases} \min \dfrac{1}{2}\boldsymbol{x}^{\mathrm{T}}\boldsymbol{H}\boldsymbol{x} + \boldsymbol{f}^{\mathrm{T}}\boldsymbol{x} \\ \quad \boldsymbol{A}\cdot\boldsymbol{x} \leqslant \boldsymbol{b} \\ \quad \boldsymbol{Aeq}\cdot\boldsymbol{x} = \boldsymbol{beq} \\ \quad \boldsymbol{lb} \leqslant \boldsymbol{x} \leqslant \boldsymbol{ub} \end{cases}$$

式中：**H**(二次项的系数矩阵)、**A** 和 **Aeq** 为矩阵，**f**、**b**、**beq**、**lb**、**ub** 和 **x** 为矢量。

2. 函数 quadprog 简介

函数功能：求解二次规划问题。

使用方法：

(1) x=quadprog(H，f，A，b)

返回矢量 **x**，最小化函数 $0.5 \cdot x' \cdot H \cdot x + f' \cdot x$，约束条件为 $A \cdot x \leqslant b$，**x**'为 **x** 的转置矩阵。

(2) x=quadprog(H，f，A，b，Aeq，beq)

增加等式约束条件 $Aeq \cdot x = beq$。

(3) x=quadprog(H，f，A，b，lb，ub)

定义设计变量的下界和上界 $lb \leqslant x \leqslant ub$。

(4) x=quadprog(H，f，A，b，lb，ub，x0)

增加条件初值 x_0。

(5) x=quadprog(H，f，A，b，lb，ub，x0，options)

根据 options 指定的优化参数进行最小化。

(6) [x，favl]= quadprog(…)

返回解 x 处的目标函数值，$favl = 0.5 \cdot x' \cdot H \cdot x + f' \cdot x$。

(7) [x，favl，exitflag]= quadprog(…)

返回 exitflag 参数，描述计算的退出条件。

(8) [x，favl，exitflag，output]= quadprog(…)

返回包含优化信息的结构输出 output。

(9) [x，favl，exitflag，output，lambda]= quadprog(…)

返回解处包含拉格朗日乘子的 lambda 参数。

说明：

(1) 若问题不是严格凸性的，则函数 quadprop 得到的有可能是局部最优解。

(2) 如果 Aeq 和 Beq 明确指定等式约束，而不是用 lb 和 ub 指定，则可得到更好的数值解。

(3) 对于大型优化问题，若没有提供初值 x0 或 x0 不是严格可行，则函数 quadprop 会自动选择一个新的初始可行值。

(4) 若为等式约束，且函数 quadprop 发现负曲度(negative curature)，则优化过程终止。

(5) 若 x 的值没有上限或下限，则函数 quadprop 希望将对应的值设置为 Inf(对应于上限)或-Inf(对应于下限)，而不是强制性地给予上限一个很大的数或给予下限一个很小的数。

3. 应用举例

[例 5-12] 求解下述优化问题：

$$\begin{cases} \min z = \dfrac{1}{2}x_1^2 + x_2^2 - x_1 x_2 - 2x_1 - 6x_2 \\ \quad x_1 + x_2 \leqslant 2 \\ \quad -x_1 + 2x_2 \leqslant 2 \\ \quad 2x_1 + x_2 \leqslant 3 \\ \quad 0 \leqslant x_1, 0 \leqslant x_2 \end{cases}$$

目标函数的标准形式是

$$\min z = 0.5(x_1^2 + 2x_2^2) - x_1 x_2 - 2x_1 - 6x_2$$

将目标函数写成矩阵形式就是

$$H = \begin{bmatrix} 1 & -1 \\ -1 & 2 \end{bmatrix}, \quad f = \begin{bmatrix} -2 \\ -6 \end{bmatrix}, \quad x = \begin{bmatrix} x_1 \\ x_2 \end{bmatrix}$$

编写 M 文件 L0512.m 如下：

```
H=[1  -1; -1  2];
f=[-2;  -6];
A=[1  1; -1  2; 2  1];
b=[2; 2; 3];
lb=zeros(2, 1);
[x, favl, exitflag, output, lambda]= quadprog(H, f, A, b, [ ], [ ], lb)
```

运行结果如下：

```
>> L0512
x =
    0.6667
    1.3333
favl =
    -8.2222
exitflag =
    1
output =
      iterations: 3
       algorithm: 'medium-scale: active-set'
    firstorderopt: []
     cgiterations: []
         message: 'Optimization terminated.'
lambda =
     lower: [2x1 double]
     upper: [2x1 double]
     eqlin: [0x1 double]
    ineqlin: [3x1 double]
```

[例 5-13]　在例 5-9 中，假定 A、B 产品的利润与其数量之间为一函数关系，对 A 产品，单位产品的利润(元)为 $4+2x_1+3x_2$；对 B 产品，单位产品的利润(元)为 $5+5x_1+4x_2$。其余条件与例 5-9 相同。

目标函数为

$$\min f(x_1, x_2) = -(4 + 2x_1 + 3x_2)x_1 - (5 + 5x_1 + 4x_2)x_2$$

整理，得

$$\min f(x_1, x_2) = -2x_1^2 - 8x_1 x_2 - 4x_2^2 - 4x_1 - 5x_2$$

写成矩阵形式，为

$$f = \frac{1}{2}\begin{bmatrix} x_1 & x_2 \end{bmatrix}\begin{bmatrix} -4 & -8 \\ -8 & -8 \end{bmatrix} + \begin{bmatrix} -4 & -5 \end{bmatrix}\begin{bmatrix} x_1 \\ x_2 \end{bmatrix}$$

编写 M 文件 L0513.m 如下：

```
H=[-4  -8; -8  -8];
f=[-4;  -5];
A=[2  1.5;  2.5  1;  0  1];
b=[400; 400; 150];
lb = zeros(2, 1);
[x, favl, exitflag, output, lambda]= quadprog(H, f, A, b, [ ], [ ], lb)
```

运行结果如下：

```
>> L0513
x =
   87.5000
  150.0000
favl =
 -2.1141e+005
exitflag =
    1
```

计算正常退出。结果显示 A 产品生产 87 件，B 产品生产 150 件，可获最大利润约 200000 元。

5.5　多目标规划问题

在许多实际工程问题中，往往需要众多指标都达到最优值，即有多个目标函数。这种问题称为多目标最优化问题。

1. 基本数学原理

多目标最优化问题的数学模型为

$$\begin{cases} \min F(x) \\ x \in R^n \\ G_i(x) = 0 & i = 1, 2, \cdots, m_e \\ G_i(x) \leqslant 0 & i = m_e + 1, \cdots, m \\ x_i \leqslant x \leqslant x_u \end{cases}$$

式中：$F(x)$ 为目标函数矢量。

由于多目标最优化问题中各目标函数之间往往是不可公度的，因此往往没有惟一解，此时必须引入非劣解的概念(又称有效解或帕雷托解)。

定义：若 $x^*(x^* \in \Omega)$ 的邻域内不存在 Δx，使得 $(x^* + \Delta x) \in \Omega$，且

$$F_i(x^* + \Delta x) \leqslant F_i(x^*)，\quad i = 1, 2, \cdots, m$$

$$F_j(x^* + \Delta x) \leqslant F_j(x^*)，\quad \text{对于某些} j$$

则称 x^* 为非劣解。

多目标规划的常用解法有以下几种：

1) 权和法

将目标函数问题转化为所有目标的加权求和的标量问题，即

$$\min f(x) = \sum_{i=1}^{m} \omega_i \cdot F_i(x)^2$$

$$x \in \Omega$$

常用的加权因子取法有专家打分法、σ 方法、容限法、加权因子分解法、AHP 方法等。

2) ε 约束法

ε 约束法克服了权和法的某些凸性问题。它对目标函数矢量中的主要目标 Fp 进行最小化，将其它目标用不等式约束的形式写出

$$\min F_p(x)$$
$$x \in \Omega \qquad \text{s.t.} \quad F_i(x) \leqslant \varepsilon_i，\ i = 1, \cdots, m，\ i \neq p$$

3) 目标达到法

该方法的核心思想是：将多目标优化问题看做是目标函数系列为

$$F(x) = \{F_1(x),\ F_2(x),\ \cdots,\ F_m(x)\}$$

对应地其目标值系列为

$$F^* = \{F_1^*, F_2^*, \cdots, F_m^*\}$$

允许目标函数有正负偏差，偏差的大小由加权系数矢量 $W = \{W_1, W_2, \cdots, W_m\}$ 控制，于是目标达到问题可以表达为标准的最优化问题

$$\min \gamma$$
$$x \in R, x \in \Omega \qquad \text{s.t.} \quad F_i(x) - \omega_i \gamma \leqslant F_i^*，\ i = 1, \cdots, m$$

指定目标 (F_1^*, F_2^*)，定义目标点 P。权重矢量定义从 P 到可行域空间 $A(\gamma)$ 的搜索方向，在优化过程中，γ 的变化改变可行域的大小，约束边界变为惟一解点 F_{1s}，F_{2s}。

4) 改进目标达到法

目标达到法的一个好处是可以将多目标最优化问题转化为非线性规划问题，但在序列二次规划(SQP)过程中，一维搜索的目标函数选择不是一件容易的事，因为在很多情况下，很难决定是使目标函数变大好还是变小好。这导致许多目标函数创建过程的提出。可以通过将目标函数达到问题变为最大最小化问题来获得更合适的目标函数

$$\min \max \{\Lambda_i\}$$
$$x \in R^n$$

式中

$$\Lambda_i = \frac{F_i(x) - F_i^*}{W_i}$$

2. 函数 fgoalattain 简介

函数功能：求解多目标优化问题。

数学模型：

$$\begin{cases} mul\ \min \gamma \\ F(x) - \boldsymbol{weight} \cdot \gamma \leqslant \boldsymbol{goal} \\ c(x) \leqslant 0 \\ ceq(x) = 0 \\ \boldsymbol{A} \cdot \boldsymbol{x} \leqslant \boldsymbol{b} \\ \boldsymbol{Aeq} \cdot \boldsymbol{x} = \boldsymbol{beq} \\ \boldsymbol{lb} \leqslant \boldsymbol{x} \leqslant \boldsymbol{ub} \end{cases}$$

式中：x、$\boldsymbol{weight}$、$\boldsymbol{goal}$、$\boldsymbol{lb}$、$\boldsymbol{beq}$、$\boldsymbol{lb}$ 和 $\boldsymbol{ub}$ 为矢量；$\boldsymbol{A}$ 和 $\boldsymbol{Aeq}$ 为矩阵；$c(x)$、$ceq(x)$ 和 $F(x)$ 为函数，返回矢量。$F(x)$、$c(x)$ 和 $ceq(x)$ 可以是非线性函数。

使用方法：

(1) x=fgoalattain(fun, x0, goal, weight)

通过变化 x 来使目标函数 fun 达到 goal 指定的目标。初值为 x0，weight 为权重

(2) x=fgoalattain(fun, x0, goal, weight, A, b)

约束条件为线性不等式 $A \cdot x \leqslant b$。

(3) x=fgoalattain(fun, x0, goal, weight, A, b, Aeq, beq)

除提供上述线性不等式外，还提供线性等式 $Aeq \cdot x = beq$。若不存在不等式约束时，A=[ ]，b=[ ]。

(4) x=fgoalattain(fun, x0, goal, weight, A, b, Aeq, beq, lb, ub)

为设计变量设置下界和上界，$lb \leqslant x \leqslant ub$

(5) x=fgoalattain(fun, x0, goal, weight, A, b, Aeq, beq, lb, ub, nonlcon)

将目标达到问题归结为 nonlcon 参数定义的非线性不等式 $c(x)$ 或非线性等式 $ceq(x)$。fgoalattain 函数优化的约束条件为 c(x)=0 和 ceq(x)=0。若不存在边界，可设置 lb=[ ]和(或)ub=[ ]。

(6) x=fgoalattain(fun, x0, goal, weight, A, b, Aeq, beq, lb, ub, nonlcon, …options)

用 options 中设置的优化参数求解最小化。

(7) x=fgoalattain(fun, x0, goal, weight, A, b, Aeq, beq, lb, ub, nonlcon, …options, P1, P2, …)

将问题参数 P1，P2，…直接传递给函数 fun 和 nonlcon。如果不需要 A，b，Aeq，beq，lb，ub，nonlcon 和 options，可将它们设置成空矩阵。

(8) [x, fval]= fgoalattain(…)

返回解 x 处的函数值。

(9) [x, fval, attainactor]= fgoalattain(…)

返回解 x 处的目标达到因子。

(10) [x，fval，attainactor，exitflag]= fgoalattain(…)

返回 exitflag，描述计算退出的条件。

(11) [x，fval，attainactor，exitflag，output]= fgoalattain(…)

返回包含优化信息的输出参数 output。

(12) [x，fval，attainactor，exitflag，output，lambda]= fgoalattain(…)

返回包含拉格朗日乘子的 lambda 参数。

参数说明：

(1) goal：希望达到目标的矢量值。矢量长度与 fun 函数返回的目标函数 F 相等。Fgoalattain 函数试图通过最小化矢量 $\boldsymbol{F}$ 中的值来达到 goal 参数给定的目标。

(2) nonlcon：nonlcon 函数是一个包含函数名的字符串，可以使 M 文件、内部函数或 MEX 文件。nonlcon 函数需要输入矢量 $\boldsymbol{x}$，返回两个矢量：$\boldsymbol{x}$ 处的非线性不等式矢量 $\boldsymbol{c}$ 和非线性等式矢量 $\boldsymbol{ceq}$。

(3) options：用来优化函数设置的参数选项，主要有：

DerivativeCheck：比较用户提供的导数(目标函数或约束函数的梯度)和有限差分导数。

Diagnostics：打印将要最小化或求解的函数的诊断信息。

DiffMaxChange：变量中有限差分梯度的最大变化。

DiffMinChange：变量中有限差分梯度的最小变化。

Display：显示水平。设置"off"时不显示输出；设置"iter"时显示每一次迭代输出；设置"final"时只显示最终结果。

GoalExactAchieve：使得目标个数刚好达到，不多不少。

GradConstr：用户定义的约束函数的梯度。

GradObj：用户定义的目标函数的梯度。使用大型方法时，必须使用梯度，对中型方法，该项可选。

MaxFunEvals：函数评价的允许最大次数。

MaxIter：函数迭代的允许最大次数。

MeritFunction：如果设为"multiobj"，则使用目标达到或最大最小化目标函数的方法；若设置为"singleobj"，则使用 function 函数计算目标函数。

TolCon：约束矛盾的终止容限。

TolFun：函数值处的终止容限。

TolX：x 处的终止容限。

(4) Weight：权重矢量，可以控制低于或超过 fgoalattain 函数指定目标的相对程度。当权重函数 weight 为正时，fgoalattain 函数试图使对象小于目标值。为了使目标函数大于目标值，可将权重取负值。

(5) attainfactor：为超过或低于目标的个数，表征目标与对象的匹配程度。若 attainfactor 为负，则目标已经溢出；若 attainfactor 为正，则目标个数尚未达到。

3. 应用举例

[例 5-14] 某化工厂拟生产两种新产品 A 和 B，其生产设备费分别为：A 产品，6 万元/吨；B 产品，

5 万元/吨。这两种产品均将造成环境污染，设由公害造成的损失可折算为：A 产品，4 万元/吨；B 产品，2 万元/吨。由于条件限制，工厂生产产品 A 和 B 的最大生产能力为每月 5 吨和 6 吨，而市场需要这两种产品的总量每月不少于 8 吨。试问工厂如何安排生产计划，在满足市场需要的前提下，使设备投资和公害损失均达最小。该工厂决策认为，这两个目标中环境污染应优先考虑，设备投资的目标值为 25 万元，公害损失的目标为 15 万元。

设工厂每月生产产品 A 为 x_1 吨，产品 B 为 x_2 吨，设备投资费为 $f_1(x)$，公害损失费为 $f_2(x)$，可建立多目标优化模型如下：

$$\begin{cases} \min f_1(x) = 6x_1 + 5x_2 \\ \min f_2(x) = 4x_1 + 2x_2 \\ \qquad x_1 \leqslant 5 \\ \qquad x_2 \leqslant 6 \\ \qquad x_1 + x_2 \geqslant 8 \\ \qquad x_1 \geqslant 0, x_2 \geqslant 0 \end{cases}$$

首先编写目标函数的 M 文件 L0516f.m 如下：

```
function f=L0516f(x)
f(1)=6*x(1)+5*x(2);
f(2)=4*x(1)+2*x(2);
```

编写 M 文件 L0516.m 如下：

```
goal=[25  15];
weight=[25  15];
x0=[2  5];
A=[1  0; 0  1; -1  -1];
b=[5;  6;  -8];
lb=zeros(2, 1);
[x, favl, attainfactor, exitflag]=fgoalattain(@L0516f, x0, goal, weight, A, b, [], [], lb, [])
```

运行结果如下：

```
>>L0516
Optimization terminated successfully:
 Search direction less than 2*options.TolX and
 maximum constraint violation is less than options.TolCon
Active inequalities (to within options.TolCon = 1e-006):
  lower      upper      ineqlin    ineqnonlin
                          2           1
                          3
x =
    2.0000     6.0000
favl =
```

```
     42    20
attainfactor =
    0.6800
exitflag =
    1
```

结果显示，该工厂每月生产 A 产品 2 吨，B 产品 6 吨。设备投资费和公害损失费的目标值分别为 42.0 万元和 20.0 万元。达到因子为 0.6800。

5.6   最大最小化问题

有些情况下，要求最大值的最小化才有意义。例如城市规划中需要确定急救中心、消防中心的位置，可取的目标函数应该是到所有地点最大距离的最小值，而不是到所有目的地的距离和最小。这是两种完全不同的准则，在控制论、逼近论、决策论中也使用最大最小化原则。

1. 基本数学原理

最大最小化问题的数学模型为

$$
\begin{cases}
\min\max\{F_i(x)\} \\
x\{F_i\} \\
\quad c(x) \leqslant 0 \\
\quad ceq(x) = 0 \\
\quad A \cdot x = b \\
\quad Aeq \cdot x = beq \\
\quad lb \leqslant x \leqslant ub
\end{cases}
$$

式中：x、b、beq、lb 和 ub 为矢量；A 和 Aeq 为矩阵；$c(c)$、$ceq(x)$和 $F(x)$为函数，返回矢量。$c(c)$、$ceq(x)$和 $F(x)$也可以是非线性函数。

2. 函数 fminimax 简介

函数功能：求解最大最小化问题。使多目标函数中的最坏情况下达到最小化。

使用方法：

(1) fminimax(fun，x0)

初值为 x0，找到函数 fun 的最大最小化解 x。

(2) fminimax(fun，x0，A，b)

给定线性不等式 $A \cdot x \leqslant b$，求解最大最小化问题。

(3) fminimax(fun，x0，A，b，Aeq，beq)

给定线性等式 $Aeq \cdot x = beq$，求解最大最小化问题。若没有不等式存在，则 A=[ ]，b=[ ]。

(4) fminimax(fun，x0，A，b，Aeq，beq，lb，ub)

为设计变量定义下界 lb 和上界 ub，使得 $lb \leqslant x \leqslant ub$。

(5) fminimax(fun，x0，A，b，Aeq，beq，lb，ub，nonlcon)

在 nonlcon 参数中，给定非线性不等式约束 $c(x)$ 或等式约束，fminimax 要求 $c(x) \leqslant 0$ 且 $ceq(x)=0$。若没有边界存在，可设置 lb=[ ]，ub=[ ]。

(6) fminimax(fun，x0，A，b，Aeq，beq，lb，ub，nonlcon，options)

用 options 给定参数进行优化。

(7) fminimax(fun，x0，A，b，Aeq，beq，lb，ub，nonlcon，options，P1，P1，…)

将问题参数 P1，P1，…直接传递给函数 fun 和 nonlcon。如果不需要变量 A，b，Aeq，beq，lb，ub，nonlcon 和 options，可将它们设置为空矩阵。

(8) [x，fval]=fminimax(…)

返回解 x 处的函数值。

(9) [x，fval，maxfval]=fminimax(…)

返回解 x 处的最大函数值。

(10) [x，fval，maxfval，exitflag]=fminimax(…)

返回 exitflag 参数，描述函数计算的退出条件。

(11) [x，fval，maxfval，exitflag，output]=fminimax(…)

返回描述化信息的结构输出 output 参数。

(12) [x，fval，maxfval，exitflag，output，lambda]=fminimax(…)

返回包含解 x 处的拉格朗日乘子的 lambda 参数。

参数说明：

(1) maxfval 为解 x 处的函数最大值，即 maxfval=max{fun(x)}。

(2) 目标函数必须连续，否则 fminimax 函数有可能给出局部最优解。

3. 应用举例

[例 5-15] 求解下列最优化问题，使下面各目标函数中的最大值最小。

$$\begin{cases} [f_1(x), f_2(x), f_3(x), f_4(x), f_5(x)] \\ f_1(x) = 2x_1^2 + x_2^2 + -48x_1 - 40x_2 + 304 \\ f_2(x) = -x_1^2 - 3x_2^2 \\ f_3(x) = x_1 + 3x_2 - 18 \\ f_4(x) = -x_1 - x_2 \\ f_5(x) = x_1 + x_2 - 8 \end{cases}$$

首先编写描述这 5 个函数的 M 文件 L0517f.m 如下：

```
function f=L0517f(x)
f(1)=2*x(1)^2+x(2)^2-48*x(1)-40*x(2)+304;
f(2)=-x(1)^2-3*x(2)^2
f(3)=x(1)+3*x(2)-18;
f(4)=-x(1)-x(2);
f(5)=x(1)+x(2)-8;
```

编写 M 文件 L0517.m 如下：

```
x0=[2；2]；            %提供解的初值
```

```
[x，fval]=fminimax(@L0517f，x0)
```
经过若干次迭代后，结果如下：
```
>> L0517
  x =
      4
      4
  fval =
      0   -64.0000   -2.0000   -8.0000   0.0000
```

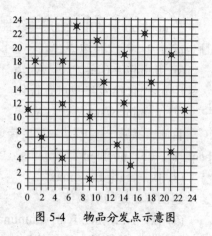

图 5-4　物品分发点示意图

[例 5-16]　某城市的道路网与坐标轴恰好平行，彼此正交，犹如棋盘。有某种物品的 20 个分发点，如图 5-4 所示，第 i 个分发点 P_i 的坐标为 (a_i, b_i)，如表 5-8 所列。

表 5-8　某物品分发点 P_i 点的坐标

a_i	0	1	2	5	5	5	7	9	9	10
b_i	11	18	7	4	12	18	23	1	10	21
a_i	11	13	14	14	15	17	18	21	21	23
b_i	15	6	12	19	3	22	15	5	19	11

现打算建立一个该物品的送配中心，由于受到城市某些条件的限制，该供应中心只能设在 $4 \leqslant x \leqslant 14$，$4 \leqslant y \leqslant 14$ 的范围内。问该中心应建在何处为好？

设送配中心的位置为 (x, y)，要求它到最远需求点的距离尽可能小，这里应采用沿街行走的距离，可知用户 P_i 到该中心的距离为 $|x-a_i|+|y-b_i|$，从而可得到目标函数如下

$$\min\{\max[|x-a_i|+|y-b_i|]\}$$

$$x, y \quad 1 \leqslant l \leqslant m$$

约束条件为

$$\begin{cases} x \geqslant 4 \\ x \leqslant 14 \\ y \geqslant 4 \\ y \leqslant 14 \end{cases}$$

转换成标准形式就是

$$\begin{cases} -x+0 \cdot y \leqslant -4 \\ x+0 \cdot y \leqslant 14 \\ 0 \cdot x-y \leqslant -4 \\ 0 \cdot x+y \leqslant 14 \end{cases}$$

首先编写描述 x 处的 20 个目标函数的 M 文件 L0518f.m 如下：
```
function f=L0518f(x)
a=[0  1   2  5   5   5  7  9  9  10  11  13  14  14  15  17  18  21  21  23];
```

182

```
b=[11 18 7 4 12 18 23 1 10 21 15 6 12 19 3 22 15 5 19 11];
f(1)=abs(x(1)-a(1))+abs(x(2)-b(1));
f(2)=abs(x(1)-a(2))+abs(x(2)-b(2));
f(3)=abs(x(1)-a(3))+abs(x(2)-b(3));
f(4)=abs(x(1)-a(4))+abs(x(2)-b(4));
f(5)=abs(x(1)-a(5))+abs(x(2)-b(5));
f(6)=abs(x(1)-a(6))+abs(x(2)-b(6));
f(7)=abs(x(1)-a(7))+abs(x(2)-b(7));
f(8)=abs(x(1)-a(8))+abs(x(2)-b(8));
f(9)=abs(x(1)-a(9))+abs(x(2)-b(9));
f(10)=abs(x(1)-a(10))+abs(x(2)-b(10));
f(11)=abs(x(1)-a(11))+abs(x(2)-b(11));
f(12)=abs(x(1)-a(12))+abs(x(2)-b(12));
f(13)=abs(x(1)-a(13))+abs(x(2)-b(13));
f(14)=abs(x(1)-a(14))+abs(x(2)-b(14));
f(15)=abs(x(1)-a(15))+abs(x(2)-b(15));
f(16)=abs(x(1)-a(16))+abs(x(2)-b(16));
f(17)=abs(x(1)-a(17))+abs(x(2)-b(17));
f(18)=abs(x(1)-a(18))+abs(x(2)-b(18));
f(19)=abs(x(1)-a(19))+abs(x(2)-b(19));
f(20)=abs(x(1)-a(20))+abs(x(2)-b(20));
```

编写 M 文件 L0518.m 如下：

```
x0=[6  6];            %提供初值
AA=[-1  0; 1  0; 0  -1; 0  -1];
bb=[-4;  12;  -4;  12];
[x, fval]=fminimax(@L0518f, x0, AA, bb)
```

运行结果如下：

```
>> L0518
Optimization terminated successfully:
 Search direction less than 2*options.TolX and
 maximum constraint violation is less than options.TolCon
Active inequalities (to within options.TolCon = 1e-006):
  lower      upper      ineqlin    ineqnonlin
                          2
                         18

x =
   11.5000    12.0000
fval =
  Columns 1 through 10
```

12.5000   16.5000   14.5000   14.5000   6.5000   12.5000   15.5000   13.5000
4.5000   10.5000

Columns 11 through 20
3.5000   7.5000   2.5000   9.5000   12.5000   15.5000   9.5000   16.5000
16.5000   12.5000

按题意，应选在(12，12)处，最小的最大距离为 17 个距离单位。

第6章 应用接口编程与应用

MATLAB 作为一种应用非常广泛的科学计算软件，不仅具有强大的数值计算、符号计算、图形功能，而且还可以像 C、FORTRAN 等计算机高级语言一样，进行程序设计，编写 M 文件。实际上，MATLAB 自身的许多函数也就是 M 文件函数。MATLAB 提供的 M 文件编辑器和编译器，可以使用户非常方便地进行程序设计。

此外，MATLAB 还提供了与 C、C++、FORTRAN 等计算机高级语言的接口及连接函数，由 C、C++等语言编写的函数，经过编译后，可以方便地被 MATLAB 调用，如同使用其自身内部函数一样方便。同样，在编写 C、C++程序代码时，也可以调用 MATLAB 中的函数与命令，以利用 MATLAB 无所不能的矩阵处理功能、包罗万象的计算功能、丰富多彩的图形功能以及强大的工具箱功能。在 MATLAB6.X 以上版本中，MATLAB 与 C、C++等语言的连接是非常灵活方便的，用户可以灵活运用各自的优势，来解决各种实际问题，提高工作质量和效率。

6.1 MATLAB 的程序设计及其在机械工程中的应用

MATLAB 程序设计的基本内容，可参见第 1 章，本节主要讲述 MATLAB 程序设计的一些高级技巧。

6.1.1 MATLAB 程序调试器及应用

像使用其它高级语言编程一样，用户编写 MATLAB 的 M 文件时，也会出现各种各样的错误(BUG)。通常，错误有两种类型：语法(Syntax)错误和运行(Run-time)错误。

语法错误是指诸如变量名、函数名写错、标点符号缺漏等不符合 MATLAB 语法要求的错误。对这类错误，MATLAB 通常能在编译或运行时及时发现并终止运行，同时给出相应的错误原因并指出对应源程序的所在行号，因而该类错误比较容易处理和更正。

运行错误是指由算法本身所引起的、发生在运行时刻的错误。相对于语法错误，运行错误更具有隐蔽性，也更难处理。主要原因在于：①运行错误的表现形式多种多样，程序不能正常运行而中断，或程序虽然运行正常但结果错误；②运行错误主要是运行结果与算法预期目标不一致，这既牵涉到算法是否正确，也牵涉到用 MATLAB 所编制的程序是否正确，亦即对算法和 MATLAB 工作机理的理解是否准确；③运行错误是一种动态错误，程序(特别是 M 函数文件)一旦停止运行，中间变量立即消失，因而不易查找错误。

调试程序的方法主要有两种：即直接进行调试及使用调试器进行调试。

1. 直接进行调试

所谓直接进行调试是指直接检查源程序的语法错误及算法错误。主要用于检查那些函数及循环嵌套不是太多、文件规模不大的程序。主要有以下一些调试手段：

(1) 将重点怀疑的语句行后的分号"；"删除或改成"，"，使该行计算结果显示在屏幕上，以便分析。

(2) 增加一些显示关键变量的语句，密切跟踪关键变量的取值变化。

(3) 利用 echo 命令，对某些语句或语句段甚至整个程序，逐行显示文件内容及计算结果。

(4) 在程序文件的适当位置，增加 pause 命令，程序运行到该位置时暂停，以便观察。

(5) 在程序文件的适当位置，增加 keyboard 命令，程序运行到该位置时暂停，可根据情况，修改变量，并使程序继续运行。

2. 使用调试器进行调试

MATLAB 的 M 文件编辑器中具有调试器"Debug"，当用户在命令窗口执行编辑器中的程序时，调试器被激活(编辑器的调试器工具条可用)，如图 6-1 所示。与工具条对应的菜单及命令如表 6-1 所列。

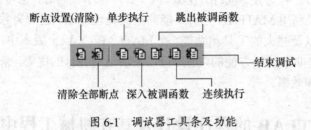

图 6-1 调试器工具条及功能

表 6-1 调试器的菜单及命令功能

菜　单	命　令	功　能
[Breakpoints:Set/Clear Breakpoint]	dbset /dbclear	断点设置(清除)
[Breakpoints:Clear all Breakpoints]	dbclear all	清除全部断点
[Debug]\[Step]	dbstep	单步执行
[Debug]\[Step In]	dbstep in	深入被调函数
[Debug]\[Step Out]	dbstep out	跳出被调函数
[Debug]\[Continue]	dbcont	连续执行
[Debug]\[Exit Debug Mode]	dbquit	结束调试

此时，命令窗口显示 K>>标识，结束调试后，重新显示>>标识。利用调试器，用户可以方便地对一些复杂、大型程序进行调试。

6.1.2 MATLAB 程序的优化

MATLAB 是一种解释执行语言，编程简单、使用方便，但解释执行语言的缺点是运行速度慢。MATLAB6.5 版本中增加了 JTF(Just In Time)和加速器(Acclerator)功能，使其运行速度可以与 C、C++、FORTRAN 等编译语言相比衡。

186

此外，如果能充分利用 MATLAB 的优势和特点，对程序进行优化，也会提高程序运行速度。优化程序性能主要有两个基本步骤：①找出程序中耗时最多的程序"瓶颈"；②利用 MATLAB 的优势和特点，改进甚至取代该程序"瓶颈"。

1. 提高 MATLAB 运行速度的措施

（1）用矢量化取代循环。MATLAB 的强大优势之一就是执行矢量化运算，因此应尽可能地把一般的循环语言取代为矢量化的数组运算。例如下例左侧的程序段可用右侧的数组运算方式替代：

```
for  t=0:pi/10:2*pi          可取代为如下程序，既简洁明了，
     k=k+1;                      执行速度又快：
     y(k)=sin(t);             t=0:pi/10:2*pi;
end                          y= sin(t);
```

（2）尽可能地采用 MATLAB 的内部函数和命令，不要自己编写同样功能的程序。

（3）尽量避免数组在循环中不断地进行动态配置。

（4）对循环次数特别大或多层嵌套循环，如不可避免，则应采用 MEX 程序(见 6.4 节)实现。

（5）尽量采用函数式 M 文件代替脚本式 M 文件，因为脚本式 M 文件每次运行时，都要装入内存再解释执行，而函数式 M 文件一经装入，就以 P 码方式驻留内存，使用时不必频繁装入。

2. 利用 JTF 和加速器的加速功能

1）JTF 和加速器的加速功能

（1）只对维数大于 3 的"非稀疏"矩阵(数组)有加速作用。

（2）只对"整数"、"双精度"、"字符串"、"逻辑"四种数据类型有加速作用。

（3）对程序控制语句(如 for-end; while-end; if-else-end; switch-case-end 结构)中的判断表达式进行标量运算时，有加速作用。

（4）只对 MATLAB 的内部函数有加速作用，对各种 M 及 MEX 文件没有加速作用。

（5）"程序行"是加速的最小单位。

（6）若遇到对已存在变量改变其数据类型或数组形状时，中断加速。

（7）在 inter 系列 CPU 硬件及 Windows、Linux 操作环境下，加速功能最强。

2）JTF 和加速器的开关函数

feature accel on　　　　开启加速器
feature accel off　　　　关闭加速器
feature JTF on　　　　　开启 JTF
feature JTF off　　　　　关闭 JTF

6.1.3　MATLAB 辅助机械设计

1. 基本分析方法

假定研究矢量为

$$\boldsymbol{a} = a_1 i + a_2 j + a_3 k, \quad \boldsymbol{b} = b_1 i + b_2 j + b_3 k$$

1) 点乘

点乘定义为

$$a \cdot a = a_1^2 + a_2^2 + a_3^2$$

点乘的值为

$$a = |a| = \sqrt{a \cdot a} = \sqrt{a_1^2 + a_2^2 + a_3^2}$$

如果 a 表示为

$$a = [a1 \quad a2 \quad a3]$$

则点乘可用 MATLAB 函数表示为

adot=dot(a, a)

其值则可用 MATLAB 函数表示为

maga=sqrt(dot(a, a)) 或 maga=norm(a)

2) 方向余弦

a 的方向余弦是

$$\cos(\alpha_j) = \frac{\alpha_j}{|a|} , \quad j=1, 2, 3$$

单位矢量 u_a 在 a 方向上的分量，可以写为

$$u_a = \cos\alpha_1 i + \cos\alpha_2 j + \cos\alpha_3 k = \frac{a_1}{|a|}i + \frac{a_2}{|a|}j + \frac{a_3}{|a|}k$$

即

$$a = |a| u_a$$

且

$$u_a \cdot u_a = \cos^2\alpha_1 + \cos^2\alpha_2 + \cos^2\alpha_3 = \frac{a_1^2}{|a|^2} + \frac{a_2^2}{|a|^2} + \frac{a_3^2}{|a|^2} = 1$$

式中

$$\alpha_j = \arccos\frac{a_j}{|a|} , \quad j=1, 2, 3$$

于是，a 方向上的单位矢量 u_a 可用 MATLAB 函数表示为

ua=a/norm(a)

方向余弦角度的弧度值是

alpha=acos(a/norm(a))

对应的角度值是

alphadeg=acos(a/norm(a))*180/pi

3) 矢量的加减

对矢量 a、b，有 $c = a \pm b$，则

$$c = (a_1 \pm b_1)i + (a_2 \pm b_2)j + (a_3 \pm b_3)k$$

4) 矢量的叉乘

矢量 a、b 的叉乘定义为

$$c = a \times b = \begin{vmatrix} i & j & k \\ a_1 & a_2 & a_3 \\ b_1 & b_2 & b_3 \end{vmatrix} = (a_2 b_3 - a_3 b_2)i + (a_1 b_3 - a_3 b_1)j + (a_1 b_2 - a_2 b_1)k$$

式中：c 垂直于包含 a 和 b 的平面。

叉乘可用 MATLAB 函数表示为

c=cross(a, b)

为了在单位矢量 u_a 的方向上确定叉乘的值，使用 3 级标量乘积表达为

$$c_a = u_a \cdot a \times b$$

式中：c_a 是一个标量，可用 MATLAB 函数表示为

ca=dot(ua.cross(a, b))

上述结论可用来分析刚体受力的一系列问题。

2. 受力分析与表达

[例 6-1] 力的合成问题。

一个力系如图 6-2 所示，试确定合力的大小及其方

向余弦角 $\alpha_i (i = 1, 2, 3)$ 的大小。

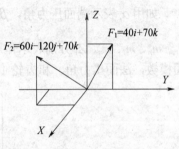

图 6-2 力的合成

合力大小为 $F_R = F_1 + F_2$，方向余弦为 $\alpha_i = \arccos\left(\dfrac{F_{Ri}}{|F_R|}\right)$。

M 文件(L0605.m)如下：

```
F1=[0  40  70];
F2=[60  -120  70];
FR=norm(F1+F2)
angle=acos((F1+F2)/FR)*180/pi
```

运行结果如下：

```
FR =
     172.0465
angle =
     69.5896   117.7096   35.5377
```

即合力大小为 172.05，合力与 x、y、z 的夹角分别是 69.59°、117.71°及 35.54°。

[例 6-2] 力的分解问题。

斜齿圆柱齿轮在忽略齿面间的摩擦力时，作用在与齿面垂直的法向啮合平面内的法向力 F_n 可分解为圆周力 F_t、径向力 F_r 和轴向力 F_a，如图 6-3 所示。

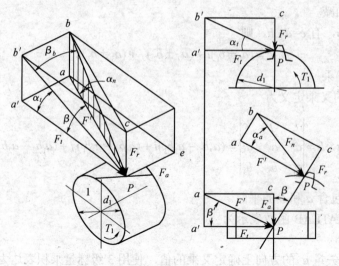

图 6-3　斜齿圆柱齿轮的受力分析示意图

如用 α_t 表示端面压力角，$\beta=\arccos\dfrac{m_n}{m_t}$ 表示分度圆螺旋角，β_b 表示基圆螺旋角、T_1、d_1、m_n、m_t、α_n、Z_1 分别表示作用在齿轮 1 上的扭矩，齿轮 1 的节圆直径、法面模数、端面模数，法面压力角、和齿轮 1 的齿数，下标 1 表示齿轮 1。则各力可用下式表达：

$$\begin{cases} F_t=\dfrac{2T_1}{d_1} \\[2mm] F_r=F_t\tan\alpha_t=\dfrac{F_t\tan\alpha_n}{\cos\beta} \\[2mm] F_a=F_t\tan\beta \\[2mm] F_n=\dfrac{F_t}{\cos\alpha_t\cos\beta_b}=\dfrac{F_t}{\cos\alpha_n\cos\beta} \end{cases}$$

若 $\alpha_t=20°$，$m_n=2$，$m_t=d_1/z_1=56/27=2.074$，$\beta=\arccos(m_n/m_t)=15°21'5''$，$F_n=95500$，试计算圆周力 F_t、径向力 F_r 和轴向力 F_a。

由 $\tan\beta_b=\tan\beta\cos\alpha_t$，可得 $\beta_b=\cot(\tan\beta\cos\alpha_t)$。M 文件(L0606.m)如下：

```
fn=95500;alphft=20; beta=15.3514; betab=atan(tan(beta)*cos(alphft));
ft=fn*cos(alphft)*cos(betab);
fa=ft*tan(beta);
fr=ft*tan(alphft)
```

运行结果如下：

```
ft =
  3.8529e+004
fa =
 -1.4352e+004
fr =
```

8.6196e+004

3. 运动学分析与表达

[例 6-3] 曲柄滑块机构的转角位移分析。如图 6-4 所示的曲柄滑块机构中，滑块的位移为 $s = a\cos(\varphi) + \sqrt{b^2 - (a\sin(\varphi) - e)^2}$，即滑块位移 s 是转角 φ(以角度表示)的函数。当 $a=10$，$b=15$，$e=3$，$(0 \leqslant \varphi \leqslant 360^\circ)$，试绘制位移 s 随 φ 的变化图形。

编写 M 文件如下(L0603.m)：

```
phi=0:0.01:2*pi;
a=10;b=15;e=3;
s=a*cos(phi)+sqrt(b*b-(a*sin(phi)-e).^2);
plot(phi,s);            %如图 6-5 所示
xlabel('\phi: 0 to 2\pi', 'FontSize', 16);
ylabel('s', 'FontSize', 16);
title('曲柄滑块机构位移(s)曲线', 'FontSize', 16);
```

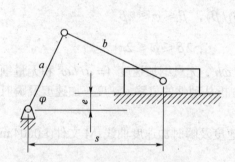

图 6-4　曲柄滑块机构示意图

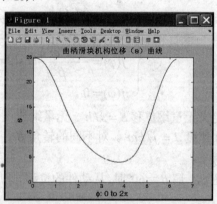

图 6-5　曲柄滑块机构中滑块的位移曲线

[例 6-4] 凸轮的位移分析。

凸轮是把一种运动转化为另一种运动的装置。通常，凸轮做旋转运动，并转化成从动件的振动、直线运动或者二者的结合。

对基圆为 r_b 的凸轮，r_b 为最小圆周半径，与凸轮表面相切，并和凸轮的转轴同心。从动件的运动方程为

$$L(\varphi) = r_b + s(\varphi)$$

对于旋转运动，假定有：

$$
\begin{cases}
s(\varphi) = h\left(\dfrac{\varphi}{\beta} - \dfrac{1}{2\pi}\sin(2\pi\varphi/\beta)\right), & 0 \leqslant \varphi \leqslant \beta \\[2mm]
s(\varphi) = h - h\left(\dfrac{\varphi - \beta}{\beta} - \dfrac{1}{2\pi}\sin(2\pi(\varphi - \beta)/\beta)\right), & \beta < \varphi < 2\beta \\[2mm]
s(\varphi) = 0, & 2\beta \leqslant \varphi \leqslant 2\pi
\end{cases}
$$

191

式中：h 为从动件的最大位移；φ 为凸轮转角；β 为从动件摆角，并且 $0 \leqslant \beta \leqslant \pi$。

如果凸轮的旋转速度 $\omega = \mathrm{d}\varphi / \mathrm{d}t$ 为常量，则速度 v、加速度 a 和瞬时加速度 j(加速度对时间求导)分别为

速度：
$$\begin{cases} v(\varphi) = \dfrac{\omega h}{\beta}(1-\cos(2\pi\varphi)/\beta), & 0 \leqslant \varphi \leqslant \beta \\[2mm] v(\varphi) = -\dfrac{\omega h}{\beta}(1-\cos(2\pi(\varphi-\beta)/\beta)), & \beta \leqslant \varphi \leqslant 2\beta \\[2mm] v(\varphi) = 0, & 2\beta \leqslant \varphi \leqslant 2\pi \end{cases}$$

加速度：
$$\begin{cases} a(\varphi) = \dfrac{2\pi\omega^2 h}{\beta^2}\sin(2\pi\varphi/\beta), & 0 \leqslant \varphi \leqslant \beta \\[2mm] a(\varphi) = \dfrac{2\pi\omega^2 h}{\beta^2}\sin(2\pi(\varphi-\beta)/\beta), & \beta \leqslant \varphi \leqslant 2\beta \\[2mm] a(\varphi) = 0, & 2\beta \leqslant \varphi \leqslant 2\pi \end{cases}$$

瞬时加速度：
$$\begin{cases} j(\varphi) = \dfrac{4\pi^2\omega^3 h}{\beta^3}\cos(2\pi\varphi/\beta), & 0 \leqslant \varphi \leqslant \beta \\[2mm] j(\varphi) = -\dfrac{4\pi^2\omega^3 h}{\beta^3}\cos(2\pi(\varphi-\beta)/\beta), & \beta \leqslant \varphi \leqslant 2\beta \\[2mm] j(\varphi) = 0, & 2\beta \leqslant \varphi \leqslant 2\pi \end{cases}$$

定义无量纲位移 $S = s/h$、无量纲速度 $V = v/\omega h$、无量纲加速度 $A = a/h\omega^2$ 和无量纲瞬时加速度 $J = j/h\omega^3$。对不同的转角 β，可以分析从动件的位移、速度、加速度及瞬时加速度。

图 6-6 是 $\beta = 60°$时，从动件的位移、速度、加速度及瞬时加速度曲线。M 文件(L0604.m)如下：

```
beta=60*pi/180;
phi=linspace(0, beta, 40);
phi2=[beta+phi];
ph=[phi phi2]*180/pi;
arg=2*pi*phi/beta;
arg2=2*pi*(phi2-beta)/beta;
s=[phi/beta-sin(arg)/2/pi        1-(arg2-sin(arg2))/2/pi];
v=[1-cos(arg)/beta              -(1-cos(arg2))/beta];
a=[2*pi/beta^2*sin(arg)          2*pi/beta^2*sin(arg2)];
j=[4*pi^2/beta^3*cos(arg)        4*pi^2/beta^3*cos(arg2)];
subplot(2, 2, 1);
plot(ph, s, 'k');
xlabel('凸轮转角(度)');
ylabel('位移(s)');
g=axis; g(2)=120; axis(g);
subplot(2, 2, 2);
```

192

```
plot(ph, v, 'k', [0  120], [0  0], 'k--')
xlabel('凸轮转角(度)');
ylabel('速度(v)');
g=axis; g(2)=120; axis(g);
subplot(2, 2, 3);
plot(ph, a, 'k', [0  120], [0  0], 'k--')
xlabel('凸轮转角(度)');
ylabel('加速度(v)');
g=axis; g(2)=120; axis(g);
subplot(2, 2, 4);
plot(ph, j, 'k', [0  120], [0  0], 'k--')
xlabel('凸轮转角(度)');
ylabel('瞬时加速度(j)');
g=axis; g(2)=120; axis(g);
```

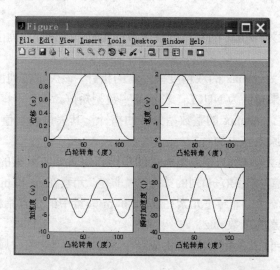

图 6-6　摆线凸轮轮廓的位移、速度、加速度及瞬时加速度曲线

6.2　MATLAB 的数据接口

MATLAB 接受两种形式的数据：第一种是 ASCII 码的文本数据文件，这种文件每一行的数据项数都是相同的，每个数据项由一个或多个空格分开，其内容恰好构成一个矩阵；第二种是数据形式为 MATLAB 定义的 MAT 型数据，即 MAT 文件。

6.2.1　MATLAB 的数据结构

MATLAB 定义的主要变量类型为矩阵(数量、矢量)、字符串、块数组、元胞数组和结构等。这些变量类型在 MATLAB 内部都使用数组来存储和管理的。

MATLAB 数组的内部结构涵义如下：

(1) MATLAB 变量名 NAME，是一个指向一个字符串的指针，字符串的最大长度由 MATRIX.H 头文件中的常数 mxMAXNAM 规定。这个字符串就是 MATLAB 的变量名字。

(2) 变量的维数 Dimension，定义各维数大小。如数量、矢量和矩阵都视为二维。

(3) 变量的类型 ClassName，这是一个标识值，指明变量被显示时是数值变量还是字符型变量，即将变量元素看成是字符的 ASCII 码。

(4) 变量的实数或复数类型，如果变量包含有复数值作为其元素，那么该变量对应的 MATLAB 内部数组就包含有实部矢量和虚部矢量。

(5) 变量的存储属性 Storage，即是否为稀疏矩阵。它指明变量的存储类型，该类型为 Full 时表示为满矩阵，为 Spare 时则为稀疏矩阵。

如果 MATLAB 变量是满矩阵，则数组结构类型包含有参数 pr 和 pi。pr 是指向实部矢量的的指针，pi 是指向虚部矢量的指针。如果指针为空(NULL)，则表示矩阵是实数型变量。如果 MATLAB 的变量是稀疏矩阵，则数组结构除有 pr 和 pi 参数外，还有另外 3 个参数：nzmax、ir 和 jc。具体涵义如下：

(1) nzmax：定义 pr 和 pi(如果 pi 存在)所指矢量的长度，是稀疏矩阵中"非零"元素的最大可能总数。

(2) pr：指向长度为 nzmax 的双精度型矢量的指针，该矢量按列由稀疏矩阵中"非零"元素的实部组成。

(3) pi：指向长度为 nzmax 的双精度型矢量的指针，该矢量按列由稀疏矩阵中"非零"元素的虚部组成，如果指针为 NULL，表示是实数型矩阵。

(4) ir：指向长度为 nzmax 的整数型矢量的指针，其矢量元素值为 pr 和 pi 所指向的矢量中的对应元素在原矩阵中的行指标。

(5) jc：指向长度为(N+1)的整数型矢量的指针，包含矩阵元素的列信息。对于 $0 \leqslant j \leqslant N-1$，jc[j]记录着矩阵第($j$+1)列的第一个"非零"元素在 pr 和 pi 矢量中的位置指标，jc[j+1]-1 是该列最后一个"非零"元素在在 pr 和 pi 矢量中的位置指标，jc[N]定义为原矩阵变量中"非零"元素的总数 nnz。

例如执行语句 A=[1 2; 3 4;5 6]后，生成一个 3×2 的矩阵对象，属性如下：

```
NAME= "A"
Dimension=3×2
ClassName=double
Storage=Full
Pr[0]=1; pr[1]=3; pr[2]=5; pr[3]=2; pr[4]=4; pr[5]=6; pi=NULL
```

6.2.2　MATLAB 的数据输入

用户可以根据数据的多寡或格式，灵活地使用多种方式向 MATLAB 系统输入数据。

1. 键盘输入

当数据量较小时，可以用键盘输入，即使用方括号将矩阵元素按行的顺序扩起来，每行用分号隔开，行内各元素用空格或逗号分开。

2. 文件形式输入

如果数据量较大，且数据是某种硬拷贝形式时，最有效的方法就是用某种文本编辑器直接编写一个包含数据矩阵的 M 文件。

3. SCII 码数据文件输入

ASCII 码数据文件中的数据形式必须是一个矩阵，要求数据文件每一行的数据个数必须相等，每个数据对应于矩阵的每一行，每行元素用空格分开。用户可以将数据编辑成一个 ASCII 码文件，或者由其它的程序将输出的元素写到一个 ASCII 码文件中。

ASCII 码文件的数据由 MATLAB 命令 load 装入，命令形式是：

`>>load <filename>`   %filename 为含扩展名的 ASCII 码文件

该命令在 MATLAB 工作空间中创建一个与文件主名(不包含扩展名)相同的变量，改变量表示的矩阵即是 ASCII 码文件的数据组成的矩阵。

4. 低层 I/O 输入

MATLAB 提供了文件低层操作函数，可以直接打开文件(fopen)，读文件(fread)。这种方法主要用于装入某种特定格式的、也可能是由其它应用程序生成或创建的数据文件。

5. MEX 动态程序输入

如果已经有一些子程序(如 C 或 FORTRAN 子程序)可以用来读取某些特定格式的数据文件，那么可以开发 MATLAB 的动态链接 MEX 子程序，与已有的子程序链接在一起，将数据文件转换成 MATLAB 的 MAT 数据文件，再用 load 命令将有关数据装入到 MATLAB 系统中。

6. 外部程序交换

如果已有的数据文件格式比较复杂，用户也可以开发 C 或 FORTRAN 程序将数据文件直接转换成 MATLAB 的 MAT 数据文件，再用 load 命令将其装入到 MATLAB 系统中。

6.2.3 MATLAB 的数据输出

MATLAB 的数据输出方式主要有以下几种：

1. 小型矩阵输出

对于数据量较小的数据矩阵，可以设置输出方式，用 diary 命令生成窗口部分内容的复制文件。该文件是文本文件，记录了命令窗口的命令行以及 MATLAB 的屏幕输出内容。可以将 diary 剪接到其它数据文件或报告中。

2. ASCII 码数据输出

MATLAB 提供带 –ascii 选项的 save 命令，生成 ASCII 码数据文件。例如：

`>> A=rand(5, 3)`

`>> save temp.dat A -ascii`

文件 temp.dat 包含矩阵 A 的全部数据。

3. 低层 I/O 输出

利用 MATLAB 的低层 I/O 函数 fopen 和 fwrite，或者其它低层 I/O 函数，将数据写到某个特定格式的文件中。这种方式主要用于将输出的数据格式作为某些应用程序的输入数据。

4. MEX 程序输出

若已有某些子程序(如用 C 语言或 FORTRAN 语言编写的)可以将数据写成某种特殊格式，则可开发一些 MEX 程序直接调用那些子程序，并把最后形成的数据格式作为某些应用程序的输入数据。

5. MAT 格式输出

利用 MATLAB 的 save 命令，可以将数据存储成 MAT 格式文件，若再开发一些 C 语言或 FORTRAN 语言程序，将 MAT 文件转换成某些所需要的特殊格式。

6.2.4　MAT 文件及应用

MAT 数据格式是 MATLAB 数据存储的标准格式。一个 MAT 文件中可以存储一个或多个矩阵数据，矩阵按顺序存放在一片连续的磁盘空间中。每个矩阵的开始处，有一个固定长度的矩阵信息头，完整地描述该矩阵的全部特征信息。信息头之后则是矩阵的数据部分，数据占用的磁盘空间字节长度由信息头的长度信息决定。信息头及其后面的矩阵数据共同构成 MAT 文件中的一个矩阵。

1. MAT 文件的写入和读出

(1) save 命令将 MATLAB 系统内部数据写为 MAT 文件。

(2) load 命令则将磁盘上的 MAT 文件读入到 MATLAB 系统中。

2. MAT 文件的管理

MATLAB 提供了管理 MAT 文件的子程序库，用户可以在 C 或 FORTRAN 程序中直接调用这些子程序来创建和读取 MAT 文件。用户也可以开发自己的子程序来读写 MAT 文件。

在 extern\include\mat.h 中定义的 MAT 子程序库如下(以 C 语言库为例)：

1) 创建 MAT 文件

extern MATFile * matCreateMATFile(const char * filename, FILE *fp, const char * mode);

2) 打开 MAT 文件

extern MATFile * matOpen(const char *filename, const char * mode);

3) 关闭 MAT 文件

extern int matClose(MATFile *pMF);

4) 取 MAT 文件的 C 语言 FILE 句柄

extern FILE * matGetFp(MATFile *pMF);

5) 向 MAT 文件中存下一个数组

extern int matPutNextArray(MATFile * pMF, const mxArray * pA);

6) 向 MAT 文件中存一个数组

extern int matPutArray(MATFile * pMF, const mxArray * pA);

7) 向 MAT 文件中存一个数组，使得当用 load 命令装入这个 MAT 文件时，该数组对应的变量成为 global 变量

extern int matPutArrayAsGlobal(MATFile * pMF, const mxArray * pA);

8) 从 MAT 文件中取下一个数组

extern mxArray * matGetNextArray(MATFile *pMF);

9) 从 MAT 文件中取一个数组

extern mxArray * matGetArray(MATFile * pMF, const char * name);

10) 从 MAT 文件中取下一个数组的头信息

```
extern mxArray * matGetNextArrayHeader(MATFile *pMF);
```
11) 从 MAT 文件中取一个数组的头信息
```
extern mxArray * matGetArrayHeader(MATFile *pMF, const char * name);
```
12) 取 MAT 文件中的变量列表
```
extern char ** matGetDir(MATFile * pMF, int *num);
```
13) 从 MAT 文件中删除一个数组
```
extern int matDeleteArray(MATFile *pMF, const char *name);
```
14) 从 MAT 文件中得到满数组
```
extern int matGetFull(MATFile *fp, char *name, int *m, int *n, double **pr, double **pi);
```
15) 向 MAT 文件中存入满数组
```
extern int matPutFull(MATFile *ph, char *name, int m, int n, double *pr, double *pi);
```
16) 从 MAT 文件中取一个字符串
```
extern int matGetString(MATFile *pMF, const char *name, char *buffer, int buflen);
```
17) 向 MAT 文件中存一个字符串
```
extern int matPutString(MATFile *pMF, const char *name, const char *str);
```
在 extern\ bin\win32 下存有程序动态链接库文件：

| libmat.dll | MAT 文件子程序库 |
| libmx.dll | MAT 文件数组访问子程序库 |

6.3　文件 I/O 操作

　　MATLAB 具有直接对磁盘文件访问的功能，用户不仅可以进行高层次的程序设计，必要时也可以进行低层次磁盘文件的读/写操作，增加了 MATLAB 程序设计的灵活性。

　　MATLAB 的文件 I/O 操作是基于 C 语言文件的 I/O 函数的，熟悉 C 语言的用户将非常容易掌握这种方法。

6.3.1　文件的打开与关闭

　　根据操作系统的要求，在程序中要创建或使用一个磁盘文件时，必须向操作系统发出打开文件的命令，而文件使用完毕后，则必须告诉操作系统关闭使用过的文件。

1. 打开文件

1) fid=fopen('temp.dat','r')

打开 temp.dat，供数据读取。第一个参数指明要打开的文件名，第二个参数为操作说明符。操作说明符可为下列选项：

r	对文件进行读取数据操作
w	对文件进行写数据操作，覆盖文件原有内容
a	对文件进行数据追加操作，在文件尾追加数据
r+	对文件进行读与写操作
w+	创建一个新文件或删除已存在文件内容，并进行数据读写操作
a+	创建一个新文件或打开一个已存在文件，并进行数据追加操作

正常情况下，函数 fopen 的返回值是一个非负整数，并由操作系统设定的，作为打开文件的标识值，或成为文件句柄值。对于该文件的任何操作，都可以通过这个句柄值来传递。

2) fid=fopen('all')

取得所有已打开的文件句柄值。

如果文件不能被正确打开，则会出现打开文件错误，此时 fopen 函数返回-1 作为该文件的句柄值。良好的程序设计习惯是每次打开文件时，都进行打开文件正确与否的测定。

3) [fid，message]= fopen('temp.dat','r')

输出变量 message 中包含了打开文件操作结果的有关信息。例如 fid=-1 时，message 为

No such file or directory

2. 关闭文件

1) status=fclose(fid)

关闭句柄值为 fid 的已打开文件。

2) status=fclose('all')

关闭所有已打开文件。

6.3.2　二进制数据文件的读/写操作

1. 读文件操作

MATLAB 提供函数 fread 来读取二进制文件，有多种调用方式。

1) fid=fopen(' temp.dat',' r') 　　%打开二进制文件 temp.dat，文件句柄返回给 fid

　A= fread(fid) 　　　　　　　%读取文件句柄值为 fid 的文件并逐字节地按照

　　　　　　　　　　　　　　%无符号字符型数据读入到矩阵变量 A 中读取数据

　status=fclose(fid) 　　　　　%关闭数据文件

2) fid=fopen(' temp.dat',' r')

　A= fread(fid, 100) 　　　　　%将 temp.dat 中前 100 个数据读入到列矢量 A 中

　status=fclose(fid)

3) fid=fopen(' temp.dat',' r')

　A= fread(fid, [10, 10]) 　　　%将 temp.dat 中前 100 个数据按列顺序读入到

　　　　　　　　　　　　　　%10×10 矩阵 A 中

　status=fclose(fid)

4) fid=fopen(' temp.dat',' r')

　A= fread(fid, Inf) 　　　　　%读取 temp.dat 中所有数据，并生成一个列矢量 A

　status=fclose(fid)

5) fid=fopen(' temp.dat',' r')

　A= fread(fid, 100, ' float') 　%按浮点数据格式读取 temp.dat 中前 100 个数据，

　　　　　　　　　　　　　　%并生成一个列矢量 A

　status=fclose(fid)

常用的数据精度格式为：

(1) char 和 uchar：有符号和无符号字符类型，数据精度为 1B。对有符号字符类型，

数据取值范围为-128~127；对无符号字符类型，数值取值范围为 0~255。

(2) short 和 long：整数类型和长整数类型，数据精度分别为 2B 和 4B。

(3) float 和 double：浮点类型和双精度类型，数据精度分别为 4B 和 8B。

[例6-5] 统计 MATLAB 自带文件 magic.m 的行数。

```
fid=fopen('magic.m', 'r');                      %打开文件读
if fid==-1                                       %判断打开文件正确与否
  disp('打开文件出错，程序将终止!')
  fclose(fid);
end
count=0;                                         %行数清零
while ~feof(fid)                                 %若未到文件结束，则执行循环
    line=fgetl(fid);                             %将读入内容赋值给变量 line
    if isempty(line) | strncmp(line, '%', 1)    %如果 line 为空行或为注释行，
     continue                                    %则继续读下一行
    end
  count=count+1;                                 %行数计数
end
fclose(fid);                                      %关闭文件
disp(sprintf('%d line', count));                 %显示结果
```

运行结果如下：

```
>> 25 line
```

2. 写文件操作

MATLAB 提供函数 fwrite 将一个矩阵的元素按一定的数值精度类型写入到某个打开的文件中，该函数返回写入的数据个数。例如；

```
fid=fopen(' temp.bin', ' w')
count=fwrite(fid, magic(3), ' integer*4')
status=fclose(fid)
```

将生成 36B 长度的二进制文件，包含 3×3 个数据，即三阶方矩阵的数据，每个数据占用 4B 的存储单位，数据类型为整型，输出变量 count 的值为 9。

3. 文件读写位置控制

按照操作系统的规定，在读/写数据时，总是从磁盘文件的开始处顺序向后在磁盘空间上读/写数据。操作系统可以控制文件指针，指出当前的文件位置。在 C 或 FORTRAN 语言中，都有专门的函数来控制和移动文件指针，达到随机访问磁盘文件的目的。

MATLAB 中提供函数 fseek 和 ftell 来设置文件指针的位置，并取得文件指针的当前位置，以作为下一次读/写操作的起点。

1) ftell

函数 ftell 给出文件指针相对于文件中某个指定点的偏移量。使用格式为：

```
position=ftell(fid)
```

其中 fid 为数据文件句柄，position 为返回的指针位置，从文件开始处至当前位置的字节

数，如果 position 为-1，则表明出错。

2) fseek

函数 fseek 根据指定的位置来重新设置文件的当前位置。使用格式为：

```
status=fseek(fid, n, vt)
```

其中 **fid** 为数据文件句柄；n 为文件指针跳过的字节数；**vt** 为变量类型或文件开始或结束标志，可为如下形式：

'bof'	文件指针的开始点
'cof'	文件指针的当前点
'eof'	文件指针的结束点
'short'和'long'	整数类型和长整数类型，数据精度分别为 2B 和 4B。
'char'和'uchar'	有符号和无符号字符类型，数据精度为 1B。
'float' 和'double'	浮点类型和双精度类型，数据精度分别为 4B 和 8B。

偏移量为正时表示向文件尾部方向偏移，偏移量为负时表示向文件头部方向偏移，偏移量单位为字节。

3) feof

函数 feof 用于检测是否到了文件尾。使用格式为：

```
ST=feof(fid)
```

其中 **fid** 为数据文件句柄，返回值 ST 为 1 时表示已到文件尾，为 0 时则未到。

4) frewind

函数 frewind 将文件定位到文件开头。使用格式为：

```
frewind(fid)
```

[例 6-11]　一个简单的文件位置移动示例。

```
A=[1 2 3 4 5 6 7 8 9];              %准备数据
fid=fopen('examp.dat', 'w');        %打开文件 examp.dat，准备写
fwrite(fid, A, 'short');            %将数组 A 以'short'类型(每个数据 2B)写入文件
ststus=fclose(fid);                 %关闭数组文件
fid=fopen('examp.dat', 'r');        %打开文件 examp.dat，准备读
status=fseek(fid, 6, 'bof');        %从文件开始处算起向后移动 6B
fdata3=fread(fid, 1, 'short');      %以'short'类型读取该位置数据(数据 '4' )
position=ftell(fid);                %返回文件位置( '8' )
status=fseek(fid, -4, 'cof');       %从文件当前位置处算起向前移动 4B
fdata2=fread(fid, 1, 'short');      %以'short'类型读取该位置数据(数据 '3' )
status=fclose(fid);                 %关闭数组文件
```

6.3.3　格式文件的输入输出

1. 格式输出

MATLAB 提供函数 fprintf 将数据转换成字符串，输出到命令窗口屏幕或写入到一个文件中。使用方法如下：

fprintf(fid，'string')：将字符串写入到由句柄 **fid** 所指向的文件中。

fprintf(fid，'format'，v)：将变量 v 按 format 所定义的格式写入到由句柄 fid 指向的文件中。

格式说明符 format，说明输出的数据格式，常用的格式说明符如下：

%e   指数表示形式

%f   固定小数点位置

%g   在前两种格式中自动选取较短的格式

下面是一个格式输出的例子：

```
X=0: 0.1 : 1;
Y=[X, exp(X)];
fid=fopen('exp.txt', 'w');
fprintf(fid, 'Exponential Function\n');
fprintf(fid, '%6.2f      %12.4f  \n', X, Y);
status=fclose(fid);
```

2．格式输入

MATLAB 提供函数 fscanf 来进行格式输入，使用方法如下：

1) fscanf(fid，'format')

将输入数据按 format 指定的格式输入到由句柄值 fid 指向的文件中。

2) fscanf(fid，'format'，num)

将输入数据按 format 指定的格式输入 num 个数据到由句柄值 fid 指向的文件中。

3) fscanf(fid，'format'，[m n])

将输入数据按 format 指定的格式，输入 $m×n$ 个数据，并构成 $m×n$ 矩阵，输入到由句柄值 fid 指向的文件中。

格式说明符 format，说明输入的数据格式，常用的格式说明符如下：

%s   按字符进行输入转换

%d   按十进制数据进行转换

%f   按浮点数据进行转换

格式说明中，除了单个的空格字符可以匹配任意个数的空格字符外，通常的字符在输入转换时与输入的字符进行一一匹配。函数 fscanf 将输入的文件看做是流式文件(stream)，MATLAB 根据格式说明来匹配输入流，并将在流中匹配的数据读入到 MATLAB系统中。

3．读取行

函数 fetl 用于从文件读取行，删除换行符。使用格式如下：

```
line=fgetl(fid)
```

函数 fgets 用于从文件读取行，保留换行符。使用格式如下：

```
line=fgets(fid)
```

下面是一个文件输入的例子：

```
fid=fopen('exp.txt', 'r');
title=fscanf(fid, '%s');
[table, count]=fscanf(fid, '%d  %f');
```

status=fclose(fid);

再看其它几种输入方式：

(1) A=fscanf(fid，'%5d'，100)

由句柄值 fid 所指向的文件中输入 100 个十进制数据到列矢量 *A* 中。

(2) A= fscanf(fid，'%5d'，[10 10])

由句柄值 fid 所指向的文件中输入 100 个十进制数据到 10×10 矩阵 *A* 中。

6.3.4 数据文件的导入与导出

MATLAB 还支持多种标准文件格式和用户自定义文件格式。如图形文件格式、多媒体文件格式、电子表格文件格式等。常用的数据文件导入导出函数如表 6-2 所列。

表 6-2 常用的数据文件导入导出函数

序号	数据文件导入导出函数	涵 义	序号	数据文件导入导出函数	涵 义
1	dlmread	从分隔文本文件中读入数据	10	auread	从 sun 声音文件读入数据
2	dlmwrite	将数据写入分隔文本文件	11	auwrite	将数据写入声音文件
3	textread	从文件中读入格式化文本	12	wavread	从 wav 声音文件读入数据
4	textscan	在利用 fopen 函数将文件打开后，再读入格式化文本	13	wavwrite	将数据写入 wav 声音文件
5	wklread	从电子表格文件中读入数据	14	hdf	MATLAB-HDF 网关函数
6	wklwrite	将数据写入电子表格文件	15	cdfepoch	创建用于导出通用数据文件(cdf)格式的对象
7	xlsread	从电子表格文件中读入	16	cdfinfo	获得一个 cdf 文件的信息
8	aviread	从 ayi 文件中读入数据	17	cdfread	从 cdf 文件中读入数据
9	imread	从图像文件中读入数据	18	cdfwrite	将数据写入 cdf 文件

6.4 MEX 文件与动态链接

MATLAB 是解释性语言，执行时对命令边解释边执行，因而执行速度比较慢，特别是进行循环计算时。如果执行多次嵌套，则其执行速度会更慢，这会使整个程序的运行效率低下，因而 MATLAB 不太适合做复杂的数值计算。然而，MATLAB 所拥有的"无所不能"的矩阵处理功能，"丰富多彩"的画图功能却是其它程序设计语言所不易拥有的。与此同时，其它的程序设计语言，如 C、C++等是编译性语言，程序经编译通过后，以二进制代码方式执行，因而执行速度非常快，在进行多层次的嵌套循环运算时，更能体现其优势。因此，若能把它们有机结合起来，就能很好地发挥各自的优势。

早期的 MATLAB 版本是用 FORTRAN 语言编写的，现在的 MATLAB 版本则都是用 C 语言编写的。MATLAB 提供动态链接函数库 MEX 实现与 C、C++等语言的链接，就如同 Windows 中的 DLL 一样。MEX 函数是一种动态链接的子程序，与 MATLAB 中的内置函数一样，能被 MATLAB 的解释器自动装入和运行。此外，由于 MATLAB 的库函数大都是用 C、C++语言编写的，因而在 C、C++语言中，调用快速执行的 MEX 函数，便能充分利用两者的长处，相得益彰，实现特定功能。

MEX 函数的应用非常广泛，主要有以下几个方面：

(1) 用 C，C++等程序设计语言编写的函数或子程序，被编译成 MEX 文件形式后，可以被 MATLAB 中的函数直接调用，而不必重新编写相应的 M 文件。

(2) 由于 MATLAB 的循环执行速度比较慢，因此对于这部分功能，可以编写相应的 C 或 C++程序，然后编译成 MEX 文件，以提高运行速度。

(3) 利用.DLL 格式的 MEX 文件，还可以调用其它软件，如 Windows 中的 Word 软件、Windows 的用户界面资源等，还可以利用 Windows 的动态数据交换(DDE)能力，与其它 Windows 应用程序交换必要的数据。

(4) 对于 A/D 或 D/A 卡、其它 PC 硬件，可以直接用 MEX 文件进行访问，以增强 MATLAB 的功能。

在 MATLAB 中，对 MEX 文件是优先执行的。也就是说，如果同时存在主文件名相同，而扩展名分别是 MEX、DLL、M 的文件，则 MATLAB 会优先执行 MEX 文件，然后是 DLL 文件，最后才是 M 文件。MATLAB 在调用 MEX 文件时，除了运行速度快一点之外，其它方面与 M 文件没有差别。

6.4.1 MEX 文件及使用

MATLAB 与 FORTRAN、C、C++等程序设计语言的接口程序的结构与实现过程基本上是一样的。

在 Willdows 95 / 98 环境下，MEX 文件是 32 位的 DLL 格式。使用 DLL 文件可以直接访问 Windows 环境下资源的各种功能；可以使用 DLL 格式的 MEX 文件生成基于 Windows 的用户图形界面(GUI)，并利用 Windows 的动态数据交换功能(DDE)与其它的 Windows 应用程序进行数据交换。例如，可以在 MEX 程序中加入一些 Windows 的资源，如对话框、工具条、菜单等。

为了在 MEX 文件中使用 Windows 的功能，需要在 MEX 程序中加入下面的头文件：

```
#include  <windows.h>
```

由于在 Windows 95 / 98 环境下，MEX 文件是 32 位的 DLL 格式。所以在编译 MEX 文件时，最好用 32 位的编译器与链接器来生成。通常使用的编译器有 Microsoft Visual C / C++ Versions 5.0 以上版本，Borland C / C++ Versions 5.0 以上版本，Borland C++ Builder Versions 3.0 以上版本。

1. MEX 文件的辅助文件

MEX 文件是通过将用户的 C 源程序与 MATLAB 提供的 API 库链接在一起的方式得到的。

有关生成 MEX 文件的辅助文件及 MATLAB 的链接库文件组织在 MATLAB 目录的子目录\EXTERN 下，在 EXTERN 子目录下还设有 4 个子目录：INCLUDE、LIB、SRC、EXAMPLES。

INCLUDE 子目录下存放有关头文件，主要有：

mex.h   MEX 文件的函数原型头文件

matrix.h　　　访问矩阵变量的函数原型头文件

mxArray.h　　访问数组变量的函数原型头文件

在 MEX 文件的源程序中必须包含头文件 mex.h。

LIB 子目录下，存放 API 函数库文件，主要用于 MEX 文件的链接。

SRC 子目录下存放一些例子的源程序文件。

EXAMPLES 存放各类 MATLAB 的 API 实例文件。

此外，在 BIN\WIN32 子目录下的 CMEX.BAT 文件是建立 C 语言 MEX 文件的批处理文件。用户不仅可以在 Windows 环境下或 DOS 环境下编译和链接生成 MEX 文件，也可以直接在 MATLAB 的命令窗口中用 mex 命令编译和链接生成 MEX 文件。

2. MEX 编译器的配置

为了快速编译生成 MEX 文件，可在 MATLAB 命令窗口执行 mex –setup 命令，然后按提示选择已安装的编译器。假定用户编写的函数名为 filename，则以后只要在 MATLAB 命令窗口执行 mex filename 命令，就可以直接编译生成 MEX 文件。

MEX 编译器的配置过程如下：

```
mex -setup

Please choose your compiler for building external interface (MEX) files:

Would you like mex to locate installed compilers [y]/n? y
```

这里，选择 y 是让 mex 命令自动定位已经安装的编译器(若选择 n，则 mex 命令会显示编译器列表，让用户选择)。回车后显示：

```
Select a compiler:

[1] Lcc-win32 C 2.4.1 in E:\PROGRA~1\MATLAB\R2009b\sys\lcc

[2] Microsoft Visual C++ 6.0 in C:\Program Files\Microsoft Visual Studio

[0] None

Compiler: 2

Please verify your choices:

Compiler: Microsoft Visual C++ 6.0

Location: C:\Program Files\Microsoft Visual Studio

Are these correct [y]/n? y

Trying to update options file: C:\Documents and Settings\Administrator\Application
Data\MathWorks\MATLAB\R2009b\mexopts.bat

From template:
E:\PROGRA~1\MATLAB\R2009b\bin\win32\mexopts\msvc60opts.bat

Done . . .

*************************************************************************

    Warning: The MATLAB C and Fortran API has changed to support MATLAB

             variables with more than 2^32-1 elements.  In the near future

             you will be required to update your code to utilize the new

             API. You can find more information about this at:

http://www.mathworks.com/support/solutions/data/1-5C27B9.html?solution=1-5C27B9
```

Building with the -largeArrayDims option enables the new API.
****

至此，编译器已配置成功，系统自动生成的配置文件为 msvc60opts.bat。

3. 配置的测试

MATLAB 根目录下的 extern\examples\mex 中，提供了许多范例，可以选择其中一个进行测试。例如选择 yprime.c 进行测试。

在命令窗口中输入：

```
>> cd d:\ Program Files\MATLAB\R2009b \extern\examples\mex\
>> mex yprime.c
>> yprime(1, 1:4)
ans =
    2.0000    8.9685    4.0000   -1.0947
```

如果配置不成功，系统会报错，应根据错误原因重新配置。

4. Windows 系统中 MEX 文件的建立

Windows 系统中 MEX 文件的建立分为 3 个过程，即编译、预链接和链接。

1) 编译阶段

Windows 系统中，编译过程如下：

(1) 设置编译 MEX 文件所使用的一些环境变量，包括路径变量 PATH、头文件包含变量 Include 和库文件变量 LIB。如果用户在自己的操作系统中已经对这些环境变量进行了注册，那么文件 autoexec.bat 已经设置了这些变量，就可以不用设置这部分变量。如果发生编译错误，就需要看看环境变量设置是否正确。

(2) 定义所使用的编译器的名字 COMPILER。在 VC 中，COMPILER 应该设置为 c1(cl 为 VC 的编译执行文件)。

(3) 对编译器的编译标志 COMPFLAGS 进行设置：

① 编译 MEX 文件产生动态链接库；

② 对于独立于 MATLAB 环境的程序，编译 MEX 文件产生可执行文件；

③ 使用参数-c 告诉编译器只对源文件进行编译，而不链接；

④ 使用参数-Zp8 告诉编译器按 8B 对准；

⑤ 如果使用优化模式，设置优化模式参数；如果使用调试模式，设置调试模式参数；

⑥ 使用参数-D 定义预处理宏 MATLAB_MEX_FILE；

⑦ 设置其它一些编译器参数。

2) 预链接

预链接过程是 Windows 系统特有的一个阶段。预链接过程主要是用来动态地创建输入函数库，这些函数库包含了 MATLAB 应用程序接口的库函数。所有的 MEX 文件仅仅与 MATLAB 发生链接，与之相关的定义文件存放在 MATAB 根目录\Extern\Include\中。

3) 链接阶段

链接过程包括以下步骤：

(1) 定义环境变量 LINKER，用于指明所用的链接器。

(2) 对链接器进行配置，定义环境变量 LINKFLAGS：

① 设置参数指明编译器创建动态链接库，如果是创建独立于 MATLAB 环境的程序，链接 MEX 文件产生可执行文件；

② 将输出点指向函数 mexFuction；

③ 链接在预链接过程产生的输入函数库；

④ 设置其它一些相关的链接器参数。

(3) 如果是优化模式，定义链接器优化参数 LINKROPTIMFLAGS；如果是调试模式，定义链接器调试模式参数 LINKDEBUGFLAGS。

(4) 如果需要，在环境变量 LINK_FILE 和 LINK_LIB 中对链接文件标示符和链接库标示符进行定义，如在 Watcom C 中，Watcom 使用它们来确定输入的名字，看它们是命令、变量还是文件。

(5) 在环境变量 NAME_OUTPUT 中使用参数 output 来建立输出标示符和名字。如果没有变量，那么编译器将使用命令行中的最前一行程序的名字。如果这个变量已经被设置了，用户也可以使用 mex –output 来改变输出标示符和名字。设置格式如下：

```
NAME_OUTPUT=/out: "%OUTPUT%%mex_NAME%.DLL"
```

5. VC 中 MEX 文件的建立与调试

1) VC 中 MEX 文件的建立

一般情况下，都是在 MATLAB 的命令窗口或 DOS 命令行下，用 mex <filename.c> 命令编译 MEX 文件，但对 VC 及 C++Builder 等集成开发环境来说，这种方法有一定缺陷：

① 当程序有多个模块时，需要多次使用 mex 命令编译，比较麻烦；

② 不能利用 VC 特有的 ClassWizard 自动创建和维护类；

③ 不能利用 MFC 类库编写应用程序；

④ 不能像 VC 那样进行有效的项目管理；

⑤ 不利于程序的调试，需要在 MATLAB 和编程环境之间频繁切换，造成诸多不便。

如果事先配置好 VC 与 MATLAB 的接口及环境，将会使使用非常方便。配置步骤如下：

(1) 准备工作。假设 MATLAB 的路径为 E:\ Program Files\MATLAB\R2009b，VC 的路径为 D:\ Program Files\Microsoft Visual Studio\VC98。首先需要由 MATLAB.def 创建库文件 MATLAB.lib，为此，进入 D:\Program Files\Microsoft Visual Studio\VC98\Bin 目录，用如下 lib 命令生成 MATLAB.lib：

```
lib/def  E:\ Program Files\MATLAB\R2009b
\extern\include\MATLAB.def/machine:ix86/out:MATLAB.lib
```

MATLAB.lib 文件一旦创建成功，就可以在任何一个 MEX 文件中使用。

(2) 配置工程。启动 VC6.0，创建 MFC AppWizard(dll)程序框架，然后进行以下操作：

① 在 VC 里创建一个工程，类型选择 Win32 Dynamic-link Library，如图 6-7 所示；

② 定义一个与工程同名的定义文件(文件扩展名为.def)，其内容为：

```
LIBRARY 工程名.dll
EXPORTS mexFunction
```

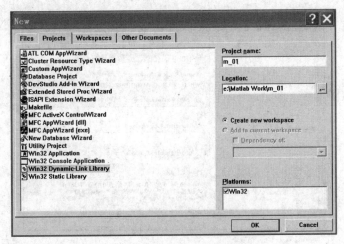

图 6-7 建立动态链接库对话框

(3) 进行工程环境设置。设置工程的头文件和库文件路径：在 VC 集成环境下选择"Tools"→"Options..."，在弹出的窗口中选择"Directories"页面，并在"Show Directories for"的下拉框中选择"Include Files"选项，并在"Directories"文本框中输入 MATLAB 的头文件和库文件路径，如图 6-8 所示。

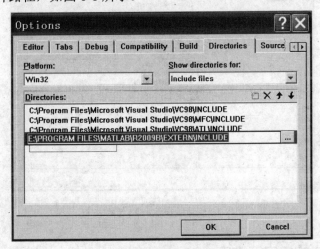

图 6-8 设置工程环境

(4) 添加宏 MATLAB_mex_FILE。在 VC 集成环境下选择"Projects"→"Settings..."，在弹出的窗口中选择"C/C++"页面，在"Category"下拉框中选择"Preprocessor"选项，在"Preprocessor definations"编辑框尾部添加宏"MATLAB_mex_FILE"如图 6-9 所示。

至此，在 VC 环境中就可以编译 C/C++语言编写的 MEX 文件了。

2) 在 VC 环境中调试和运行配置

在 VC 集成环境下选择"Projects"→"Settings..."，在弹出的窗口中选择"Debug"页面，在"Executable for debug session"编辑框中输入(或单击右侧三角符，在展开的目录中寻找)：

E:\ Program Files\MATLAB\R2009b \Bin\matlab.exe

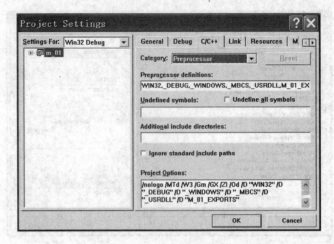

图 6-9 添加宏 MATLAB_mex_FILE

如图 6-10 所示，至此配置完毕。

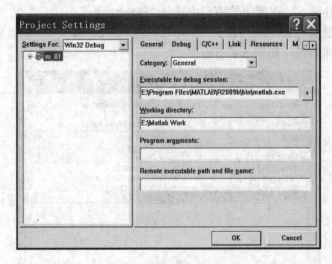

图 6-10 调试和运行配置对话框

6.4.2 MATLAB 的接口函数库

MATLAB 与 C、C++等语言进行相互通信时，需要用到 MATLAB 中的很多库函数、转换函数，来对 MATLAB 中的矩阵进行操作。主要有以下 4 类：

1. engine 函数库

引擎操作函数，主要是在 C、C++等语言中用于控制 MATLAB 的一些函数。在 C、C++等语言中调用 MATLAB 时，必须先打开一个引擎。当从 MATLAB 的工作窗口中读取或存入数据时，也要用到 engine 函数库中的一些函数。engine 函数库中的函数在 MATLAB 目录下的子目录 extern\include 头文件 engine.h 中可以找到，见附表。

2. mex 函数库

MEX 操作函数库，主要是在 C、C++等语言编写 MEX 文件时，与 MATLAB 进行数据交换和控制的一些函数。mex 函数库在 MATLAB 目录的 extern\include 子目录下的 mex.h 中可以找到，见附表。

3. mat 函数库

MAT 操作函数库，主要是在 C、C++等语言编写 MAT 文件中的信息时用到的一些函数。mat 函数库可以在 MATLAB 目录下的 extern\include 子目录下头文件 mat.h 中找到，见附表。

4. mx 函数库

矩阵操作函数库，主要是在 C、C++等语言编写 MATLAB 中的矩阵信息时用到的一些函数。mx 函数库可以在 MATLAB 目录下的 extern\incluse 子目录下的头文件 matrix.h 中找到，见附表。

6.4.3　MATLAB 与 C 语言的接口设计

1. 用 C 语言编写 MEX 文件

MATLAB 支持的数据结构与数据类型在 MEX 文件中都可以使用，并可以对其进行传递和处理。以下介绍 C 语言编写 MEX 文件来处理 MATLAB 中最常用的几种数据类型。

1) MEX 文件示例

下面是一个非常简单的 MEX 文件示例，假设文件名为 hello.c。

```
#include  "mex.h"
void mexFunction(int nlhs, mxArray *plhs[ ], int nrhs, const mxArray *prhs[ ])
{
  mexPrintf("Hello, World!");
}
```

在 MATLAB 命令窗口执行 mex hello.c 生成 MEX 文件，随后就可以像使用 MATLAB 的内置函数一样使用。

```
>> mex hello.c
>> hello
Hello, World!
```

2) MEX 源文件结构与工作原理

MEX 文件是由 MEX 源代码经过适当的编译器编译和链接器链接而生成的动态链接子程序。

MEX 源文件由两部分组成：

第一部分为入口子程序(Gateway Routine)，其作用是在 MATLAB 系统预备调用的外部子程序之间建立通信联系，定义被 MATLAB 调用的外部子程序入口地址，定义 MATLAB 系统向子程序传递的参数、子系统返回给 MATLAB 的结果参数以及调用计算功能子程序等。

第二部分为计算功能子程序(Computational Routine)，即要链接的外部子程序，用于完成一些特定的计算和功能，由入口子程序调用。

MEX 源文件的这两部分既可以分开，也可以组合在一起。但入口子程序的函数名必须是 mexFunction，其典型形式如下所示：

```
void mexFunction(int nlhs, maArray *plhs[], int nrhs, const maArray *prhs[])
{
    int i;
    /* Examine input (right-hand-side) arguments. */
// 输入参数的个数
    mexprintf(" \nThere are %d right-hand-side argument(s).\n" , nrhs);
    for (i=0; i<nrhs; i++)
      {//确定输入参数的类型
        mexPrintf(" \nInput Arg %i is of type:\t%s " , i, mxGetClassName(prhs[i]));
      }
    /* Examine output (left-hand-side) arguments. */
// 输出参数的个数
    mexprintf(" \nThere are %d left-hand-side argument(s).\n" , nlhs);
//捕捉并输出错误信息
    if (nlhs>nrhs)
      mexErrMsgTxt(" Cannot specify more outputs than inputs.\n" );
    for (i=0; i<nlhs; i++)
      {//分配输出矩阵的空间
    plhs[i]=mxCreateDoubleMatrix(1,1,mxREAL);
    *mxGetPr(plhs[i])=mxGetNumberOfElements(prhs[i]);
   }
}
```

mexFunction 函数中的参数涵义如下：

(1) nlhs：整型变量(int)，与 M 文件中的 nargout 变量的作用一样，记录输出参数的个数，即 MATLAB 函数调用的左端变量的个数。

(2) plhs：一个 mxArray 型的指针数组，数组中的每个元素分别指向每个输出参数的起始地址。

(3) nrhs：整型变量(int)，与 M 文件中的 nargin 变量的作用一样，记录输入参数的个数，即 MATLAB 函数调用的右端变量的个数。

(4) prhs：一个 mxArray 型的指针数组，数组中的每个元素分别指向每个输入参数的起始地址。

在 MATLAB 启动 MEX 文件时，传递的参数就是 mexFunction 函数中的参数。例如，MATLAB 调用一个名为 fun 的 MEX 函数，其格式为[x, y]=fun[a, b, c]，此时：

(1) 将函数的输入变量的个数赋给变量 nrhs，此处为 3。

(2) 生成一个 prhs 矩阵，用来存放输入参数的起始地址。此处 prhs(1), prhs(2), prhs(3) 分别指向输入变量 a, b, c 的起始地址。

(3) 将函数的输出变量的个数赋给变量 nlhs，此处是 2。

(4) 生成一个 plhs 矩阵，用来存放输入参数的起始地址。此处 plhs(1), plhs(2)分别指向输出变量 x, y 的起始地址。

当 MEX 函数被调用时，就是通过传递上述参数来进行的。

此外还需注意以下问题：

(1) 被调用的函数不能改变输入参数的值。

(2) 指向 MATLAB 矩阵的指针实际上是指向存放矩阵元素本身的值及矩阵头信息的一块连续存储空间的地址。

(3) MATLAB 矩阵中的元素是按列存放的，这与 C、C++语言中的存储方式不同，与 FOTRAN 语言中的存储方式相同。

3) MEX 文件执行流程

当对 C 语言 MEX 文件进行编译时，MATLAB 首先从命令行获取输入矩阵，并赋给入口子程序的输入参数指针组，入口子程序对输入参数进行简单的检查后，就创建输出矩阵，并将输出矩阵赋给入口子程序的输出参数指针组，然后使用入口子程序的输入参数和输出参数作为计算子程序的参数调用计算子程序，执行流程如图 6-11 所示。

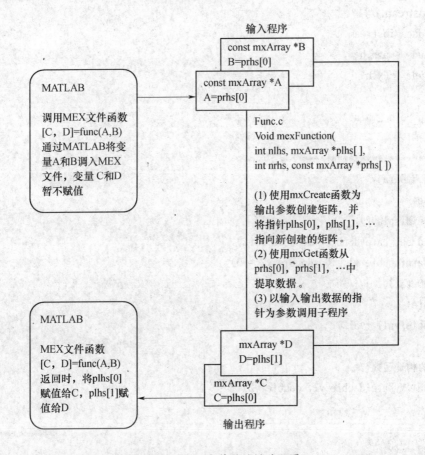

图 6-11　MEX 文件的编译流程图

在入口子程序中完成以下任务：

(1) 使用 mxGet 函数从 prhs[0]，prhs[1]，…中提取数据。

(2) 使用 mxCreate 函数为输出参数创建矩阵，并将指针 plhs[0]，plhs[1]，…指向新创建的矩阵。

(3) 以输入输出数据的指针为参数调用子程序。

2. MATLAB 与 C++语言的接口

1) 用 C++语言编写 MEX 文件

MATLAB 也提供了与 C++语言的接口，用 C++语言编写 MEX 文件时，入口函数也必须是 mexFunction，同样起着链接 C++语言程序与 MATLAB 的作用。

在 MEX 文件中，使用 C++语言中的类，与在一般情况下使用 C++的类是一样的，首先定义一个类，在 mexFunction 函数中生成一个类的对象，然后就可以使用对象中的成员变量与成员函数了。

下面是 MATLAB 提供的一个示例(位于<MATLAB >\extern\examples\mex 下)，演示如何用 C++语言编写 MEX 文件。在该例中，先定义一个类并创建一个对象，然后在 MEX 文件中使用对象中的成员变量与成员函数。在子程序 mexcpp 中生成类的对象，并调用对象中的成员。在 MEX 文件中，可以使用 C++类中的构造器、析构器、输入/输出流(iostream)等。

```cpp
#include <iostream.h>
#include <math.h>
#include "mex.h"


extern void _main();


/****************************/
class MyData {
public:
  void display();
  void set_data(double v1, double v2);
  MyData(double v1 = 0, double v2 = 0);
  ~MyData() { }
private:
  double val1, val2;
};
//类的构造函数
MyData::MyData(double v1, double v2)
{
  val1 = v1;
  val2 = v2;
}
//类的成员函数
void MyData::display()
{
#ifdef _WIN32
```

212

```
    mexPrintf("Value1 = %g\n", val1);
    mexPrintf("Value2 = %g\n\n", val2);
#else
    cout << "Value1 = " << val1 << "\n";
    cout << "Value2 = " << val2 << "\n\n";
#endif
}


void MyData::set_data(double v1, double v2) { val1 = v1; val2 = v2; }


/*********************/
//在子程序 mexcpp 中创建类的对象，并调用对象的成员
static
void mexcpp( double num1, double num2 )
{
#ifdef _WIN32
mexPrintf("\nThe initialized data in object:\n");
#else
  cout << "\nThe initialized data in object:\n";
#endif
  // Create a  MyData object              创建对象
  MyData *d = new MyData;
  // It should be initialized to zeros     调用对象的成员函数并初始化
  d->display();
 // Set data members to incoming values     设置对象成员变量为输入值
  d->set_data(num1,num2);
#ifdef _WIN32
  mexPrintf("After setting the object's data to your input:\n");
#else
  cout << "After setting the object's data to your input:\n";
#endif
  d->display();            // Make sure the set_data() worked
  delete(d);
  flush(cout);
  return;
}
 //MEX 文件的接口函数 mexFunction
void mexFunction( int nlhs, mxArray  *plhs[], int  nrhs, const mxArray *prhs[] )
{
```

```
double      *vin1, *vin2;
/* Check for proper number of arguments      检查输入/输出变量的个数 */
if (nrhs != 2) {
  mexErrMsgTxt("MEXCPP requires two input arguments.");
} else if (nlhs >= 1) {
  mexErrMsgTxt("MEXCPP requires no output argument.");
}
vin1 = (double *) mxGetPr(prhs[0]);
vin2 = (double *) mxGetPr(prhs[1]);
//调用 mexcpp 子程序
mexcpp(*vin1, *vin2);
return;
}
```

把该文件存于 MATLAB 的默认目录<MATLAB >\work 子目录下，然后在 MATLAB
命令窗口内对其进行编译：

```
>>mex mexcpp.cpp
```

然后，调用 C++语言编译器进行编译(在 Windows 工作环境中，生成 mexcpp.dll 文件)，
编译成功后，就可以像 MATLAB 的自带函数一样在 MATLAB 的命令窗口中执行。

2) 在 C++语言中使用 MATLAB 编写的 C++主函数

使用 API 函数 mexCallMATLAB，用户可以在自己的 C、C++源代码中调用 MATLAB
函数、命令、M 文件以及其它 MEX 文件。下面是 MATLAB 提供的示例，通过创建 mxArray，
调用 mexCallMATLAB 执行函数并绘出所需图形。

```
/*
* ===========================================================
* sincall.c
*
* Example for illustrating how to use mexCallMATLAB
*
* Creates an mxArray and passes its associated pointers (in
* this demo, only pointer to its real part, pointer to number of
* rows, pointer to number of columns) to subfunction fill() to
* get data filled up, then calls mexCallMATLAB to calculate sin
* function and plot the result.
*
* This is a MEX-file for MATLAB.
* Copyright (c) 1984-2000 The MathWorks, Inc.
*
* ===========================================================
*/
/* $Revision: 1.9 $ */
```

214

```c
#include "mex.h"
#define MAX 1000

/* Subroutine for filling up data */
void fill(double *pr, int *pm, int *pn, int max)
{
  int i;

  /* You can fill up to max elements, so (*pr) <= max. */
  *pm = max/2;
  *pn = 1;
  for (i = 0; i < (*pm); i++)
    pr[i] = i * (4*3.14159/max);
}


/* The gateway routine */
void mexFunction(int nlhs, mxArray *plhs[],
                 int nrhs, const mxArray *prhs[])
{
  int     m, n, max = MAX;
  mxArray *rhs[1], *lhs[1];

  rhs[0] = mxCreateDoubleMatrix(max, 1, mxREAL);

  /* Pass the pointers and let fill() fill up data. */
  fill(mxGetPr(rhs[0]), &m, &n, MAX);
  mxSetM(rhs[0], m);
  mxSetN(rhs[0], n);

  /* Get the sin wave and plot it. */
  mexCallMATLAB(1, lhs, 1, rhs, "sin");
  mexCallMATLAB(0, NULL, 1, lhs, "plot");

  /* Clean up allocated memory. */
  mxDestroyArray(rhs[0]);
  mxDestroyArray(lhs[0]);

  return;
```

```
    }
    Running this example sincall
    displays the results
```

6.4.4　MEX 独立应用程序构建

独立的应用程序可以在未安装 MATLAB 的系统中运行，但生成独立的应用程序需要有运行时间共享库的支持。需要注意的是，如果想生成独立的应用程序，就必须在系统中安装 MATLABC / C++数学库，如果在程序中使用了图形句柄，则还必须安装 MATLAB C / C++图形库。

1. MEX 文件与独立应用程序的区别

MEX 文件与独立应用程序在许多方面都有区别：

(1) MEX 文件与 MATLAB 解释器运行在同一个进程空间，当调用一个 MEX 文件时 MATLAB 解释器与 MEX 文件进行动态链接。

(2) 独立的 C 或 C++应用程序不依赖于 MATLAB。

1) MEX 文件

只要在命令行中指定 MEX 文件或者通过使用-h 选项找到帮助函数对 MEX 文件定位，编译器就会编译 MEX 文件。MEX 文件将会被载入，然后被独立程序使用。如果一个 M 文件和一个 MEX 文件位于同一个目录之下，并且 M 文件至少包含一个函数，编译器就会去编译 M 文件而不会去编译 MEX 文件。如果希望使用 MEX 文件，必须使用%#mex 编译指令选项。

需要注意的是，在编译器所产生的代码中不能调用由编译译器生成的 MEX 文件，指定使用 M 源文件后，编译器将把它们编译成独立应用程序。

2) 独立的 C 应用程序

为构建独立的 C 应用程序，需要在系统中安装 MATLAB、MATLAB 编译器、一个 C 编译器，以及 MATLABC / C++数学库。

产生独立 C 应用程序的的源代码可以完全是 M 文件，也可以是 M 文件、MEX 文件和 C 或 C++源代码文件的组合。

MATLAB 编译器将输入的 M 文件翻译成适用于独立应用程序的 C 源代码。然后用 C 编译器编译这段 C 源代码，生成的目标文件被链接到目标库。生成 C 应用程序时应包含使用的库信息(将在后面阐述)。

如果试图在未安装 MATLAB C / C++数学库的系统中编译 M 文件来生成独立应用程序时，系统将找不到合适的库，链接目标程序将会失败。如果在程序中使用了图形句柄，而系统中未安装 MATLAB 图形库，MATLAB 编译器将会生成一个运行时间错误。

3) 独立的 C++应用程序

独立的 C++应用程序与独立的 C 应用程序有类似的地方，为构建独立的 C++应用程序，同样必须在系统中安装 MATLAB、MATLAB 编译器、一个 C++编译器，以及 MATLAB C / C++数学库。另外，生成独立的 C++应用程序的源代码可以完全是 M 文件，也可以是 M 文件、MEX 文件和 C 或 C++源文件的组合。

在使用适当的编译选项标志(如-p 或-L Cpp)时，MATLAB 编译器将输入的 M 文件翻译成应用于独立程序的 C++源代码。在用 C++编译器编译这个 C++源文件以后，生成的目标文件被链接到 MATLAB C / C++数学库。

在 Windows 系统中，MATLAB C++数学库是静态库，这是由于不同的 Windows 系统编译器使用不同的 C++名字解析算法。

2. 构建独立的 C / C++应用程序

1) 构建独立应用程序的基本步骤

为了在 Windows 操作系统中构建 C / C++应用程序，必须完成以下几个步骤：

(1) 验证 mbuild 能否创建独立的应用程序。

(2) 验证 MATLAB 编译器能将生成的目标文件与正确的库文件相链接，从而形成一个独立的应用程序。

(3) 将应用程序的目标代码和与之相链接的共享库包装在一起，从而完成独立应用程序的装配。

图 6-12 描述了生成独立应用程序的顺序与过程。

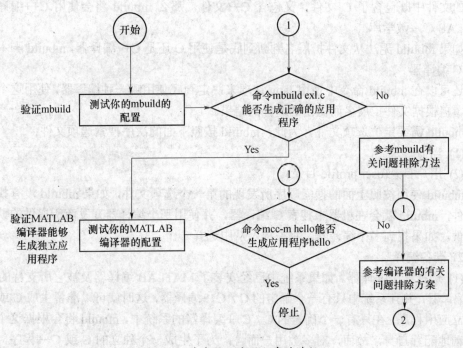

图 6-12　生成独立应用程序的过程

2) mbuild 简介

MathWorks 在 MATLAB 编译器中为 mbuild 命令提供了很多功能，它能定制编译器链接器的配置和程序的构建过程。mbuild 脚本提供了一种简单的指定选项文件的方法。使用这个选项文件可以进行以下操作：

(1) 设置编译器和链接器。

(2) 改变编译器或编译器的设置。

(3) 在 C 和 C++开发过程之间进行切换。

(4) 构建应用程序。

MATLAB 编译器(MCC)在确定的条件下自动调用 mbuild，特别是 mcc-m 或 mcc -p 调用 mbuild 执行编译和链接。如果不希望 MCC 自动调用 mbmld，可以使用-c 选项，例如，使用命令 mcc -mc filename。

3) 编译器选项文件

选项文件中包含了特定的 C / C++编译器所需要的编译器和链接器的设置信息。MathWorks 为每一种它所支持的 C 或 C++编译器提供各自的选项文件，在 Windows 系统中，在编译器的选项文件列表中包含了 Windows 选项文件。

对于开发的 C++应用程序，应注意 C++编译器能够支持 C++语言的模板特征，否则将不能使用 MATLAB C / C++数学库。

3. 在 Windows 中构建独立的应用程序

1) 配置 C 或 C++

mbaild通过检查被编译文件的文件类型来决定是使用C还是C++编译器来进行编译。若为 C 语言，则文件扩展名为.c；若为 C++语言，则文件扩展名为.cpp/.cxx/.cc。如果被编译的文件中既包含了 C 文件，又包含 C++文件，那么 mbuild 将会使用 C++编译器和 MATLAB C++数学库。

如果 mbuild 无法从文件扩展名判断到底是使用 C 还是 C++编译器，mbuild 脚本就会调用 C 编译器。

还可以在 mbuild 命令中使用-lang 选项来决定到底使用哪一种编译器，使用这个选项将会覆盖根据文件扩展名而做出的选择的结果。

mbuild 需要定位选项文件，为此，mbuild 按照下面的次序搜索选项文件：

(1) 当前目录。

(2) 用户目录(user profile 目录)。

mbuild 使用按照上面的搜索顺序所发现的第一个选项文件，如果 mbuild 没有找到选项文件，mbuild 就会在机器中搜索 C 编译器，并使用那个编译器开发商所提供的默认选项文件。如果找到多个编译器，将被提示从中选择一个。

2) 准备编译

(1) 选择一个编译器。如果系统中已经安装了 MATLAB 编译器及被它所支持的 C 或 C++编译器，并且系统中只有一个确定的 C / C++编译器，这时就可以准备生成 C 或 C++的独立应用程序。在只有一个确定的 C / C++编译器的系统中，mbuild 将会根据这个编译器自动地配置自身，故而，对多数用户而言，为了生成一个独立的 C 或 C++程序，只需简单地输入命令：

```
mbuild filename.c
```

这种简单的方法对多数用户都很有效。在这个例子中，假定 filename.c 中包含一个 main 函数，mbuild 就会使用已安装的 C 或 C++编译器作为生成独立应用程序的默认编译器。

如果不打算修改编译器选项文件，就不用选择或改变编译器，而直接进入"验证 mbuild"步骤。

如果在系统中安装了两个或两个以上的 C 或 C++编译器，mbuild 就会让用户选择使用哪一个编译器。一旦做出了选择，被选中的编译器就成为默认的编译器，这样在每次编译独立应用程序时，就不必再去选择一个编译器。

(2) 改变编译器。为了更换默认的 C 或 C++编译器，应选择一个不同的选项文件。为此，只需通过使用-setup 命令选项即可。

编译器一旦配置完毕，以后，每次启动 mbuild 脚本命令时，就可以使用这个被重新设置的默认编译器。

使用-setup 选项除了可以更换默认编译器外，还可以用它修改选项文件内部的有关设置，从而改变编译器、链接器及程序构建过程的设置。例如，如果想改变链接器的当前设置，或者想屏蔽掉在构建程序时出现的某些特定的警告信息，就可以使用-setup 选项实现修改。

-setup 选项复制适当的选项文件到 user profile 目录下，为了实现对选项文件的修改，必须按照自己特定的需要编辑这份位于 user profile 目录的选项文件的复制，然后保存修改后的文件。这样，就设置了自己的默认编译器的选项文件。如果需要知道 mbuild 传递哪些选项给编译器和链接器，就可以使用明细选项命令，即选项-v，命令如下：

```
mbuild -v filename1[fileuame2…]
```

这样就可以显示出 mbuild 所使用的编译器当前所有设置的列表。为了改变编译器选项，可以使用一个编辑器修改自己的编译器的选项文件。还可以通过使用明细选项-v 获得编译器的设置信息，并将此信息内嵌入到集成开发环境(IDE，即 Integrated Development Environment 的缩写)或者是一个 makefile 文件中。makefile 文件需要在 MATLAB 外部进行维护，但通常从 makefile 文件中很容易调用 mbuild 脚本，可以从系统文档中了解如何写一个 makefile 文件。Microsoft Visual C/C++ 6.0 在 Windows 中的编译器选项文件为 msvc60compp.bat。

将现成的选项文件合并，组合成一个通用的 C 和 C++选项文件需要按照如下的步骤进行。

(1) 从 C++选项文件中将所有带有设置变量 COMPFLAGS、OPTIMFLAGS、DEBUGFLAGS 和 LINKFLAGS 内容的行拷贝到 C 选项文件。

(2) 在 C 选项文件中，在由第一步拷贝 C++选项文件获得的行的范围内出现上述变量的地方，用下列新的变量名来替换上述的各个变量，替换的对应关系为：

① 用 CPPOPTIMFLAG 替换 OPTIMFLAGS；
② 用 CPPOPTIMFLAGS 替换 OFTIMFLAGS；
③ 用 CPPDEBUGFLAGS 替换 DEBUGFLAGS；
④ 用 CPPLINKFLAGS 替换 LINKFLAGS。

这个过程可将 C 选项文件变为一个通用的 C / C++选项文件。

使用-setup 选项对选项文件进行的选择和所做的修改的影响是长期的，如果只是想临时改变 C 或 C++编译器，就不应该使用-setup 选项，而应该使用-f 选项，其命令形式如下：

```
mbuild -f <file>
```

-f 选项告诉 mbuild 脚本使用选项文件<file>，如果<file>不在当前目录，那么在<file>中必须包括该文件的完整路径。使用-f 选项还表示 mbuild 脚本只在当前这一次 mbuild 的执行过程中使用这个选项文件，它不会重新设置默认选项文件。

对控制选项文件 compopts.bat 所做的任何修改都将在下一次运行 mbuild-setup 命令时

被重写。如果想保存反复使用命令 mbuild -setup 得到的编辑结果，就必须编辑控制选项文件，控制选项文件位于<matlab>\bin 路径之下。

此外，还可以将定制的 C 和 C++选项文件组合在一起使用。自 MATLAB 5.3 起，用于 mbuild 的选项文件已经有了变化，同样的选项文件既可用于构建 C 也可以用于构建 C++的独立应用程序。如果已经分别修改了生成 C 和 C++应用程序的选项文件，那么就可以将它们合并成为一个选项文件。

3) 验证 mbuild

可以使用位于<matlab>\extern\examples\cmath 目录下的示例文件 ex1.c 来验证 mbuild 是否被正确配置，以及能否生成独立应用程序。为此，在 MATLAB 命令提示符下输入命令：

```
>> cd e:\ Program Files\MATLAB\R2009b \extern\examples\cmath
>> mb
```

```
uild ex1.c
```

该命令将会生成一个名为 ex1.exe 的文件，在 Windows 系统中生成的独立应用程序总是带有.exe 的文件扩展名。这个应用程序是 32 位的 MS-DOS 的控制台应用程序。

(1) 共享库。MATLAB 所有的共享库(Win32 动态链接库)、MATLAB 编译器，以及 MATLAB 数学库都位于目录<matlab>\bin\win32，Microsoft 和 Boland 编译器使用的 DEF 文件位于<matlab>\extern\include 目录，所有的与构建独立应用程序相关的库都是 Win32 动态链接库。在运行一个独立应用程序以前，必须确认包含这些动态链接库的目录在搜索路径上。

这些目录被记录在操作系统的环境变量$PATH 中。在 Windows 95 中，可以在系统的自动批处理文件 Autoexec.bat 中设置这个变量，在 Windows NT 系统中可以在控制面板中设置个环境变量。

(2) 运行应用程序。在 DOS 命令行中启动这个演示程序，就可以运行这个独立应用程序。例如，在 DOS 命令行中输入命令 ex1，运行情况如图 6-13 所示。

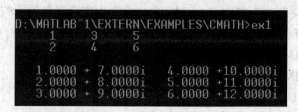

图 6-13　独立应用程序 ex1 的运行情况

4) 验证 MATLAB 编译器

使用位于<matlab>\extern\examples\compiler 目录的 M 文件 hello.m 来验证 MATLAB 编译器是否能够在系统中生成独立应用程序，可在 MATLAB 命令提示符下输入命令：

mcc –m hello.m

这个命令应能够无错误地执行完毕。为了运行生成的独立应用程序 hello，可以像调用其它的 Windows 控制台应用程序一样调用 hello，即在 MS-DOS 命令行中输入其名称 hello，这个程序就将运行并显示信息: Hello! World。

220

当执行 mcc 命令链接目标文件和库时,实际上 mcc 是通过调用 mbuild 脚本来实现这个功能的。

5) 使用集成开发环境(IDE)

MathWorks 公司为 Visual Studio 开发系统提供了一个 MATLAB 附件(MATLAB Add-in),它能使用户在 Micmsoft Visual C / C++(MSVC)开发环境下工作更加便利。MATLAB Add-in for Visual Studio 极大简化了在 MSVC 环境中使用 M 文件。Add-in 可以自动将 M 文件集成到 Visual C++工程中,使之完全与 MSVC 环境相集成。

当运行命令 mex -setup 或命令 mbmid –setup 并选择使用 Microsoft Visual C / C++5.0 或 6.0 时,MATLAB Add-in for Visual Studio 就被自动地安装到系统中。但是,为了使用 Add-in,还必须完成以下几个步骤:

(1) 为了能够使用 MATLAB add-in for Visual studio 构建 MEX 文件,可先在 MATLAB 命令提示符下运行命令:

```
mex -setup
```

在随后出现的菜单中从 Microsoft Visual C / C++5.0 或 6.0 中选择一个,这个过程将会配置 mex,使 mex 使用选择的这个 Microsoft 编译器,并在 Microsoft Visual C / C++目录下安装所需要的 Add-in 文件。

(2) 为了能够使用 MATLAB Add-in for Visual Studio 来构建独立应用程序(这需要 MATLAB 编译器和 MATLAB 数学库),可在 MATLAB 命令提示符下运行命令:

```
mbuild -setup
```

然后在随后出现的菜单中从 Microsoft Visual C / C++5.0 或 6.0 中选择一个,这个过程会配置 mbuild,使 mbuild 使用选择的 Microsoft 编译器,并在 Microsoft VisualC / C++目录下安装所需要的 Add-in 文件。(如果这会覆盖上面使用 mex-aetup 而安装的文件也没关系。)

(3) 为了支持 mex 或独立应用程序,还应该在 MATLAB 命令提示符下输入命令:

```
cd(prefdir); mccsavepath;
```

这个命令将当前 MATLAB 路径保存在一个名为 mccpath 的文件中,该文件位于 user preferences 目录下(输入 prefdir 是为了看到 user preferences 目录)。这一步骤是必需的,因为 MATLAB Add-in for Visual Studio 运行在 MATLAB 环境的外部,它无法确定 MATLAB 路径。如果添加了目录到 MATLAB 路径下,并希望它们对 MATLAB Add-in 可见,应再次运行命令 cd 和 mccsavepath,然后用期望的目录替换目录 prefdir。

(4) 为了配置 MATLAB Add-in for Visual Studio 在 Miemsoft Visual C/C++下工作,可在 VC 环境下采取以下操作:

① 在 MSVC 中的菜单中单击"Tools"→"Customize"选项;

② 单击"Add-in and Macro Files"命令;

③ 在"Add-in and Macro Files"列表中选择"MATLAB for Visual Studio"选项并单击"Close"按钮。这时 MATLAB Add-in for Visual Studio 的浮动工具条出现。通过上面的步骈引导 MSVC 在启动时自动装载 Add-in。

6) 装配独立的 Windows 应用程序

为装配一个独立的应用程序,必须生成一个程序包,在这个程序包中必须包含以下文件：

(1) 应用程序中的可执行代码。

(2) 如果 mbuild 在应用程序的可执行代码所在目录创建了一个名称为 bin 的目录，则这个目录下的内容应被包含在程序包中(注意，mbuild 不一定会为每个独立应用程序都创建 bin 目录)。

(3) 应用程序所使用的 MEX 文件。

(4) 所有的 MATLAB Math run-time libraties。

6.5 MATLAB 计算引擎

6.5.1 MATLAB 计算引擎的概念

1. MATLAB 计算引擎的概念

MATLAB 计算引擎是 MathWorks 公司提供的用于外部程序和 MATLAB 交互的一组函数库和程序库。

在调用的过程中，MATLAB 计算擎函数库工作在后台，MATLAB 通过它与别的应用程序进行通信，由于它工作起来像一个汽车发动引擎，故由此得名。计算引擎功能强大、使用方便。通过 MATLAB 计算引擎可以完成以下的功能：

(1) 调用一个数学函数或子程序来处理数据。此时，MATLAB 就是一个强有力的、编程灵活且高效的数学函数库。

(2) 利用 MATLAB 的强大、高效的计算功能和灵活的矩阵处理特点，结合其它高级语言循环处理快、图形界面编程容易的特点，可以为特定的任务建立一个高效的、具有友善界面的系统，以达到缩短开发周期的目的。

MATLAB 计算引擎在后台工作，这种方式具有很多优点，工作时不需要 MATLAB 整个与程序相连，只需要以小部分引擎通信函数库与程序相连，节省了大量的系统资源，使应用程序整体性能更好，处理效率更高；它还可以充分利用网络，将计算任务繁重的引擎程序放在网络上那些计算速度快、计算能力强的机器上，这样可以使整个系统运行速度加快。

MATLAB 提供了两种 ActiveX 技术支持：ActiveX 组件集成和 ActiveX 自动化。ActiveX 是 Microsoft 推出的用于组件对象模型(Component Object Model，COM)的一种技术，它使各种软件组件可以在网络工作环境中相互作用，而不管这种组件是使用什么语言编写的。ActiveX 技术可以创建运行在桌面或 Internet 上的应用程序(有关 ActiveX 技术详尽的信息请参考相关书籍)。ActiveX 自动化允许 MATLAB 管理其它 ActiveX 组件或者被其它的 ActiveX 组件所控制。当 MATLAB 受到其它 ActiveX 组件的控制时，实际上充当了自动化服务器，ActiveX 组件则是自动化客户机。

MATLAB 计算引擎采用了客户机/服务器(Client/Server)的体系结构，通过 Windows 的 ActiveX 通道或 UNIX 的管道(Pipes)和 MATLAB 进行连接。在具体的应用中，客户的程序作为前端客户机，通过 MATLAB 计算引擎在后台与 MATLAB 服务器建立连接，实现动态的通信。因此，应用程序运行的一般过程是先向 MATLAB 计算引擎传送数据和命令，由 MATLAB 计算引擎与 MATLAB 服务器交互，再由 MATLAB 计算引擎将 MATLAB 运算结果返回应用程序。

2. 计算引擎库函数

MATLAB 使用一系列(表 6-3)函数用来控制 MATLAB 计算引擎的工作。这些函数都使用了前缀名 eng。C 语言引擎函数库如表 6-3 所列。

表 6-3   C 语言引擎函数库

序号	函数	功　　能
1	engOpen	打开或共享一个 MATLAB 计算引擎
2	engOpenSingleUse	打开一个单独的非共享的 MATLAB 计算引擎
3	engPutVariable	将一个 MATLAB 数组(mxArray)发送到 MATLAB 计算引擎
4	engGettVariable	从 MATLAB 计算引擎中获取一个 MATLAB 数组(mxArray)
5	engOutputBuffer	创建一个缓冲区来存储 MATLAB 的文本输出
6	engEvalString	在 MATLAB 计算引擎中执行一条 MATLAB 命令
7	engGetVisible	获取一个 MATLAB 计算引擎周期的可视化属性设置。一个可视化的计算引擎周期将以窗口的形式在 PC 桌面运行，并可以和用户进行交互；而一个非可视化的计算引擎周期则只能在后台运行，不能和用户进行交互
8	engSetVisible	设置一个 MATLAB 计算引擎周期的可视化属性
9	engClose	关闭一个 MATLAB 计算引擎

MATLAB 计算引擎也用到一些前缀为 mx 的接口函数，这些函数在前面的 C 语言 MEX 文件编程中已经介绍，详情可参见附录 B。

一些图形界面丰富的应用程序通过 MATLAB 计算引擎使用了许多回调过程。回调过程中有些表达式和变量需要在根工作区中计算，这就需要使用 evalin 命令，它告诉 MATLAB 这些表达式和变量应该在 MATLAB 根工作区中进行计算，命令格式为：

```
engEvalString(ep, " evalin(' base' ,expression) ")
```

evalin 命令中第一个参数明确指定了在 MATLAB 根工作区中执行，expression 为需要执行的表达式或变量。这样 MATLAB 才会正确地执行回调过程和返回回调过程的值。对那些不需要执行回调过程的计算程序，这种方式不适合。

6.5.2　MATLAB 计算引擎的编程

1. C 语言 MATLAB 计算引擎的编程

为了使 C 语言能调用 MATLAB，首先要打开一个 MATLAB 工程，然后就是将 mxArray 转换成在 MATLAB 中可操作的形式，具体步骤如下：

(1) 通过调用命令 engOpen 打开一个工程。

(2) 将 mxArray 转换成 MATLAB 可理解的形式，有两种不同的方式。第一种方式是用程序 mxCreate 创建矩阵，然后用 mxSetName 对它们进行命名；第二种方式是选择一个自定义的数据结构，并复制到 mxArray 中。需要注意的是，MATLAB 在存储矩阵时是按列序来保存的，而 C 语言是按行序来保存的，故必须分清下标。

(3) 将矩阵放入 MATLAB 计算引擎的工作区中，可以用以 engPut 开头的程序来完成 (这样 MATLAB 已准备好接收命令了)。这些命令可以在普通命令窗口中给出，但通过字符串形式传递给函数 engEvalString。

另外，从 MATLAB 到 C 语言的转换和传递也是有必要的。

例 6-6 是 MATLAB 提供的一个范例，在目录<MATLAB>\extem\examples\eng_mat\中 (<MATLAB>表示 MATLAB 安装的根目录)。这个程序分两个部分，第一部分实现的功能是创建一个矩阵，然后送到 MATLAB 计算引擎的工作区中去，再将它在工作区中进行运算并绘出结果图；第二部分实现的功能是接收用户的一个输入，输入格式与在 MATLAB 环境中输入矩阵一样，接着将矩阵送到 MATLAB 计算引擎的工作区中，然后返回这个变量并给出变量类型。

[例 6-12]　MATLAB 提供的一个范例。

```
//engdemo.c
//包括一些必要的头文件，其中 engine.h 是每一个使用计算引擎的应用程序
//必须包括进来的
#include <stdlib.h>
#include <stdio.h>
#include <string.h>
#include "engine.h"
#define  BUFSIZE 256


int main()
{
        Engine *ep;              %定义一个 MATLAB 引擎变量
        mxArray *T = NULL, *result = NULL;
        char buffer[BUFSIZE];
        double time[10] = { 0.0, 1.0, 2.0, 3.0, 4.0, 5.0, 6.0, 7.0, 8.0, 9.0 };
        //启动 MATLAB 计算引擎，如果在本地启动，那么函数所带的参数字符串为空，
        //如果不在本地启动，而是在网络中那么就需要写出主机名，
        //即 engOpen(" 主机名 ")，而不是空白
        /* Start the MATLAB engine locally by executing the string "matlab"
        * To start the session on a remote host, use the name of
        * the host as the string rather than \0
        * For more complicated cases, use any string with whitespace,
        * and that string will be executed literally to start MATLAB
        */
        if (!(ep = engOpen("\0"))) {
                fprintf(stderr, "\nCan't start MATLAB engine\n");
                return EXIT_FAILURE;
        }
```

224

```
/*
 * PART I                       第一部分，创建矩阵并送到 MATLAB 计算引擎的工作区中，
 *                              再将它在工作区中进行运算和绘制结果图
 * For the first half of this demonstration, we will send data
 * to MATLAB, analyze the data, and plot the result.
 */
/*
 * Create a variable for our data     以下创建一个新矩阵，并命名和赋值
 */
T = mxCreateDoubleMatrix(1, 10, mxREAL);
mxSetName(T, "T");
memcpy((void *)mxGetPr(T), (void *)time, sizeof(time));
/*
 * Place the variable T into the MATLAB workspace
 */
engPutArray(ep, T);                  %将新建的矩阵送到 MATLAB 工作区中
/*
 * Evaluate a function of time, distance = (1/2)g.*t.^2
 * (g is the acceleration due to gravity)
 */
engEvalString(ep, "D = .5.*(-9.8).*T.^2;");%在 MATLAB 工作区中计算该式
/*
 * Plot the result                     在 MATLAB 工作区中绘制结果图
 */
engEvalString(ep, "plot(T,D);");
engEvalString(ep, "title('Position vs. Time for a falling object');");
engEvalString(ep, "xlabel('Time (seconds)');");
engEvalString(ep, "ylabel('Position (meters)');");
/*
 * use fgetc( ) to make sure that we pause    使用函数 fgetc( )来停留足够时间，
 * long enough to be able to see the plot     以确保 MATLAB 能把图形绘制出来
 */
printf("Hit return to continue\n\n");
fgetc(stdin);
/*
 * We're done for Part I!              完成第一部分工作，
 * Free memory, close MATLAB engine.   释放内存，关闭 MATLAB 计算引擎
 */
printf("Done for Part I.\n");
```

225

```
mxDestroyArray(T);
engEvalString(ep, "close;");
/*
```
* PART II 第二部分；输入一个 MATLAB 命令形式的字符串，该字符串定义
* 　　　　　　　　　　一个变量，MATLAB 将识别这个字符串，然后返回
* 　　　　　　　　　　这个变量，并给出变量类型
* For the second half of this demonstration, we will request
* a MATLAB string, which should define a variable X. MATLAB
* will evaluate the string and create the variable. We
* will then recover the variable, and determine its type.
```
*/
/*
```
* Use engOutputBuffer to capture MATLAB output, 使用函数 engOutputBuffer
* so we can echo it back.　　　　　　　　　　　　来捕获 MATLAB 的输出
```
*/
engOutputBuffer(ep, buffer, BUFSIZE);
while (result == NULL) {
    char str[BUFSIZE];
    /*
```
    * Get a string input from the user　　　　获得用户的输出
```
    */
    printf("Enter a MATLAB command to evaluate.  This command should\n");
    printf("create a variable X.  This program will then determine\n");
    printf("what kind of variable you created.\n");
    printf("For example: X = 1:5\n");
    printf(">> ");
    fgets(str, BUFSIZE-1, stdin);
    /*
```
    * Evaluate input with engEvalString
```
    */
    engEvalString(ep, str);　　　　　　　　　%识别由 engEvalString 送来的字符串
    /*
```
    * Echo the output from the command. 响应 MATLAB 的输出，输出的前两个字节是命
    *　　　　　　　　　　　　　　　　　　　　令符(>>)
    * First two characters are always the double prompt (>>).
```
    */
    printf("%s", buffer+2);
    /*
```
    * Get result of computation　　　　得到计算结果
```
```

```
        */
        printf("\nRetrieving X...\n");
        if ((result = engGetArray(ep,"X")) == NULL)
            printf("Oops! You didn't create a variable X.\n\n");
        else {
            printf("X is class %s\t\n", mxGetClassName(result));
        }
    }
    /*
    * We're done!                          全部工作完成。释放内存，关闭 MATLAB 引擎
*Free memory, close MATLAB engine and exit.
    */
    printf("Done!\n");
    mxDestroyArray(result);
    engClose(ep);
    return EXIT_SUCCESS;
}
```

MATLAB 计算引擎程序的编译与 MEX 文件的编译是同一个命令，只不过编译选项文件不一样。编译 MATLAB 计算引擎程序的格式为(假设 MATLAB 安装在目录 D:\下):

```
mex -f  D:\ Program Files\MATLAB\R2006a \bin\win32\mexopts\
            msvc60engmatopts.bat engdemo.c
```

编译该例程后得到一个可执行文件。

```
mex -f  D:\ Program Files\MATLAB\R2006a \bin\win32\mexopts\msvc60engmatopts.bat
            D:\ Program Files\MATLAB\R2006a \extern\examples\eng_mat\engdemo.c
```

2. 计算引擎程序的建立和调试

1) 在 Windows 系统中编译和调试

在 Windows 系统中编译和调试 MATLAB 计算引擎程序极为简单，用户使用 mex 命令带上引擎选项文件就可以了，其格式如下:

```
mex -f  <MATLAB>\bin\win32\mexopts\optsfilename.bat  <pathname>\filename.c
```

其中 pathname 表示 filename. c 所在的路径。选项文件 optsfilename. bat 存放在 MATLAB 的子目录\bin\win32\mexopts\中，具体哪个选项文件需要看用户使用的编译器。例如，用户使用 MSVC(Version 6.0)，那么选项文件为 msvc60engmatopts.bat。

2) 在 VC6.0 中编译和调试 C 语言引擎程序

对那些习惯于集成开发环境的用户，可能对通过命令行来建立、编译、调试和运行的编程方式感到很不习惯，此外调试时需要在源程序编辑环境和 MATLAB 环境间来回切换，也很不方便。那么，能不能在集成开发环境如 VC 中进行源程序的建立、编译、调试和运行呢?可以肯定地说，可以，只要配置好集成开发环境就行。

下面以 VC 为例进行集成环境的配置。

在 VC6.0 中建立和调试 C 语言引擎程序文件的基本步骤如下:

(1) 启动 VC6.0，创建新的工程，新工程的类型选择为"Win32 console Application"，接下来会弹出一个对话框，询问 Win32 console Application 的类型，选择默认的"An empty project"选项，然后单击"Finish"按钮，创建工程完毕。

(2) 工程创建完毕后，需要配置 Include Files 和 Library Files 的路径。在 VC 6.0 环境中选择"Tools"→"Options"，在弹出的"options"对话框中，选择"Directories"标签页，如图 6-8 所示，在其中的"Show directories for"下拉框中选择"Include Files"和"Library Files"选项，在下面的文本框里分别输入路径(假设 MATLAB 安装在目录 E:\MATLAB 下)：

E:\ Program Files\MATLAB\R2009b \extern\include

E:\ Program Files\MATLAB\R2009b\extern\lib

然后单击"OK"按钮完成这一步。

(3) 进入用户安装 VC 6.0 的目录下，假设为 D:\Program files\Microsoft VisualStudio\vc98，进入子目录\bin，建立如下批处理文件(假定批处理文件名为 MATLAB_P.BAT)并运行。

```
lib/def:D:\ Program Files\MATLAB\R2009b
        \extern\include\libmx.def\machine:ix86/out:lib_name1.lib/LOGOGO
lib/def:E:\ Program Files\MATLAB\R2009b
        \extern\include\libeng.def\machine:ix86/out:lib_name2.lib/LOGOGO
lib/def:E:\ Program Files\MATLAB\R2009b
        \extern\include\libmat.def\machine:ix86/out:lib_name3.lib/LOGOGO
```

批处理文件执行完毕后，得到三个静态链接库，分别为 lib_namel.lib、lib_name2.1ib 和 lib_name3.1ib。这三个链接库一旦产生，就可以在别的工程中连续使用，而不用重复创建。

(4)在 VC 6.0 环境中，选择"Project"→"Add To Project"，然后选择"Files"选项，将第三步产生的三个静态链接库添加到当前工程中。

完成以上四步后，就可以在 VC 6.0 中对 C 语言引擎程序进行编译、调试和运行了。

3) 计算引擎应用示例

(1) MATLAB 提供的示例。在<matlab>\extern\examples\eng_mat 下，MATLAB 提供了许多从 C 语言中调用 MATLAB 引擎的演示文件。可以进行参照，此不赘述。

(2) 利用 MATLAB 引擎计算齿轮的动载系数。下例引自作者开发的齿轮设计专家系统，其基本思想是用 MATLAB 引擎作为后台计算工具，处理设计资料数据。

```
#include "engine.h"
    ……
//计算动载系数
void CylinderGear::DynLoadFactor()
{
v=data.v;
Engine *ep;                      //定义引擎指针
//定义 mxArray 结构体指针
```

```
    mxArray*M=NULL, *V = NULL, *W = NULL,*R = NULL,*A=NULL,*d=NULL;
      char buffer[301];
      double *Dreal, *Dimag;
      double P[2][2];
      P[0][0]=6;
      P[0][1]=8;
      P[1][0]=rate;
      P[1][1]=v;
    /*启动本机 MATLAB 引擎，如果出错则退出程序。
      如想启动远程主机上的 MATLAB，则用相应主机名代替\0*/
      if (!(ep = engOpen(NULL))) {
              ::MessageBox ((HWND)NULL, (LPSTR)"不能启动 MATLAB! ",
              (LPSTR) "警告", MB_OK|MB_ICONWARNING);
              exit(-1);
      }
    //矩阵的构造和赋值
      W= mxCreateDoubleMatrix(2, 2, mxREAL);
      mxSetName(W, "W");
      memcpy((char *) mxGetPr(W), (char *) P, 4*sizeof(double));
    engPutArray(ep, W);
    //通过 MATLAB 引擎库的函数 engEvalString 向 MATLAB 发出计算指令
      engEvalString(ep , "w1 =[-5.5474  0.0159;4.6102  0.5081;-5.8948  -0.2272;4.7302
0.4920;-5.3261 -0.2981;-3.9458 -0.3386;3.2037 0.4077;-4.6638 0.3691;-2.8115 -0.4097;-5.7661
-0.1005;-4.3419    -0.3395;-6.3228    -0.0090;-1.0556    0.3955;5.6047    -0.8568;5.2677
-0.4623;-5.9051 -0.2653;4.6851 0.2341;5.6314 0.4327;2.8854 0.4053;4.720 0.2632];");
      engEvalString(ep,"b1=[36.7767;-39.9739;40.3076;-45.5235;49.1317;49.5484;-28.4873;27.
7597;40.1082;55.2285;33.2521;41.9916;-0.3718;-54.9305;-41.5410;47.2714;-33.3024;-55.6108;
-40.4311;-49.5369];");
      engEvalString(ep, "w2 =[0.7080 -0.6647 0.0112 -0.1875 -0.8790 -0.2247 0.7158 0.2584
0.7903 -0.2658 0.5744 -0.4513 -0.2122 -0.7891 -0.5176 -0.4327 0.9657 -0.5505 -0.4877
0.5332];");
      engEvalString(ep, "b2 =[0.0650];");
      engEvalString(ep, "nntwarn off;");
      engEvalString(ep, "a=simuff(W,w1,b1,'logsig',w2,b2,'purelin');");
      engEvalString(ep,"T=(a.*0.68)+1;");
      d = engGetArray(ep, "T");
    if (d == NULL)
    {
::MessageBox ((HWND)NULL, (LPSTR)"数组为空! ", (LPSTR)"警告", MB_OK|MB_ICONWARNING);
```

```
        }
        else {
                Dreal = mxGetPr(d);
                Dimag = mxGetPi(d);
                if (Dimag)
                 sprintf(buffer,"Engineval 2: %g+%gi",Dreal[1],Dimag[1]);
                else
                    sprintf(buffer,"%g",Dreal[1]);
        }
    Kv=atof(buffer);
    //关闭 MATLAB 引擎，释放指针。
    mxDestroyArray(d);
    engClose(ep);
}
```

第7章　动态仿真及其应用

为了分析、研究机电系统的动态特性，或对其进行控制，就需要对所研究的系统建立数学模型，以便进行动态仿真研究，进而进行实际控制。MATLAB 下的 Simulink 是一个集建模、动态仿真与综合分析于一体的集成软件包，是一个卓越的基于模块及系统设计仿真工具，可以较好地进行建模和动态仿真设计。

7.1　仿真技术概论

7.1.1　仿真的基本概念

1. 仿真的基本概念

仿真的基本思想是利用物理的或数学的模型来类比模仿现实过程或真实系统，通过对模型的分析和实验去研究系统的行为，寻求过程和规律。

仿真的基础是相似现象，相似性一般表现为两类，即几何相似性和数学相似性。当两个系统的数学方程相似，只是符号变换或物理含义不同时，这两个系统被称为"数学同构"。事实上，相似性是一个含义比较广的概念，既有几何形状的相似、结构的相似、功能的相似，还有机理和联想的相似，后者尤其是创造性的源泉。

仿真的方法可以分为 3 类：

1)实物仿真

它是对实际行为和过程进行仿真，早期的仿真大多属于这一类。物理仿真的优点是直观、形象，时至今日，在航天、建筑、船舶和汽车等许多工业系统的实验研究中心仍然可以见到。例如，用沙盘仿真作战、利用风洞对导弹或飞机的模型进行空气动力学实验、用图纸和模型模拟建筑群等都是物理仿真。但是要为系统构造一套物理模型，不是一件简单的事，尤其是十分复杂的系统，将耗费很大的投资，周期也很长。此外，在物理模型上做实验，很难改变系统参数，改变系统结构也比较困难。至于复杂的社会、经济系统和生态系统就更无法用实物来做实验了。

2) 数学仿真

就是用数学的语言、方法去近似地刻画实际问题，这种刻画的数学表述就是一个数学模型。从某种意义上，欧几里德几何、牛顿运动定律和微积分都是对客观世界的数学仿真。数学仿真把研究对象(系统)的主要特征或输入、输出关系抽象成一种数学表达式来进行研究。数学模型可分为解析模型(用公式、方程反映系统过程)、统计模型(蒙特卡罗方法)和表上作业演练模型。

然而数学仿真也面临一些问题，如果现实问题无法用数学模型来表达，即刻画实际问题的表达式不存在或找不到，就无法进行数学仿真；如果找到的数学模型过于复杂，会导致仿真失败；如果模型做了过多的近似和简化甚至有误，会导致求出的解不正确。

3) 混合仿真

混合仿真又称为数学—物理仿真，或半实物仿真，就是把物理模型和数学模型以及实物联合在一起进行实验的一种方法，这样往往可以获得比较好的结果。

2. 计算机仿真

计算机仿真也称为计算机模拟，就是根据所研究的系统，构造一个能描述真实系统结构和行为以及参与系统控制的主动者——人的思维过程和行为的模型，并用计算机来运行该仿真模型。该模型能模仿实际系统的运行及其随时间变化的过程，可以进行观察、统计和分析，能得到被模拟系统的运行特征，并可以根据模拟结果来测算实际系统的某些参数和性能。利用计算机，使得数学模型的求解变得更加方便、快捷和精确，同时也大大扩展了解决问题的领域和范围。计算机仿真特别适合于解决那些规模大，难以解析化以及不确定的系统。

计算机仿真有一系列优点：

(1) 可以根据所研究系统内部的逻辑关系和数学关系，构造面向系统的实际过程和系统行为的仿真模型，进而得到复杂随机系统的解。一般情况下，复杂、多随机因素系统，很难构造准确的数学模型来描述系统。

(2) 能模拟运行无法实施或不允许实施的问题。如模拟某地的地震烈度、禁止核试验后的实验问题、太空飞行问题、未来战场的进展等问题。

(3) 可以从众多方案中进行比较和优化。若用人力计算系统中的一些参数以及其变化和影响，工作量将非常巨大，甚至无法完成。

(4) 可模拟有危险和巨大风险的现象和问题。如技术风险、经济风险、投资风险等问题的仿真分析。

(5) 可模拟无法重复的现象。对大型项目的建设，如港口、铁路、机场等可以进行多次、各种因素组合的模拟，以减少损失。

(6) 可以模拟成本过高的问题。如新产品的研制、装配、运动，新结构的破坏性试验等，用计算机模拟方法代替真实的物理实验，将会减少大量人力物力。

(7) 可以简化建模过程，甚至避免抽象的数学模型，直接面向问题。有人统计，利用计算机仿真技术，可以节约产品研制费 40%左右，可以缩短产品研制周期 30%~40%。

7.1.2 仿真的一般过程

计算机仿真，概括地说是一个"建模—实验—分析"的过程，即仿真不单纯是对模型的实验，还包括从建模到实验再到分析的全过程。因此进行一次完整的计算机仿真有以下几个步骤：

1. 系统问题的描述

每一项研究都应从问题的描述(或说明)开始，通常，问题由决策者提供，或由熟悉问题的分析者提供。首先要把被仿真的系统需要解决的问题表达清楚，明确仿真的目的(仿真要回答的问题)、系统方案、系统环境、仿真的条件、仿真试验参数、仿真的初始条件等，还要说明项目计划包括人数、研究费用以及每一阶段工作所需时间等。

2. 系统分析

系统分析的目的是把实际问题模型化。根据提出的问题，划清系统涉及的范围，确定问题的目标函数、可控变量和约束条件，找出系统的实体、属性和活动及其相互关系。

3. 建立系统模型

根据系统分析，将实际系统抽象成为数学模型或方块流程图。对连续系统一般建立数学模型；对离散系统一般用方块流程图来描述，当然也需建立变量之间关系的表达式。系统模型应正确反应实际系统的本质，还应该简繁适度，模型和实际系统没有必要一一对应，只需描述实际系统的本质。因此，最好从简单的模型开始，然后建立更复杂的模型。模型过于简化，无助于对系统的研究；过于复杂，可能会降低模型的效率，甚至使问题难以求解。所以，一般情况下，可以先考虑系统的主要因素并建立较简单的模型，而后再逐步加以补充和完善。

4. 数据收集与统计检验

在系统仿真中，除了必要的仿真输入数据以外，还必须收集与仿真初始条件及系统内部变量有关的数据。这些数据往往是某种概率分布随机变量的抽样结果。因此需要对真实系统或类似系统作必要的统计调查，对数据进行统计检验，确定其概率分布及其相应的参数。

5. 构造仿真模型

如前所述，要计算机接受系统模型，还必须将系统模型转变成计算机能接受的仿真模型。仿真模型是指能够在计算机上实现并运行的模型，即逻辑流程图或逻辑框图。

构造仿真模型具有其本身的特点，它是面向问题和过程的建模方式。在离散系统建模中，主要根据随机发生的离散事件、系统中的实体流以及时间推进机制，按系统的运行进程建立模型。

6. 仿真程序的编制与验证

建立仿真模型后，就可以按所选用的计算机语言编制相应的仿真程序，即利用数学公式、逻辑公式和算法等来表示实际系统的内部状态和输入／输出的关系。

为了使仿真运行结果能反映仿真模型所具有的性能，必须使仿真程序与仿真模型在内部逻辑关系和数学关系等方面具有高度的一致性。这种一致性通常由仿真程序的语句与仿真模型——逻辑框图的对应性得到保证。但当模型的规模较大或内部逻辑关系比较复杂时，仍需对仿真程序与仿真模型的一致性进行验证，通常采用程序分块调试和程序整体运行的方法来验证仿真程序，也可采用对局部模块进行解析计算与仿真结果进行对比的方法来验证仿真程序的正确性。

7. 仿真模型的确认

仿真模型在运行之前，必须判断模型是否代表所仿真的实际系统，这就是仿真模型的确认(Validation of Simulation Models)。所谓"确认"是指确定模型是否能比较精确地代表实际系统。一个复杂系统的仿真模型只能是实际系统的一种近似，因此不能企求仿真模型的绝对确认。同样，仿真模型的确认只能说明仿真模型符合实际系统的程度。构建模型与仿真模型确认往往需要反复进行，它不是一次完成的，而是比较模型和实际系统特性的差异，不断对模型进行校正的迭代过程。

实际上，仿真模型确认的过程也是仿真模型的建立和修改的过程。因此，仿真模型的确认是一个复杂的过程，并且具有明显的不确定性。目前常用的是三步确认法：

第一步，直观有效性检验。所谓直观上有效是指由熟悉实际系统的人员对模型的建模思想、逻辑结构、输入数据、试运行的输出结果等进行定性和定量的分析，从而初步判断模型是否合理。灵敏度分析常用来检验模型的直观有效性。如输入变量的参数改变时，则输出也应有相应的变化。一个排队系统，如改变顾客的到达率，则可以预料服务台的利用率、平均队长，顾客在系统中的逗留时间等参数的变化趋向，这就是灵敏度试验。对于一个大型仿真模型可能有许多输入变量，则应选择重要的、灵敏度高的输入变量来做灵敏度试验。

第二步，检验模型的假设。这一步的目的是定量地检验建模时所作的各项假设。模型假设分两类：结构假设和数据假设。结构假设包括对实际系统的抽象与简化。如在土方挖运系统中，假设是多站单队，先到先服务，则需通过实际观察验证假设是否正确。数据假设包括对所有输入变量概率分布的假设。如在排队系统中对到达过程和服务过程的概率分布假设等。可用理论分布去拟合观察数据，通过统计检验判断输入变量概率分布假设的正确性。

第三步，确定仿真输出结果的代表性。观察初步仿真运行的输出数据与估计的结果或类似系统的数据特性是否近似。

通过以上三步，一般可认为该仿真模型已得到了确认。如发现模型的灵敏度不高，或模型的假设不合理，或输出结果无代表性，则该仿真模型不能得到确认，必须作相应的修改，并重新进行三步法确认，直至三步都满意为止。

8. 仿真实验设计

即确定仿真的方案、初始化周期的长度、仿真运行的长度以及每次运行的重复次数等参数。

9. 仿真模型的运行

当仿真程序已经过验证，仿真模型已得到确认，仿真实验方案确定之后，就可以对仿真模型作正式运行。每次仿真运行是对系统的一次抽样，经多次独立的仿真运行，就可以得到仿真结果的分布规律。这种独立的重复仿真运行，应当在相同的初始条件和相同的输入数据的条件下，采用相互独立的随机数流进行仿真。在这种情况下才能采用古典的统计方法，对仿真结果做出正确的估计。

10. 仿真结果分析

对仿真模型进行多次独立运行后，可以得到一系列输出结果。对这些结果，通常需要利用理论定性分析、经验定性分析或系统历史数据定量分析来检验模型的正确性，利用灵敏度分析等手段来检验模型的稳定性，从而估计被仿真系统设计的性能量度。一般情况下，需要在以下两个方面进行分析：一是对一个实际系统的仿真分析，以便得到某个事件发生的概率和随机变量的期望值。由于仿真求解的结果只能得到概率的近似值频率和期望值的近似值平均值，因此，要采用统计推断的方法，做出以频率代替概率和以平均值代替期望值的误差估计。二是灵敏度分析，即观察输入参数值的变化对输出结果的影响。如果某个参数的微小变化会引起输出结果的巨大波动，则说明这些参数的灵敏度高，对这些参数应予以足够的重视，对其仿真结果要做出更精确的误差估计。

11. 仿真的总结

整理数据、资料、文件及报表结果等，以便对未来事件进行预测、对生产实践加以指导等。

7.2 机电系统建模

7.2.1 模型的概念及分类

1. 模型的概念

模型是对现实系统有关结构信息和行为的某种形式的抽象或描述，凡是用某种方法将真实系统转变为另一种形态，都可以称为该系统的模型。模型是人们对客观世界反复认识、分析，经过多级转换、整合等相似过程而形成的最终结果。在科技领域中，模型可以定义为一个系统的信息集合；在物理模型中，信息体现为模型的物理特性；在数学模型中，信息表现为解析或数值方程的形式；而在仿真模型中，信息则表现为逻辑流程图的形式。正确建立模型，能够更深刻、更集中地反映实体的主要特征和运动规律。

模型首先必须是真实系统的一种抽象，是在一定假设条件下，对系统的简化。其次，模型必须包含系统中的主要因素。模型不可能与真实系统一一对应，但必须包含那些决定系统本质的主要因素。为了进行定量分析，模型中必须反映出各主要因素之间的逻辑关系和数学关系，使模型对真实系统具有代表性。

2. 模型的分类

1) 按系统模型分类

系统模型的分类如图 7-1 所示。

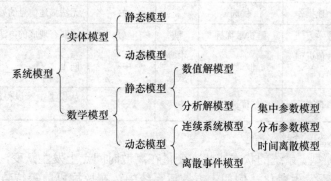

图 7-1　系统模型的分类

实体模型又称物理(效应)模型，是根据系统之间的相似性而建立起来的模型。静态实体模型中最常见的是比例模型，如风洞、水洞实验中的实物比例模型。动态模型中最常见的如位置姿态、运动及动力特性模型等。

数学模型，包括原始系统数学模型(简称数学模型)和仿真系统数学模型(简称仿真模型)。原始系统数学模型又包括概念模型(用说明文字、框图、流程和资料形式进行描述)和正规模型(用符号和数学方程式来表达系统模型)，其建模过程称为一次建模。仿真系统数学模型是一种适合在计算机上进行运算和试验的模型，主要根据计算机运算特点、仿真方式、计算方法、精度要求，将原始系统数学模型转换成计算机程序。仿真系统数学模型的建模过程称为二次建模。

静态数学模型主要用代数方程描述。动态数学模型是由表征系统变量之间关系的方程来描述的，主要特征是用常微分方程、偏微分方程和差分方程分别描述集中参数、分

235

布参数系统和采样数据系统。离散事件系统是系统模型中状态变量只在某些离散时刻由于某种事件而发生变化，系统模型只能用流程图、网格图或表格来表示，其仿真结果则是产生处理这些事件的时间历程。

系统仿真实质上就是在计算机上或/和实体上建立系统的有效模型(数学的、或物理效应的、或数学-物理效应的模型)，并在模型上进行系统试验。

可以看出，仿真模型有以下特点：

(1) 仿真模型属于数学模型，但又与数学模型不同，它不是数学表达**式**的形式，而是用逻辑流程图的形式表达描述量之间的关系。

(2) 仿真模型适宜于描述动态系统，它与时间进程联系在一起，研究一段时间之内的系统行为。所以几乎每一个计算机仿真模型都至少有一个仿真时钟。

(3) 仿真模型的运算是数值运算。但它不同于数学解析方法，也不同于仿真计算机的运算。它适应用数字电子计算机进行数值逻辑运算，求出问题的数值解。

仿真模型与其它模型的差别见表 7-1。

表 7-1 仿真模型与其它模型的差别

模型的形式	预测方法	优化方法	费用	与真实系统的耦合程度	缺　陷
叙述(分析)式模型	判断	直观比较	低	差	难以做大量的方案比较，对系统的数量分析较粗略
物理模型	物理操作	优选	高	好	无法描述信息的处理过程
解析模型	数学方法	解析最优解	低	好	需要有现成的方法和模型可用
数值模型	数值近似计算	近似最优解	中等或低	中等	同上
仿真模型	仿真	优选	中等	最好	从模型中难以得出普遍性的规律或性质

2) 按系统状态的特征分类

(1) 离散型模型。系统的状态或状态变量在离散时间点上发生跃变，而在两个时间点之间，系统状态不发生变化。例如土方挖运系统中，在挖掘机前等待装土的汽车数，在汽车到达或离去的某时刻发生变化。所以，在挖掘机前等待装土的汽车数就是一个离散的随机变量。可以构造一个离散性仿真模型来研究土方挖运系统。

(2) 连续性模型。系统的状态或状态变量随时间作连续变化。例如水库中的水位是随时间连续变化的连续型随机变量。

3) 按系统中是否包含随机因素分类

(1) 确定性模型。在这类模型中，与系统有关的因素全部是确定性因素。

(2) 随机性模型。在这类模型中，与系统有关的某些因素是随机因素，或模型所描述的现象是随机现象。例如土方挖运系统中，挖掘机挖土和装车时间，载重汽车从挖土区至卸土区的重车行驶时间等事先是无法确知的，属于随机性事件。在模型中只要系统所包含的因素中有一个是随机因素，则该模型就称为随机性模型。

4) 按照模型是否具有时变性分类

(1) 静态模型。不涉及时间变化的仿真模型。

236

(2) 动态模型。随时间变化的仿真模型。

在仿真领域中，系统模型的类别并不是绝对的。连续系统往往可以通过离散技术来进行建模，确定性问题也可建立成随机性的系统模型。

7.2.2　机电系统数学模型

1. 数学模型

数学模型是系统动态特性的数学表达式。建立数学模型是分析、研究系统动态特性的基础，是非常重要的，同时又是非常困难的。一个合理的数学模型应该是以最简洁的形式，准确地描述系统的动态特性。

根据系统的复杂程度，建立数学模型的方法大致有以下两类。

1) 一般的简单系统

对一般的、较简单的系统，可采用解析方法建立，通常是依据系统本身所遵循的物理定律列出数学表达式。在建立数学模型的过程中，要注意进行必要的简化。简化的方法主要有以下几类：对数学模型作线性化处理，即忽略一些次要的非线性因素，在工作点附近将非线性函数近似地线性化；对数学模型作集中参数处理，如质量集中在质心、分布载荷以集中载荷替代等处理方法。

2) 复杂的机电系统

对复杂的机械工程系统或机电一体化系统，如果不能用解析法建模，可以通过实验方法进行系统辨识，进而建立数学模型。

2. 线性系统与非线性系统

1) 线性系统

线性系统是指系统的数学模型表达式是线性的。线性系统最重要的特性是可以运用叠加原理。所谓叠加原理是指系统在几个外加作用下所产生的响应，等于各个外加作用单独作用的响应之和。

在机电系统的时域分析中，通常用输入和输出之间的微分方程来描述其动态特性。

线性系统可以分为线性定常系统及线性时变系统。

(1) 线性定常系统。线性定常系统指用线性常微分方程描述的系统。例如：

$$a\ddot{x}(t) + b\dot{x} + cx(t) = dy(t)$$

式中：a、b、c、d 皆为常数。

(2) 线性时变系统。线性时变系统是指描述系统的线性微分方程的系数为时间的函数。例如：

$$a(t)\ddot{x} + b(t)\dot{x} + c(t)x(t) = d(t)y(t)$$

例如火箭的发射过程，随着燃料的消耗，火箭的质量随时间变化，重力也随时间变化。

在经典控制论范畴，研究对象主要是线性定常系统。在机电工程控制系统中，如果给予一定的限制条件，也可以看作是线性定常系统。例如，弹簧－质量－阻尼系统中，将弹簧限制在弹性范围内变化，对系统给予充分润滑，把阻尼看做黏性阻尼，即阻尼力与相对运动速度成正比，把质量集中在质心等，这时的系统就可以看做是线性定常系统。

2) 非线性系统

非线性系统是指用非线性方程描述的系统。例如：

$$\begin{cases} y(t) = x^2(t) \\ \ddot{x}(t) + x^2(t) + x(t) = y(t) \end{cases}$$

非线性系统最重要的特性就是不能运用叠加原理进行处理，系统中含有大量的非线性因素，因而对非线性系统的研究是比较复杂和困难的。对大多数实际机、电、液系统或机电液一体化系统，各变量之间都不同程度地包含非线性关系。

对非线性问题，通常用下述方法处理：

(1) 进行线性化处理：将一个非线性函数 $y = f(x)$，在工作点 (x_0, y_0) 附近，将其用泰勒级数展开，然后忽略二次以上的高阶项，即仅取一次近似得到线性化方程，并用来代替原来的非线性函数。

(2) 忽略非线性因素：如机械运动部件间充分润滑，忽略干摩擦因素等。

(3) 按非线性方法分析处理：对那些既不能进行线性化处理，又不能忽略非线性因素的问题，只好按非线性方法进行分析和处理。

7.2.3　机械工程系统建模基础

机械工程系统建模时，依据的理论主要有机械动力学理论、流体力学理论、能量守恒定律，电工电子理论、专业技术基础理论、专业理论等。

1. 机械系统

建立机械系统数学模型的主要方法是运用达朗贝尔原理，建立描述机械系统的微分方程。该原理可以描述为：作用于每一个质点上的合力，同质点惯性力形成平衡力系。数学表达式为

$$-m\ddot{x}_i(t) + \sum f_i(t) = 0 \tag{7-1}$$

式中：$-m\ddot{x}_i(t)$ 为质量为 m_i 的质点的惯性力；$\sum f_i(t)$ 为作用在第 i 个质点上的合力。

1) 直线运动

直线运动的要素是质量、弹簧和黏性阻尼，典型的直线运动系统如图 7-2 所示。其中，图(a)为系统模型，图(b)为初始状态(重力 mg 与初始弹簧拉力 kx_0 平衡)，图(c)为分析模型。

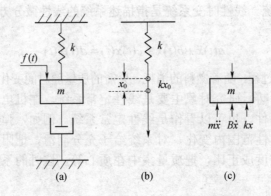

图 7-2　质量-弹簧-阻尼系统分析示意图

应用达朗贝尔原理，可列出系统的微分方程为

$$m\ddot{x} + B\dot{x} + kx = f$$

式中：m 为质量；单位为 kg；x 为位移，单位为 m；B 为黏性阻尼系数，单位为 $Ns \cdot m^{-1}$；k 为弹簧常数，单位为 $N \cdot m^{-1}$；f 为外力，单位为 N。

[例 7-1]　对图 7-3(a)所示系统，建立数学模型。

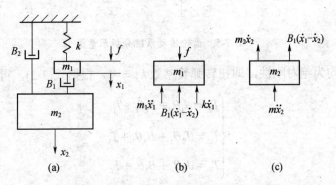

图 7-3　质量－弹簧－阻尼系统分析示意图

假定 $x_1 > x_2$，取分离体分析如图 7-3(b)及(c)所示，可写出微分方程如下：

$$\begin{cases} m_1\ddot{x}_1 + B_1(\dot{x}_1 - \dot{x}_2) + kx_1 = f \\ m_2\ddot{x}_2 + B_2\dot{x}_2 = B_1(\dot{x}_1 - \dot{x}_2) \end{cases}$$

可以看出，x_1 与 x_2 是互有影响的。在外力 f 作用下，使 m_1 产生位移 x_1，进而使 m_2 产生位移 x_2，m_2 的位移 x_2 又影响 m_1 的位移 x_1。

2) 转动

回转运动的要素有惯量、扭转弹簧、回转黏性阻尼。图 7-4 为典型的回转机械系统，外加扭矩和转角间的微分方程为

$$J\ddot{\theta} + B_J\dot{\theta} + k_J\theta = T \tag{7-2}$$

式中：J 为转动惯量，单位为 $N \cdot m$；θ 为转角，单位为 rad；B_J 为回转黏性阻尼系数，单位为 $N \cdot m \cdot srad^{-1}$；$k_J$ 为扭转弹簧常数，单位为 $N \cdot m \cdot srad^{-1}$；$T$ 为扭矩，单位为 $N \cdot m$。

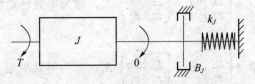

图 7-4　回转机械系统

[例 7-2]　图 7-5 所示为一齿轮传动系统，由电动机 M 输入的扭矩为 T_m，L 为输出端负载，T_L 为负载扭矩，z_1、z_2、z_3、z_4 为各齿轮齿数，J_1、J_2、J_3 及 θ_1、θ_2、θ_3 分别为各轴及相应齿轮的转动惯量和转角。试建立数学模型。

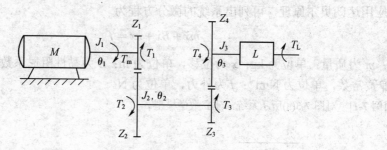

图 7-5 齿轮传动系统分析示意图

假设各轴均为绝对刚性，即扭转弹簧常数 $k_J = \infty$，根据式(7-2)，得

$$\begin{cases} T_m = J_1\ddot{\theta}_1 + B_1\dot{\theta}_1 + T_1 \\ T_2 = J_2\ddot{\theta}_2 + B_2\dot{\theta}_2 + T_3 \\ T_4 = J_3\ddot{\theta}_3 + B_3\dot{\theta}_3 + T_L \end{cases} \qquad (7\text{-}3)$$

式中：B_1、B_2、B_3 为各轴即齿轮的阻尼系数；T_1 为齿轮 1(齿数 z_1)对 T_m 的反力矩；T_3 为齿轮 2(齿数 z_2)对 T_2 的反力矩；T_L 为输出负载对 T_4 的反力矩，即负载力矩。若将各轴转动惯量、阻尼及负载转换到电机轴，可列出 T_m 与 θ_1 间的微分方程。由齿轮传动的基本关系，得

$$T_2 = \frac{z_2}{z_1} \cdot T_1, \quad \theta_2 = \frac{z_1}{z_2} \cdot \theta_1, \quad T_4 = \frac{z_4}{z_3} \cdot T_3, \quad \theta_3 = \frac{z_3}{z_4}\theta_2 = \frac{z_1}{z_2} \cdot \frac{z_3}{z_4}\theta_1$$

再由式(7-3)，得

$$T_m = J_1\ddot{\theta}_1 + B_1\dot{\theta}_1 + \frac{z_1}{z_2}[J_2\ddot{\theta}_2 + B_2\ddot{\theta}_2 + \frac{z_3}{z_4}(J_3\ddot{\theta}_3 + B_3\theta_3 + T_L)]$$

$$= \left[J_1 + \left(\frac{z_1}{z_2}\right)^2 J_2 + \left(\frac{z_1}{z_2} \cdot \frac{z_3}{z_4}\right)^2 J_3\right]\ddot{\theta}_1 + \left[B_1 + \left(\frac{z_1}{z_2}\right)^2 B_2 + \left(\frac{z_1}{z_2} \cdot \frac{z_3}{z_4}\right)^2 B_3\right]\dot{\theta}_1 + \left(\frac{z_1}{z_2} \cdot \frac{z_3}{z_4}\right) T_L$$

$$\qquad (7\text{-}4)$$

令

$$J_{eq} = J_1 + \left(\frac{z_1}{z_2}\right)^2 J_2 + \left(\frac{z_1}{z_2} \cdot \frac{z_3}{z_4}\right)^2 J_3，称为等效转动惯量；$$

$$B_{eq} = B_1 + \left(\frac{z_1}{z_2}\right)^2 B_2 + \left(\frac{z_1}{z_2} \cdot \frac{z_3}{z_4}\right)^2 B_3，称为等效阻尼系数；$$

$$T_{Leq} = \left(\frac{z_1}{z_2} \cdot \frac{z_3}{z_4}\right) T_L，称为等效输出扭矩。$$

则式(7-4)可写为

240

$$T_m = J_{eq} \ddot{\theta}_1 + B_{eq} \dot{\theta}_1 + T_{Leq} \tag{7-5}$$

于是，图 7-5 所示的齿轮传动系统可简化为图 7-6 所示的等效齿轮传动系统。

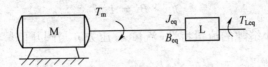

图 7-6 图 7-5 所示齿轮传动系统的等效系统

2. 液压系统

一个液压控制系统实际上是一个复杂的具有分布参数的控制系统，因而具有运动的复杂性。在工程系统中，通常采用集中参数系统近似地去描述它，即假定各参数仅为时间的变量而与位置空间无关，这样就可以采用常微分方程来描述它。此外，应用系统中的元件具有明显的非线性特性，在一定的条件下需进行线性化处理，以简化所分析的问题。

一般液压系统要应用流体连续方程，即流体的质量守恒定律来予以描述：

$$\sum q_i = 0 , \text{ 或 } \sum q_{in} - \sum q_{out} = v \frac{d\rho}{dt} + \rho \frac{dv}{dt} \tag{7-6}$$

式中：v 为体积；ρ 为质量密度。其涵义是系统的总流入流量 $\sum q_{in}$ 与总流出流量 $\sum q_{out}$ 之差与系统中流体受压缩产生的流量变化 $v \dfrac{d\rho}{dt}$ 及系统容积变化率产生的流量变化 $\rho \dfrac{dv}{dt}$ 之和相平衡。

此外，液压传动系统，也要应用前述达朗贝尔原理及液压元件本身特性(如流体流经微小缝隙的流量特性)等来建立微分方程。

[例 7-3] 图 7-7 所示为一个滑阀控制油缸的液压伺服系统，其基本原理是：当阀芯右移 x，即阀的开口量为 x 时，高压油进入油缸左腔，低压油与右腔连通，故活塞推动负载右移 y。图中，q 为负载流量，在不考虑压缩和泄漏的情况下，即为进入或流出油缸的流量；$p=p_1-p_2$ 为负载压降，即活塞两端单位面积上的压力差，它取决于负载；A 为活塞面积；B 为黏性阻尼系数。

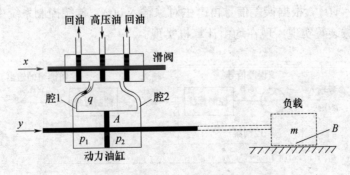

图 7-7 阀控缸液压伺服系统分析示意图

241

当阀开口为 x 时，高压油进入油缸左腔，如不计压缩和泄漏，流体连续方程为

$$q = A\dot{y} \tag{7-7}$$

作用在活塞上力的平衡方程为

$$m\ddot{y} + B\dot{y} = A \cdot p \tag{7-8}$$

根据液体流经微小缝隙的流量特性，流量 q，压力 p 与阀开口量 x 一般为非线性关系，即

$$q = f(x, p)$$

对其进行线性化处理，即在工作点 (x_0, y_0) 邻域进行小偏差线性化，并略去高阶偏差，保留一次项，得

$$q = f(x_0, p_0) + \frac{\partial q}{\partial x}\Big|_{x=x_0} (x - x_0) + \frac{\partial q}{\partial p}\Big|_{p=p_0} (p - p_0)$$

设 $x_0 = 0$，$p_0 = 0$（即在零位）时，$f(x_0, p_0) = 0$，则

$$q = K_p x - K_c p \tag{7-9}$$

式中：$K_p = -\frac{\partial q}{\partial x}\Big|_{x=x_0}$ 为流量增益，表示由阀芯位移引起的流量变化；$K_c = -\frac{\partial q}{\partial p}\Big|_{p=p_0}$ 为流量

压力系数，表示由压力变化引起的流量变化，因随负载压力增大，负载流量变小，故为负值。

将式(7-7)～式(7-9)联立求解，得

$$p = \frac{1}{K_c}(K_p x - q) = \frac{1}{K_c}(K_p x - A\dot{y}) \tag{7-10}$$

将式(7-10)代入式(7-8)即得图 7-6 所示液压系统在预定工作点 $q(x_0, p_0)$，x_0，p_0 均为零时的线性化微分方程：

$$m\ddot{y} + \left(B + \frac{A^2}{K_c}\right)\dot{y} = \frac{AK_p}{K_c} x \tag{7-11}$$

7.2.4 控制系统建模基础

典型的控制系统如图 7-8 所示，具有一个或多个控制变量(即输入变量 $u(t)$)以及一个或多个输出变量 $y(t)$，通常可用微分方程表示其模型。控制系统中的算法控制器用于接受操作命令(参考输入 $r(t)$)和对象输出，并计算控制变量。输入和输出之间的差形成误差信号 $e(t) = r(t) - y(t)$，根据误差信号再产生对象输入 $u(t)$ 。传统控制系统中，控制器常由模拟电路或机械装置实现，现在均由计算机实现。

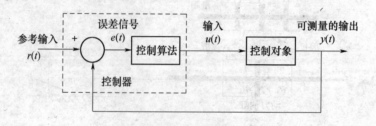

图 7-8 典型控制系统方框图

一个控制系统的设计目标是改变物理系统使其符合要求。这不仅要求要预知系统模型的变化，而且还要求能达到预期的目标，实际上控制系统的设计是存在矛盾的。

闭环控制系统必须有检测环节、给定环节和比较环节，其核心是反馈，反馈的思想是用系统输出校正输入，使系统的运行不需要人工干预。反馈系统还可以减少非线性，增加系统的鲁棒性，提高系统的稳定性。

1. 控制系统的描述及性能评价

在 MATLAB 中，对线性时变常微分方程有 3 种不同的描述方法。

1) 传递函数

传递函数是在拉普拉斯域内使用复变量 s 的多项式描述的；拉普拉斯变换是求解线性微分方程的简捷方法。其基本思想是将线性方程的求解问题转化成代数方程和查表求解问题，从而使问题大大简化。更重要的是，采用这种方法，能把系统的动态数学模型方便地转换为系统的传递函数，并由此发展出用传递函数的零点和极点分布、频率特性等间接分析和设计方法。

2) 动态结构图

动态结构图用方框图和连接关系表达，方框图中标明其传递函数，再按照在系统中各环节之间的联系将各方框图连接起来。用动态结构图描述系统可以明确表达动态过程中系统各环节的数学模型及其相互关系。动态结构图具有数学性质，可以进行代数运算和等效变换。在 MATLAB 中，方框图通过 Simulink 工具箱形象地描述输入和输出的连接。

3) 状态空间方程

在线性系统理论中，状态空间用来表达连续方程，更确切地讲，状态决定模块的输出，亦即其当前值是前一时间的模块状态和(或)输入的函数。在 MATLAB 中，状态空间是在时域内用矩阵描述的，状态空间方程是现代分析的主要方法。

各种描述方法之间的转换可用 MATLAB 的内置函数完成。

对控制系统的性能要求分为 3 类：

(1) 稳定性。稳定性是一个自动控制系统正常工作的基本前提(起码的条件)。

(2) 暂态。即要求关注系统的短期行为，如敏感性和刚性。即应满足暂态品质的要求。

(3) 稳态。即要求关注系统的长期行为及一段时间内系统是如何运行的。应满足给定的稳态误差要求。

一般来说，暂态特性和稳态特性对设计要求通常是矛盾的，设计时应在两者之间进行权衡。

2. 标准输入信号

为了研究系统的暂态特性或稳态特性，需要知道输入量是如何变化的，但通常我们并不知道输入量是怎样变化的，所以选择一些典型(标准)信号作为输入量，来研究系统的暂态特性和稳态品质，以检验系统是否满足暂态及稳态设计要求。

常用的标准输入信号有阶跃函数、斜坡函数、脉冲函数和正弦函数。MATLAB 中提供了得到标准信号响应的函数。

1) 阶跃函数

阶跃函数的定义为

$$x_r(t) = \begin{cases} 0, & t < 0 \\ A, & t > 0 \end{cases}$$

式中：A 为幅值。

幅值 A 为 1 的阶跃函数称为单位阶跃函数，是自动控制系统中典型的标准输入信号，通常用来评价系统性能的标准输入。其涵义是在 $t=0$ 时，突然作用于系统的一个不变的给定量或扰动量。

2) 斜坡函数

斜坡函数的定义是

$$x_r(t) = \begin{cases} 0, & t < 0 \\ At, & t \geqslant 0 \end{cases}$$

式中：A 为斜率。

斜率 A 为 1 时，称为单位斜坡函数。这种函数相当于随系统加入一个按恒速变化的位置信号。

3) 脉冲函数

脉冲函数的定义是

$$x_r(t) = \begin{cases} \dfrac{A}{\varepsilon}, & 0 < t < \varepsilon(\varepsilon \to 0) \\ 0, & t < 0, t > \varepsilon(\varepsilon \to 0) \end{cases}$$

当 $A=1$，$\varepsilon \to 0$ 时，称为单位脉冲函数 $\delta(t)$，也是自动控制系统中的典型标准输入信号，它是在持续时间 $\varepsilon \to 0$ 的时间内作用的矩形波，其幅值与时间作用的乘积等于 1。

3. MATLAB 对系统的描述

控制系统的输入变量用 $r(t)$ 描述，如力、压力、电压、温度等。控制系统的输出用 $y(t)$ 描述，$r(t)$ 和 $y(t)$ 都是关于时间的实函数。函数值是一些可以测量的值，如压力、角度、速度等。输入函数和输出函数的关系可用线性时不变常微分方程表示，其一般形式如下：

$$a_n \frac{\mathrm{d}^n y(t)}{\mathrm{d}t^n} + a_{n-1} \frac{\mathrm{d}^{n-1} y(t)}{\mathrm{d}t^{n-1}} + \cdots + a_0 y(t) = b_m \frac{\mathrm{d}^m u(t)}{\mathrm{d}t^m} + b_{m-1} \frac{\mathrm{d}^{m-1} u(t)}{\mathrm{d}t^{m-1}} + \cdots + b_0 u(t) \tag{7-12}$$

式中：$n \geqslant m$。方程的系数 a_j 和 b_j 是定常实数。

MATLAB 对这些典型控制问题提供 3 种输入—输出类予以描述：传递函数描述(类 tf)、零点—极点—增益描述(类 zpk)及状态空间描述(类 ss)。这三种描述都有相应的离散时间形式，采样时间是附加的信息。

下面以图 7-9 所示直流永磁伺服电机为例，简介 MATLAB 对控制系统的三种基本描述方法。

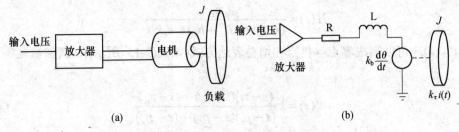

图 7-9 伺服电机系统分析示意图

输入电压 $v(t)$ 作用于电动机线圈，产生电流 $i(t)$。线圈上的电流在转子上产生转矩，且与电流大小成比例。有效转动惯量 J 是负载惯量 J_1 和转子惯量 J_m 之和。具有角度 $\theta(t)$ 的转子就像发电机一样，产生与转子角速度成比例的反向电压。根据力矩平衡原理及电路分析原理，可得如下两个线性常微分方程，用以描述输入电压 $v(t)$ 和输出角速度 $\theta(t)$ 之间的关系：

$$L\frac{di(t)}{dt} + k_b\frac{d\theta(t)}{dt} + Ri(t) = v(t)$$

$$J\frac{d^2\theta(t)}{dt^2} + b\frac{d\theta(t)}{dt} - k_\tau i(t) = 0 \tag{7-13}$$

式中：R 是电动机的阻抗；L 是线圈的电感；k_τ 是从电流到转矩的转换因数；k_b 是发电机的反电动势常数。总惯量 J 取决于负载惯量 J_1。若没有减速箱，电机摩擦系数 b 一般很小。

1) 传递函数描述

传递函数是指在零初始条件下，输出的拉氏变换除以输入的拉氏变换的结果。尽管传递函数描述方法对数值误差比较敏感，其使用远不如状态空间方法普遍，但由于比较直观，也有不少应用。

式(7-12)所示微分方程的传递函数由下式给出：

$$W(s) = \frac{Y(s)}{R(s)} = \frac{b_m s^m + b_{m-1}s^{m-1} + \cdots + b_0}{a_n s^n + a_{n-1}s^{n-1} + \cdots + a_1 s + a_0} \tag{7-14}$$

式中：$a_n \neq 0$ 且 $n \geq m$，分母多项式是系统的特征方程式，分母多项式的根称为系统的极点，分母中 s 的最高阶次为 n，称为 n 阶系统；分子多项式的根称为系统的零点。

MATLAB 中，用两个矢量描述传递函数，每一个矢量分别包含 s 的系数。分子多项式的系数为 Num=[bm ... b1 b0]；分母多项式的系数为 Den=[an ... a1 a0]。可以用 a_n 除以每个系数使 $a_n = 1$。

为了得到传递函数 $W(s)$，应对方程进行拉普拉斯变换及必要的代数运算。对式(7-13)进行拉普拉斯变换，得

$$k_b H(s) + (sL - R)I(s) = V(s)$$

$$(Js^2 + bs)H(s) - k_\tau I(s) = 0$$

假设初始条件为零，解得

245

$$H(s) = \frac{k_\tau}{(sL + R)(Js^2 + bs) + k_\tau k_b s}$$

式(7-14)还可以写成零点—极点—增益表达方式(如式(7-15 所示)),其参数是零点和极点。

$$W(s) = k \frac{(s - z_1)(s - z_2)\cdots(s - z_m)}{(s - p_1)(s - p_2)\cdots(s - p_n)} \tag{7-15}$$

式(7-15)表明,传递函数由零点、极点及增益常数 k 惟一表示。

2) 状态空间描述

状态空间模型是相关的一阶微分方程组,状态空间比传递函数更具有数值稳定性。为了描述电机的状态空间模型,必须先把方程转化成一阶形式,假设

$$\begin{cases} x_1(t) = \theta(t) \\ x_2(t) = \dfrac{\mathrm{d}\theta(t)}{\mathrm{d}t} = \omega(t) \\ x_3(t) = i(t) \end{cases}$$

式(7-13)变为

$$\begin{cases} \dfrac{\mathrm{d}x_1}{\mathrm{d}t} = x_2 \\ \dfrac{\mathrm{d}x_2}{\mathrm{d}t} = -\dfrac{b}{J}x_2 + \dfrac{k_\tau}{J}x_3 \\ \dfrac{\mathrm{d}x_3}{\mathrm{d}t} = -\dfrac{k_b}{L}x_2 - \dfrac{R}{L}x_3 + \dfrac{v(t)}{L} \end{cases}$$

令

$$\begin{cases} x(t) = [x_1(t), x_2(t), x_3(t)]' \\ u(t) = v(t) \\ y(t) = \theta(t) = x_1(t) \end{cases}$$

则电机系统的状态空间描述为

$$\begin{cases} \dfrac{\mathrm{d}x(t)}{\mathrm{d}t} = Ax(t) + Bu(t) \\ y(t) = Cx(t) + Du(t) \end{cases}$$

式中

$$A = \begin{bmatrix} 0 & 1 & 0 \\ 0 & -b/J & k_\tau/J \\ 0 & -k_b/J & -R/L \end{bmatrix}, \quad B = [0 \ \ 0 \ \ 1/L]', \quad C = [1 \ \ 0 \ \ 0], \quad D = [0]$$

在 MATLAB 中,矩阵 A、B、C、D 是描述微分方程的必要数据。

3) 方框图描述

典型的控制系统由几个不同的单元(如对象单元、控制器单元等)组成,复杂结构的系

246

统则可由若干子系统组成，这些输入和输出之间的连接图由方框图表达，其基本组成单元如图 7-10 所示。

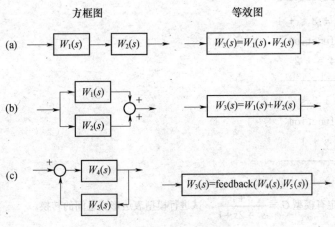

图 7-10 方框图的基本组成单元

(a) 级联；(b) 并联；(c) 反馈。

该图表明，若有系统对象 $W_1(s)$、$W_2(s)$、$W_4(s)$ 及 $W_5(s)$，则

级联规则：$W_3(s) = W_1(s) * W_2(s)$；

并联规则：$W_3(s) = W_1(s) + W_2(s)$

反馈规则：$W_3(s) = \dfrac{1}{1 \pm W_1(s) * W(s)_2}$

由方框图及连线构成的动态结构图，非常适合用 MATLAB 的 SIMULINK 工具箱表达。

在 MATLAB 中：

串联模型运算为 sys=series(sys1,sys2)，等价形式为 sys= sys1*sys2。

并联模型运算为 sys=parallel(sys1,sys2)，等价形式为 sys= sys1+sys2。

反馈模型运算为 feedback(sys1，sys2，sign)，其中 sign 为反馈连接符号，sign=-1 为负反馈，sign=1 为正反馈。

在 MATLAB 中，可以方便地实现 3 种表达方式的转换。转换函数如下：

systf=tf(sys)　将非传递函数形式的系统模型 sys 转换成传递函数模型 systf。

syszpk=zpk(sys)　将非零极点增益形式的系统模型 sys 转换成零极点增益模型 syszpk。

sysss=ss(sys)　将非状态空间形式的系统模型 sys 转换成状态空间模型 sysss。

[例 7-4]　假定有模型 $G_1 = \dfrac{s+1}{s^2+2s+1}$，$G_2 = \dfrac{1}{s+1}$，试求 G_1、G_2 级联、并联及负反馈模型。

```
sys1=tf([1 1],[1 2 1]);
sys2=tf([1],[1 1]);
s3=series(sys1,sys2)
s4=parallel(sys1,sys2)
s5=feedback(sys1,sys2,-1)
```

```
>>Transfer function:
        s + 1
--------------------
s^3 + 3 s^2 + 3 s + 1
>>Transfer function:
  2 s^2 + 4 s + 2
--------------------
s^3 + 3 s^2 + 3 s + 1
>>Transfer function:
  s^2 + 2 s + 1
--------------------
s^3 + 3 s^2 + 4 s + 2
```

[例 7-5]　假定有模型 $G_1 = \dfrac{s+1}{s^2+2s+1}$，试进行模型表达形式之间的转换。

```
Sys1=tf([1 1], [1 2 1]);
>> systf=tf(sys1)
Transfer function:
    s + 1
-------------
s^2 + 2 s + 1
>> syszpk=zpk(sys1)
 Zero/pole/gain:
 (s+1)
-------
(s+1)^2
>> sysss=ss(sys1)
 a =
       x1  x2
   x1  -2  -1
   x2   1   0
 b =
       u1
   x1   2
   x2   0
 c =
       x1   x2
   y1  0.5  0.5
 d =
       u1
   y1   0
Continuous-time model.
```

248

7.3 Simulink 概 述

Simulink 是 MATLAB 下的一个集建模、动态仿真与综合分析于一体的集成软件包，是一个基于模块及系统设计仿真工具，可以处理的系统包括线性、非线性系统；离散、连续及混合系统。

Simulink 的以图形化界面完成诸多强大功能。在 Simulink 用户界面 GUI 上，只需用鼠标拖拉就可以快速建立仿真模型，而且所建模型既符合自顶而下的设计流程，也适合自下而上的逆程设计。可视化的模型既可以让用户清晰地了解模型的器件、细节以及子系统，又可以了解它们之间的联系。Simulink 提供了功能丰富的模块库，每个模块库中又有很多功能模块供用户设计时使用，这些功能模块可以按一定条件进行组合，以完成复杂的仿真系统，而仿真结果则可以动态显示、存储、打印。此外，在 Simulink 中还可以设定很多参数来改变其执行环境和条件，既可以单独执行，又可以由主程序调用命令执行，执行时还可以带参数或变量。更重要的是，Simulink 能够用 MATLAB 语言或其它高级语言实现自定义功能模块，从而扩充或实现集成应用。

优越的 SIMULINK 环境可以让用户摆脱深奥的数学推演所带来的繁琐编程，在浓厚的兴趣中引发活跃的思维，感悟探索的真谛。

7.3.1 Simulink 的模块库

Simulink 提供了 9 个模块库，每个模块库具有若干模块。在 MATLAB 环境下，有多种方式启动 Simulink：单击工具条的 ■ 图标；在命令窗口输入 SIMULINK 并回车；用菜单 "File"→"New"→"Model" 启动；在 "Launch pad" 中，展开 Simulink，并双击 "Library Browser" 选项，都可以浏览 Simulink 的模块库。如图 7-11 所示。

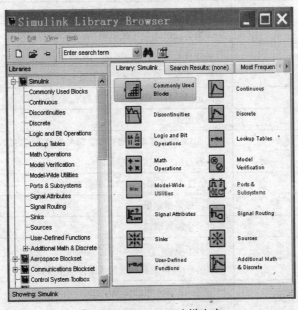

图 7-11　Simulink 的模块库

1. 信源模块库

信源用来向模型提供信号，是 Simulink 的主要模块库之一。信源没有输入口，但至少有一个输出口。在图 7-11 中，展开"Sources"选项，或双击 ※ 图标即可看到信源模块库，如图 7-12 所示。各模块的用途如表 7-2 所列。

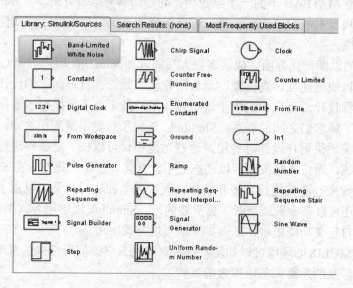

图 7-12　信源模块库

表 7-2　Resources 库常用信源

功 能 模 块	用 途 及 说 明
Band-Limited White Noise	产生正态分布的(有限带宽)白噪声
Chirp Signal	产生频率与时间成正比(线性变换)的(正弦)信号
Clock	仿真时钟，显示和输出每个仿真步点的时刻
Constant	恒值输出，产生一个常数输出，该数值可设定
Counter Free-Running	自运行计数器，计数溢出时自动清零
Counter Limited	有限计数器，可自定义计数上限
Digital Clock	以固定的采样间隔(速率)产生数字式仿真时钟
Enumerated Constant	枚举数值
From File	在(.mat)文件中读取信号数据，信号以行方式存放，第一行存放时间，其余各行存放一个信号序列
From Workspace	从 MATLAB 工作空间中读取数据
Ground	地线，提供零电平
In1	提供一个输入端口
Pulse Generator	脉冲发生器，产生固定间隔的脉冲
Ramp	斜坡信号(以常数斜率增加或减小的信号)
Random Number	产生服从正态分布的随机信号
Repeating Sequence	产生一个可重复的周期信号

功 能 模 块	用 途 及 说 明
Repeating Sequence Interpolated	生成一重复的任意信号，可以插值
Repeating Sequence Stair	生成一重复的任意信号，输出的是离散值
Signal Builder	带界面交互的波形设计
Signal Generator	信号发生器，可产生不同幅值及周期的正弦、方波、锯齿波、随机波等
Sine Wave	产生正弦波输出，可设置幅值、相位、频率
Step	产生阶跃信号，可设置阶跃时刻、阶跃前后幅值
Uniform Random Number	产生服从高斯分布的随机信号

2. 信宿

信宿用来输出信号，也是 Simulink 的主要模块库之一。信宿没有输出口，但至少有一个输入口。在图 7-11 中，展开"Sinks"选项，或双击▩图标即可看到信宿模块库，如图 7-13 所示。各模块的用途如表 7-3 所列。

表 7-3　信宿模块库

功能模块名称	用 途 及 说 明
Display	以数值形式显示输入信号
Floating Scope	示波器，显示实时信号
Out1	输出端口，用于传递数据给工作空间或其它系统模型
Scope	示波器，显示仿真实时信号
Stop Simulation	终止仿真，当输入信号(任何分量)非零时，终止仿真
Terminator	信号终结，即中断输出信号
To File	将仿真数据输出至(.mat)文件，以行方式保存时间或信号序列
To Workspace	将仿真数据输出至工作空间，以列方式保存时间或信号序列
XY Graph	$X\text{-}Y$ 绘图仪，用 MATLAB 图形窗口显示信号的数据($X\text{-}Y$ 曲线)

3. 连续系统

连续系统模块库是应用最多的模块库。在图 7-11 中，展开"Continuous"选项，或双击▧图标即可看到连续系统模块库，如图 7-14 所示。各模块的用途如表 7-4 所列。

表 7-4　连续系统模块库

功能模块名称	用 途 及 说 明
Derivative	数值微分器，输入连续信号的数值微分
Integrator	积分器，输入信号的连续时间积分
PID Controller	PID 控制器(比例积分微分控制器)
PID Controller(2 DOF)	PID 控制器(比例积分微分控制器)
State-Space	状态空间方程，线性连续系统的状态空间描述
Transfer Fcn	传递函数，线性连续系统的传递函数描述
Transport Delay	延时信号，将输入信号延迟指定时间后再传输给输出
Variable Time Delay	将输入信号进行可变时间延迟后再传输给输出
Variable Transport Delay	将输入信号延迟可变时间后再传输给输出
Zero-Pole	传递函数，线性连续系统的零极点模型

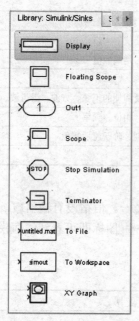

图 7-13 信宿模块库

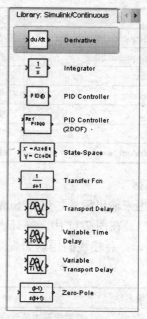

图 7-14 连续系统模块库

4. 离散系统

离散系统模块库用来模拟离散事件或系统。在图 7-11 中，展开"Discrete"选项，或双击 ![]图标即可看到离散系统模块库，如图 7-15 所示。各模块的用途如表 7-5 所列。

表 7-5　离散系统模块库

功能模块名称	用 途 及 说 明
Difference	差分
Discrete Derivative	离散系统的数值微分
Discrete FIR Filter	FIR 滤波器
Discrete Filter	IIR 与 FIR 滤波器，即线性离散系统的滤波器描述
Discrete PID Controller	离散 PID 系统控制算法，可以利用高级特征、外部设定、信号跟踪等多种方式
Discrete PID Controller (2 DOF)	连续和离散 PID 系统控制算法，可以利用高级特征、外部设定、信号跟踪等多种方式
Discrete State-Space	线性离散系统的状态空间描述
Discrete Transfer Fcn	线性离散系统的传递函数描述
Discrete Zero-Pole	线性离散系统的零极点模型描述
Discrete-Time Integrator	离散时间积分器
First-Order Hold	离散信号的一阶采样保持
Integer Delay	将信号延迟多个采样周期
Memory	从前一时间步输出模块的输入

功能模块名称	用 途 及 说 明
Tapped Delay	延迟 N 个周期，然后输出所有延迟数据
Transfer Fcn First Order	传递函数一阶取样
Transfer Fcn Lead or Lag	超前或滞后传递函数，主要有零极点树木决定
Transfer Fcn Real Zero	有实数零点，没有极点的传递函数
Unit Delay	将信号延迟一个取样周期(即单位延迟)
Weighted Moving Average	加权平均
Zero-Order Hold	离散信号的一个采样周期的零阶维持(零阶保持器)

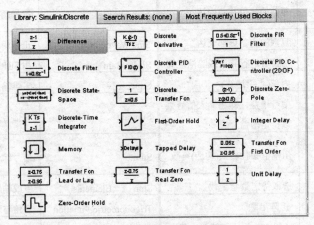

图 7-15　离散系统模块库

5. 数学模型模块库

在图 7-11 中，展开"Math"选项，或双击 ⠿ 图标即可看到数学模型模块库，如图 7-16 所示。各模块的用途如表 7-6 所列。

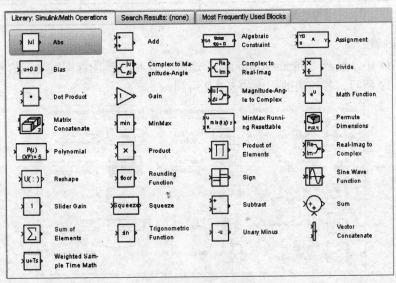

图 7-16　数学运算库

表 7-6　数学模型模块库

功能模块名称	用途及说明	功能模块名称	用途及说明
Abs	求绝对值，即输出为输入信号的绝对值	Product	输入信号间相乘
Add	对信号进行加法或减法运算	Product of Elements	产生模块各输入的简积或商
Algebraic Constraint	求输入信号限制为零时的代数状态值	Real-Imag to Complex	由输入的实部虚部构造复数
Assignment	赋值	Reshape	改变矩阵或矢量的维数
Bias	给输入加入偏移量	Rounding Function	圆整函数
Complex to Magnitude-Angle	复数的幅值相角表达	Sign	符号函数
Complex to Real-Imag	复数的实部虚部表达	Sine Wave Function	正弦函数
Divide	对信号进行乘法或除法运算	Slider Gain	用 Slider 改变增益，渐变增益
Dot Product	内积(点乘运算)	Squeeze	多维输入信号压缩输出
Gain	信号增益，即将输入信号乘以指定增益	Subtract	对信号进行加法或减法运算
Magnitude-Angle to Complex	由幅值相位转换(构造)复数	Sum	信号综合
Math Function	选取特定数学函数	Sum of Elements	生成输入的和
Matrix Concatenate	矩阵串联	Trigonometric Function	三角与双曲函数
MinMax	求输入的极小值或极大值	Unary minus	对输入取反
MinMax Running Resettable	输出信号的最小或最大值，带复位功能	Vector Concatenate	矢量组合
Permute Dimension	序列改变	Weighted Sample Time Math	对信号经过加权时间采样的值进行加、减、乘、除运算
Polynomial	多项式函数		

6. 信号特性

在图 7-11 中，展开"Signal Attributes"选项，或双击 图标即可看到信号特性模块库，如图 7-17 所示。各模块的用途如表 7-7 所列。

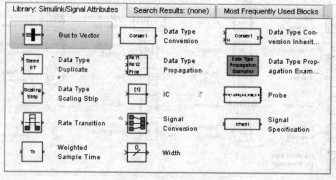

图 7-17　信号特性模块库

表 7-7　信号特性模块库

功能模块名称	用途及说明	功能模块名称	用途及说明
Bus to Vector	转换成矢量	IC	信号的初始条件
Data Type Conversion	数据类型转换	Probe	探测复杂信号的样本时间、大小、宽度
Data Type Conversion Inherit...	将第二个输入转换成第一个输入的数据种类和比例	Rate Transition	以不同的比率在 模块之间处理传递数据
Data Type Duplicate	强制所有输入具有相同精确的数据种类	Signal Conversion	在不改变数值的情况下转换信号的类型
Data Type Propagation	依据参考信号设置传递信号的类型和比例	Signal Specification	指定信号的属性
Data Type Propagation Exam...	传递信号示例库	Weighted Sample Time	对信号经过加权时间采样的值进行处理
Data Type Scaling Strip	剥离固定点信号	Width	

7. 信号通道

在图 7-11 中，展开 "Signal Routing" 选项，或双击 🔣 图标即可看到信号通道模块库，如图 7-18 所示。各模块的用途如表 7-8 所列。

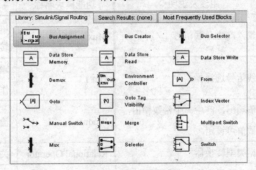

图 7-18　信号通路库

表 7-8　信号通道模块库

功能模块名称	用途及说明	功能模块名称	用途及说明
Bus Assignment	总线分配	Goto	连接到 From 的功能模块
Bus Create	由输入产生总线信号	Goto Tag Visibility	使 Goto 功能模块标签可见
Bus Selector	总线信号选择器	Index Vector	索引矢量
Data Store Memory	定义一个可读写的数组空间并赋初始值	Manual Switch	手动开关
Data Store Read	定义一个可读的数组空间并赋初始值	Merge	信号组合器,合并(融合)输入信号为一个输出
Data Store Write	定义一个可写的数组空间并赋初始值	Multiport Switch	多路选择开关
Demux	信号分路器,将一个矢量值拆成多个单一输出	Mux	信号汇路器,将多个单一输出转化成 u 矢量
Environment Controller	系统环境控制器	Selector	选择或重组信号,即对多个输入信号执行选择性输出
From	从 Goto 模块中接受信号	Switch	开关

8. 常用模块

在图 7-11 中，展开"Commonly used Blocks"选项，或双击 图标即可看到常用模块库，如图 7-19 所示。各模块的用途如表 7-9 所列。

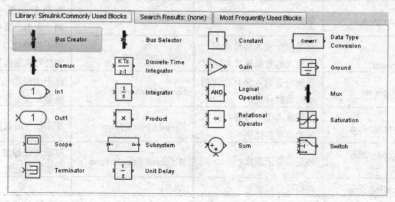

图 7-19　常用模块库

表 7-9　常用模块库

功能模块名称	用途及说明	功能模块名称	用途及说明
Bus Create	由输入产生总线信号	Mux	信号汇路器，将多个单一输出转化成 u 矢量
Bus Selector	总线信号选择器	Out 1	输出端口，用于传递数据给工作空间或其它系统模型
Constant	恒值输出，产生一个常数输出，该数值可设定	Product	输入信号间相乘
Data Type Conversion	数据类型转换器	Relational Operator	关系运算符
Demux	信号分路器，将一个矢量值拆成多个单一输出	Saturation	设定输入信号在饱和值的上下限之间
Discrete-Time Integrator	离散时间积分器	Scope	示波器，显示仿真实时信号
Gain	信号增益，即将输入信号乘以指定增益	Subsystem	子系统
Ground	地线，提供零电平	Sum	信号综合
In1	提供一个输入端口	Switch	开关
Integrator	积分器，输入信号的连续时间积分	Terminator	信号终结，即中断输出信号
Logical Operator	逻辑运算符	Unit Delay	将信号延迟一个取样周期(即单位延迟)

7.3.2　Simulink 的基本应用

Simulink 的基本使用方法是，从模型模块库中拖曳所需模块至模型窗中，并添加必

256

要的连线，以构成仿真系统，随后即可启动仿真。

1. 模型窗组成

在图 7-11 中，选择"File"→"New"→"Model"或单击 图标，系统打开模型窗如图 7-20 所示，图 7-21 是一个示例模型。

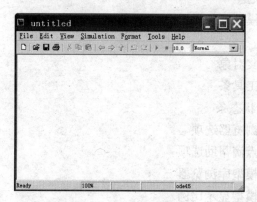

图 7-20　Simulink 的模型窗　　　　　图 7-21　Simulink 模型例

1) 主菜单及功能

(1) "File"(文件)菜单，主要选项如下：

New		新建模型
Open…	Ctrl+O	打开已有模型
Close	Ctrl+W	关闭当前模型窗
Save	Ctrl+S	保存当前模型文件
Save as…		另存模型文件
Source control		数源控制
Model properties		模型属性
Preference		参数选择
Print…	Ctrl+P	打印模型
Print setup…		打印设置
Exit MATLAB	Ctrl+Q	退出 MATLAB

(2) "Edit"(编辑)菜单，主要选项如下：

Undo	Ctrl+Z	撤销上次操作
Redo	Ctrl+Y	重复上次操作
Cut	Ctrl+X	剪切选定内容，并放到剪贴板中
Copy	Ctrl+C	将选定内容复制到剪贴板中
Paste	Ctrl+V	将剪贴板中内容粘贴到当前光标处
Clear	Delete	删除指定内容
Select all	Ctrl+A	选定整个窗口内容
Copy model to clipboard		将模型复制到剪贴板中
Find…		查找

257

Create subsystem	Ctrl+G	创建子系统
Mask subsystem...	Ctrl+M	精装子系统
Look under mask	Ctrl+U	打开精装子系统结构
Link options		链接选型
Update diagram	Ctrl+D	更新模型框外观

(3) "View"(观察)菜单, 主要选项如下:

Go to parent	返回父对象
Toolbar	显示工具条
Status bar	显示状态条
Model browser options	模型浏览器选项
Block data tips options	模型点滴帮助选项
Show Library Browser	激活模型库浏览器
Zoom in	放大模型显示比例
Zoom out	缩小模型显示比例
Fit system to view	自动选择最适合的显示比例
Normal(100%)	以正常比例(100%)显示模型

(4) "Simulation"(仿真)菜单, 主要选项如下:

Start	Ctrl+T	启动仿真
Stop		停止仿真
Simulation parameters...	Ctrl+E	仿真参数设置
Normal		正常
Accelerator		加速
External		扩展

(5) "Format"(格式)菜单, 主要选项如下:

Font	字体设置
Text alignment	文本对齐
Flip name	向对侧搬动模块名
Flip block	翻转模块180°(顺时针)
Rotate block	顺时针翻转模块90°
Show/Hide drop shadow	添加/去处阴影效果
Show/Hide port labels	显示/隐藏断口标签
Foreground color	前景色设置
Background color	背景色设置
Screen color	屏幕色设置
Library link display	库链接显示
Sample time colors	按采样速率着色
Wide non scalar lines	以宽线标明非标量线

258

Signal dimensions	信号刻度
Port data types	端口数据类型
Storage class	存储类型
Execution order	执行顺序

(6) "Tools"(工具集) 菜单，主要选项如下：

Data explorer…	数据浏览器
Simulink debugger…	Simulink 调试器
Data class designer…	数据类设计器
Model differences	模型差分
Profiler	模板
Coverage settings…	覆盖设置
Real-time Workshop	实时工作空间
External mode control panel…	外部模块控制板
Fixed-Point…	固定点
Linear analysis…	线性化分析工具
Report generator…	报告生成器
Requirement management interface…	查询管理界面

(7) "Help"(帮助) 菜单，主要选项如下：

Simulink Help	Simulink 在线帮助
Blocks	模块
Shortcuts	捷径
S-Functions	S 函数
Demos	示例
About Simulink	关于"Simulink"

2) 工具条及功能简介

模型窗中的工具条及功能如图 7-22 所示。工具条包含了经常使用的 Simulink 命令。

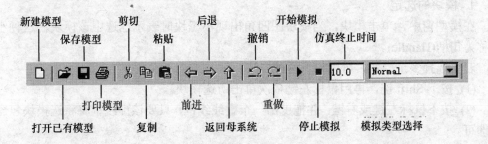

图 7-22　模型窗中的工具条及涵义

2. 模型的运行

对建立好的模型，单击工具条的运行按钮 ▶，即可运行仿真。对图 7-21 所示模型，仿真结果如图 7-23 所示。

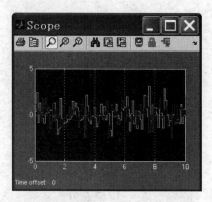

图 7-23   图 7-21 模型的仿真示例

7.4   Simulink 的功能模块及建模

Simulink 的模型在行为上是模拟实际物理系统的动态性状；在视觉表现上是一组用连线连接的方框图；在数学形式上通常表现为一组微分方程或差分方程；在存储方式上则是以 MDL 为扩展名的 ASCII 码。

典型的 Simulink 的模型通常包括 3 种模型组件，即信源(Sources)、系统(System)、信宿(Sink)，如图 7-24 所示。

图 7-24   Simulink 模型的一般结构

7.4.1   模块的基本操作

在 Simulink 中，用户构建模型的方法是非常简便的，只需在展开的模型模块库中，选择所需模块，并用鼠标左键将其拖曳至模型窗中，再配合有关连线操作，即可完成建模。

1. 模块的选定

在模型窗中，单击模块，当模块图四角出现小黑块时表示已选中该模块，这种小黑块称为句柄(Handle)。

若要选择多个模块，可用如下两种方法：

(1) 按下 Shift 键，再用鼠标左键依次单击所选模块。

(2) 按下鼠标左键或右键，并拖曳出一个虚线线框，只要该虚线框将将选模块包含在内即可。

2. 模块的复制

(1) 将模型模块库中的模块复制到模型窗。在展开的模型模块库中，拖曳选中的模块至模型窗即可。

(2) 同一模型窗中模块的复制。

方法一：按下鼠标右键，将选中模块拖曳至合适位置后，释放鼠标即可。

方法二：选中模块后，按 Ctrl 键，再将模块拖曳至合适位置，释放鼠标。

(3) 不同模型窗中模块的复制。

方法一：在源模型窗中选中模块，然后按鼠标左键，将其拖曳至目标模型窗口即可。

方法二：在源模型窗中选中模块，单击源模型窗中的 ▣ 按钮；然后鼠标移至目标模型窗合适位置，单击目标模型窗中的 ▣ 按钮即可。

3. 模块的移动

直接用鼠标左键拖曳选中模块至合适位置即可。若要在不同模型窗之间移动模块，则拖曳时需同时按下 Shift 键。

4. 模块的删除

选中待删模块后，可用下述方法之一删除模块：

(1) 按键盘上的 Delete 键或 Del 键。

(2) 单击剪切按钮 ✂，将模块剪除并放到剪贴板中。

(3) 选择菜单项"Edit"→"Cut"。

5. 模块的旋转

缺省状态下，模块的输入端在左侧，输出端在右侧。

模块顺时针旋转 90°：选定模块后，选用菜单项"Format"→"Rotate Block"，或直接按"Ctrl"+R 键。

模块翻转 180°：选定模块后，选用菜单项"Format"→"Flip Block"，或直接按 Ctrl+F 键。

6. 模块的取名

(1) 修改模块名。单击模块名，将在模块周围出现一个编辑框，此时即可对模块名进行修改。修改完毕，将光标移出编辑框即可。

(2) 设置字体。选定模块后，选择"Format"→"Font"，在弹出的对话框中，可以更改模块名的字体、大小等属性。

(3) 改变位置。选定模块后，选择"Format"→"Flip name"，即可将模块名移至模块对侧位置。

(4) 隐藏模块名。选定模块后，选择"Format"→"Hide name"，即可隐藏模块名，此时该选项变为"Show name"。若需显示模块名，则选择"Format"→"Show name"即可，同理，该选项又变回"Hide name"。

7. 模块的效果

选定模块后，选择"Format"→"Show drop shadow"，则模块便在右下侧出现阴影,同时该选项变为"Hide drop shadow"。若想去掉阴影效果，则再选择"Hide drop shadow"即可。

8. 颜色设定

选定模块后，选择"Format"→"Foreground color"，即可在弹出的菜单项中选择模块的前景色；选择"Format"→"Background color"，则可在弹出的菜单项中选择模块的背景色。选择"Format"→"Screen color"，则可在弹出的菜单项中选择模型窗的背景色。

9. 模块注释

选定模块后，将鼠标停在模块上并按鼠标右键，在弹出的快捷菜单中选择"Block properties..."，系统会弹出一个对话框，用户可以在相应栏目中添加注释信息。

7.4.2　信号线处理

1. 生成连线

(1) 水平及垂直连线。首先将光标指向连线始点，待光标变成十字叉丝后，按下鼠标左键拖曳至连线终点即可。Simulink 会根据始点和终点位置自动连线。

(2) 斜线。先按下 Shift 键，然后再用上述方法连线。

(3) 连线的移动。选中连线，按下鼠标左键拖曳至合适位置后，释放鼠标。

(4) 连线的删除。选中连线，按键盘上的 Delete 键或 Del 键即可将其删除，或者选中连线后，单击 ✂ 按钮将其剪切至剪贴板。

2. 分支

实际模型中，有时需要将一个信号分送到多个不同模块的输入端，此时就需要绘制分支连线(Branch line)。绘制方法为：首先将光标指向分支线起点(已有连线上的某点)，按下鼠标右键，待光标变成十字叉丝后，拖曳鼠标至分支线终点处，再释放鼠标。也可以按住 Ctrl 键，再按下鼠标右键拖曳生成。

3. 折曲

若需要使两模块间的连线转向，避开其它图形，可将光标指向待折处，按下 Shift 键及鼠标左键，然后拖曳鼠标至合适位置，释放鼠标。

4. 折点移动

选中折线，将光标指向待移折点，当光标变成小圆圈时，按下鼠标左键拖曳至合适位置，释放鼠标。

5. 线宽

为了使连线传递的信息一目了然，Simulink 在运行后能自动改变线宽，以粗宽线显示矢量，并能标出矢量长度。

6. 线色

为了清晰地表示不同采样频率的模块及信号，可以选择"Format"→"Sample Time Color"，Simulink 将用不同颜色显示采样频率不同的模块和信号线。系统默认红色为最高采样频率，黑色表示连续信号流经的模块及线。

7. 线标

(1) 添加线标。双击需要添加线标的信号线，即可在弹出的文本框内添加连线的标识，输入完毕，将鼠标移出文本框即可。

(2) 修改线标。单击需要修改的线标，待原线标周围出现编辑框时即可修改。

(3) 移动线标。单击线标，待其出现编辑框时，用鼠标拖曳至合适位置即可。

(4) 复制线标。单击线标，待其出现编辑框时，或单击鼠标右键在弹出的快捷菜单中选择"Select all"选项。

(5) 删除线标：单击线标，待其出现编辑框后，即可选择标识字符，再按 Delete 键或 Del 键予以删除。

7.4.3　模型的建立及运行

1. 模型建立的一般步骤

建立模型的大致步骤如下：

(1) 新建模型窗。

(2) 从模型模块库中选择需要的模块，并分别拖曳至模型窗。

(3) 进行连线、线标等操作，增加注释等内容。

(4) 如果模型模块库中没有所需的模块，则需建立自定义模块。

(5) 进行仿真。

2. 模型文件的操作

对模型文件的操作主要为新建、打开、存储、打印。

1) 新建模型

有多种方法可以打开一个名为 untitled 的模型窗，以便新建模型：

(1) 单击模型窗工具条的型 按钮。

(2) 在模型窗中，选择菜单项 "File" → "New" → "Model"。

2) 打开模型

可用下述方法打开已有模型：

(1) 单击库浏览器中的 按钮，或单击模型窗工具条中的 按钮。

(2) 在模型窗中，选择菜单项 "File" → "Open"。

(3) 在命令窗口中键入需要打开的模型名。

3) 存储模型

Simlink 模型文件是扩展名为.mdl 的 ASCII 码文件。存储文件有以下方法：

(1) 单击模型窗工具条中的 按钮。

(2) 在模型窗中，选择菜单项 "File" → "Save"。

(3) 在模型窗中，选择菜单项 "File" → "Save as…"。

4) 打印模型

由于模型的多层次性，模型打印操作比较特殊。

(1) 单击模型窗工具条中的 按钮。

(2) 选择菜单项 "File" → "Print"。

执行上述方法之后，系统会弹出文件打印对话框，与 Windows 标准文档打印相仿，只是在下方多了一个打印选项，如图 7-25 所示。

图 7-25　模型文件打印选择对话框

在图 7-25 中，Current system 为当前系统；Current system and above 为当前系统及其上层；Current system and below 为当前系统及其下层；All system 为包含当前系统的整个大系统。

(3) 在 MATLAB 命令窗中，键入 PRINT 命令，格式为：

```
print -smodelname -ddevice filename
```

其中，smodelname 为待处理模型名，是必需的；ddevice 为输出设备类型，包括打印机、文件、剪贴板，该项为可选项；filename 为输出至要保存的文件，若无该选项，则MATLAB 输出至打印机。

3. 矢量化模块与标量扩展

1) 矢量化模块

矢量化模块输入量和输出量之间的关系符合 $y = F(x_1, x_2, \cdots, x_n)$ 的数学规则，式中 $x_1, x_2, \cdots, x_n$ 可以是标量或矢量，但所有矢量必须长度相同。在 Simulink 库中的几乎所有模块都是矢量化模块。矢量化模块如图 7-26 所示。

2) 标量扩展

标量扩展是指将一个标量值转换为一个适当长度的矢量，该矢量的每个元素值等于原来的标量值，这是矢量化模块执行符合规则运算所必须具备的自适应能力。标量扩展主要有输入标量扩展及参数标量扩展。

图 7-26　矢量化模块示意

(1) 输入标量扩展。

[例 7-6]　两个标量信号锯齿波 $w(t)$ 和正弦波 $s(t)$，经"复用"模块的处理形成一个矢量波形 $v(t) = \begin{bmatrix} w(t) \\ s(t) \end{bmatrix}$。如图 7-27 所示，注意，经复用模块处理后，变为矢量，可以从线条变粗看到。

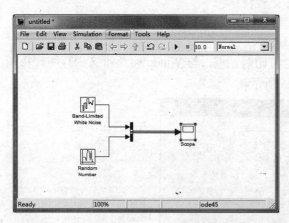
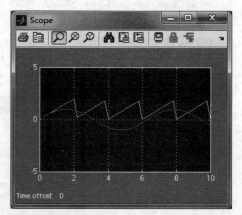

图 7-27　输入标量扩展示例

(2) 参数标量扩展。

[例 7-7]　三元矢量[3　6　9]经增益模块(增益系数 0.5)处理后，扩展参数变为[1.53 4.5]。

从 Source 模块库中选择 Constant 模块并拖曳至模型窗中；从 Math 选择 Gain 模块并拖曳至模型窗中；从 Sink 模块库中选择 Display 模块并拖曳至模型窗中，然后调整位置并连线，建立如图 7-28 所示模型。

在模型窗中，双击 Constant 模块，弹出如图 7-29 所示的对话框，在"Parameter"栏填入数据[3 6 9]；双击 Gain 模块，弹出如图 7-30 所示的对话框中，设定增益系数为 0.5。然后进行仿真，注意在模型窗中向下拉动 Display 模块，最终结果如图 7-31所示。

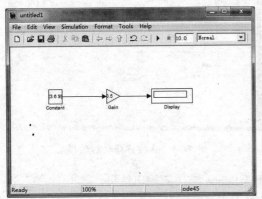

图 7-28 参数扩展模型的建立

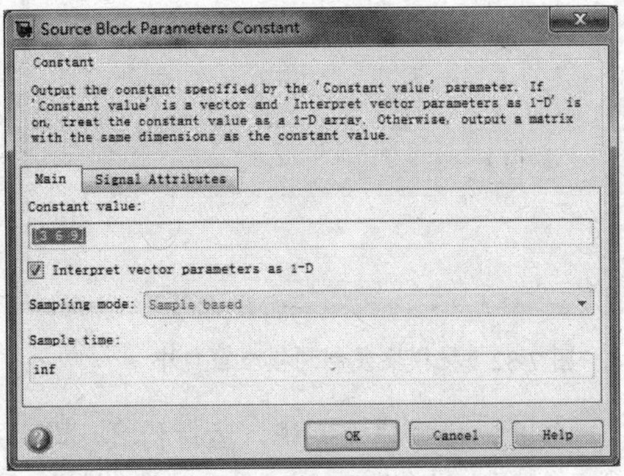

图 7-29 常量的设定

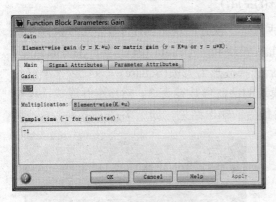

图 7-30 增益系数的设定

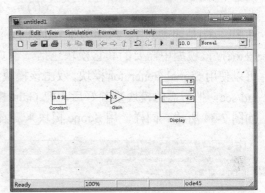

图 7-31 参数扩展模型模拟结果示例

4. 模拟示例

[例 7-7] 本例演示如何将摄氏温度转换为华氏温度。亦即对方程

$$T_{\mathrm{F}} = (9/5)T_{\mathrm{C}} + 32$$

进行建模和模拟。

式中：T_{F} 代表华氏温度；T_{C} 代表摄氏温度。

(1) 选择所需要的模块。为产生温度信号，从 Source 库中选择 Ramp 模块；为产生常量 32，从 Source 库中选择 Constant 模块；为使输入信号乘上 9/5，选择 Math 库中的 Gain 模块；为了把两个量加起来，从 Math 库中选择 Sum 模块；为了显示输出结果，从 Sink 库中选择 Scope 模块。

(2) 把所有的模块复制到模型窗口中，如图 7-32 所示。

(3) 给 Gain 模块和 Constant 模块设置合适的参数值(Gain 为 9/5，Constant 为 32)，具体方法是双击模块方框，打开参数设置对话框并输入相应的数值。

(4) 连接各模块，如图 7-33 所示。

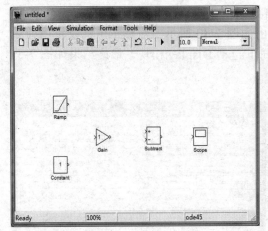

图 7-32 把模块复制到模型窗口中

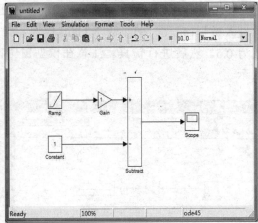

图 7-33 连接各模块后的模型

至此，模型建立完毕，运行仿真，即可观看 Scope 模块的输出结果。

[例 7-8] 本例演示对微分方程建模和模拟。假设有如下微分方程：

$$x'(t) = -2x(t) + u(t)$$

其中，$u(t)$ 是幅度为 1、频率为 1 rad/s 的方波信号。积分模块将 $x(t)$ 的微分信号积分来获得 $x(t)$。该模型中需要的其它模块包括一个 Gain 模块和一个 Sum 模块。要产生方波信号，可以使用 Signal Generator 模块，双击该模块后选择波形为方波(Square)并改变频率单位为 rad/sec。把所需的模块复制好后，把 Gain 模块的增益参数设为 2。然后进行连线，模型如图 7-34 所示。同样，用 Scope 模块来观看最后的输出结果，如图 7-35 所示。

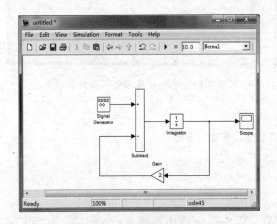

图 7-34 建立的模型

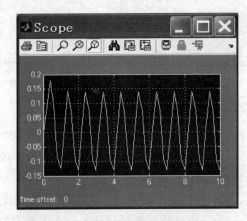

图 7-35 输出结果

对该例也可以用传递函数方式建模。对微分方程两侧取拉普拉斯变换，即

$$sX(s) = -2X(s) + U(s)$$

整理，得

$$\frac{X(s)}{U(s)} = \frac{1}{s+2}$$

这样就不难推得由方程描述的输入 $u(t)$，输出 $x(t)$ 的系统的传递函数为

266

$$Fcn(s) = \frac{1}{s+2}$$

于是，就可以用 Transfer Fcn 模块来进行建模(Continuous 库)。首先指定对应的传递函数，可以在模块参数对话框设置 Numerator(分子)参数、Denumerator(分母)参数分别为"1"和"1 2"。也就是说，这个模块是用传递函数的分式形式表示，且系数从左至右按 s 的降幂排列。所得模型如图 7-36 所示，其仿真结果与图 7-35 一样。

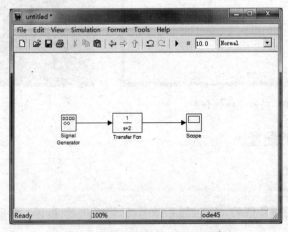

图 7-36 用传递函数建立的模型

[例 7-9] 用 Simulink 模拟 $\dfrac{Y(S)}{X(S)} = \dfrac{G(S)}{1+G(S)}$，其中 $G(s) = \dfrac{40}{S(S+2)}$。

在 MATLAB 主界面的工具条中，单击 ▓ 图标，在弹出的 Simulink 子系统中，单击 ▭ 图标，在新的设计区开始设计。首先选择 Source(信源)中的阶跃信号(Step)，将其拖至窗口中；选择 Math 中的 Sum 将其拖至窗口中；选择 Continuous 下的 Transfer fun，将其拖至窗口中；选择 Sink 下的 Scope，将其拖至窗口中，然后建立连接。双击 Transfer fun 图标修改 Transfer fun 的参数，如图 7-37 所示。最终的功能模块组合如图 7-38 所示，双击 Scope 图标，显示模拟结果如图 7-39 所示。

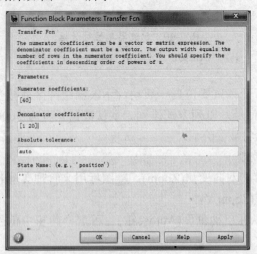

图 7-37 修改 Transfer fun 的参数

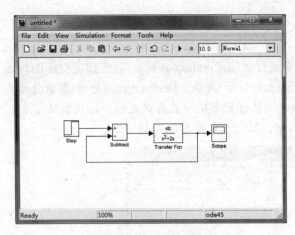

图 7-38　功能模块组合图

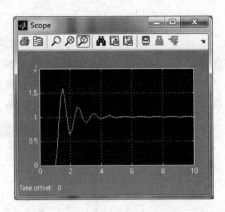

图 7-39　仿真结果

7.4.4　Simulink 的配置

1. 示波器的配置

1) 示波器的用途

示波器用于接受矢量信号，实时显示信号(标量或矢量)波形。典型的示波器如图 7-40 所示。

(a)　　　　　　　　　　　　　　　　(b)

图 7-40　示波器属性对话框

(a) "General" 设置；(b) "Data history" 设置。

不管示波器是否打开，只要仿真一启动，示波器缓冲区就接受送来的信号。缓冲区可接受多达 30 个不同信号，以列方式排列。默认数据长度为 5000，若数据超出 5000，则先前的"历史"数据将被丢弃。

2) 示波器的视域控制

图标用来管理 X-Y 双向变焦(Zoom)；图标用来管理 X 轴向变焦(Zoom X)；图标用来管理 Y 轴向变焦(Zoom Y)。

图标用来管理纵标自动刻度(Autoscale)，可取当前窗中信号的最大最小值为纵标的上下限。

图标用来保存当前轴设置(Save axis)；图标则用来打开示波器属性对话框(Open

properties window)。

3) 纵、横标设置

在示波器的坐标框中，按鼠标右键，在弹出的快捷菜单中，选择"Axes properties"，可设置纵标下限(Y_{min})及纵标上限(Y_{max})。

单击示波器的框 图标，在"Time range"栏可设置横标上限值(下限为 0)。

4) 多信号区设定

在示波器属性对话框中的"Axes"下的"Number of axes"栏中，可设定输入口数量。

5) 数据重定向

在示波器属性对话框中，选中"Save data to workspace"栏，则把视波器缓冲区中保留的数据输入到 MATLAB 工作空间，默认变量名为"ScopeData"，也可更改。

2. 仿真器设置

仿真器实质上是一个用来对所建模型进行计算的一组程序，通常它定义了描述仿真模型(系统)的一组微分方程或差分方程。

在模型窗中点选菜单项"Simulation"→"Configuration Parameters…"，即可在弹出的如图 7-40 所示的仿真器界面中进行仿真器配置。主要用于设定解算器参数、数据导入导出、仿真优化、仿真过程诊断、硬件执行方式、参考模型、实时工厂等参数。其中，解算器的设定(Solver)最为重要，如图 7-41 所示。

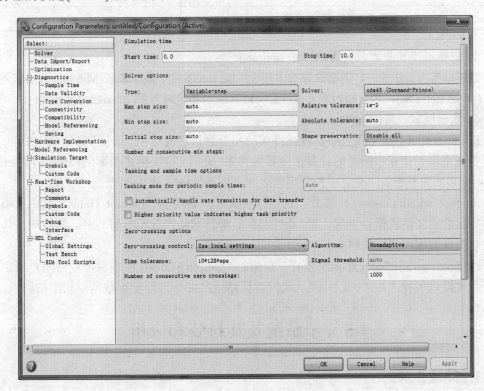

图 7-41　仿真器参数设置

1) 仿真时间设置(Simulation time)

Start time:仿真起始时间，默认值 0。

Stop time:仿真结束时间，默认值为 10。

2) 解算器类别设置

在"Solve options"栏中，左侧的"Type"用于设定解算器类别，分变步长(Variable-step)和固定步长(Fixed-step)两类；该栏右侧用于选择解算器类型，如 ode45、ode23 等，默认设置为变步长的 ode45 算法。其余算法及特点参见表 7-10。

表 7-10　解算器类型

变步长解算器		定步长解算器	
解算器	特　点	解算器	特　点
ode45	Dormand-Prince	discrete	纯离散系统特殊算法
ode23	Bogacki-Shampine	ode5	ode45 的定步长形式
ode113	Adams	ode4	采用定步长经典四阶 Runge-Kutta 算法
ode15s	Stiff/NDF	ode3	ode23 的定步长形式
ode23s	Stiff/Mod.Rosenbrock	ode2	定步长的二阶 Runge-Kutta 算法
ode23t	Mod.Stiff/Trapezoidal	ode1	定步长 Euler 算法
ode23b	Stiff/TR-BDF2		
discrete	纯离散系统变步长特殊算法		

3) 解算器步长与容差设置(Solver options)

当解算器为变步长时，需要设置最大步长(Max step size)、最小步长(Min step size)和初始步长(Initial step size)，以及相对容差(Relative tolerance)和绝对容差(Absolute tolerance)。

4) 输出模式设置(Output options)

Refine output 模式：强迫结算器在持续的积分解点之间运用"插值"算法插入中间点，比采用减小步长计算中间点的计算速度要快得多；此时，与该模式相配的精细因子(Refine factor)必须取正整数 n，决定在积分解点之间"插补"$(n-1)$个中间点。

Produce additional output 模式：选用该模式时，右侧的"Output Times"栏中应填写用户指定的自变量数据点矢量，如"0:0.1:10"，解算器除产生积分解点外，还将产生与该指定自变量数据点相应的解点。

Produce specified output only 模式：右侧的"Output Times"栏中也应填写用户指定的自变量数据点矢量，如"0:0.1:10"，此时解算器只产生与该自变量数据点相应的解点。

7.5　子系统及其封装和应用

7.5.1　简装子系统

当建立的模型规模过于庞大或过于复杂时，可以通过把一些模块组合成一个子系统，来简化模型。通过构建简装子系统(Encapsulated　subsystem)，使得在主系统中，系统的信息及流向清晰可辨；在子系统中，模型的细节及方法一览无遗。使用子系统，就相当

270

于在 MATLAB 命令中运行 M 函数；或在 C 语言中应用函数或子程序；或在 FORTRAN 语言中使用子程序那样。建立子系统的优点在于：

(1) 可以减少显示在模型窗口的模块数，使模型窗口显得简洁、整齐，并方便连线。

(2) 将功能相关的模块放在一起，便于用户创建自己的库模块。

(3) 可以生成层次化的模型图表，即子系统在一层，组成子系统的模块在另一层。这样用户在设计模型时，既可采用自上而下的设计方法，也可以采用自下而上的设计方法。

(4) 在研究分析系统时，可以方便地进行概念抽象(Abstraction of conception)，提高工作效率和可靠性，便于模块"重用(Reuse)"。

在 Simulink 里创建子系统的途径有两种：

① 在模型中增加一个子系统模块，然后打开这个模块，并在打开的模型窗口建立子系统，相当于"先有包装，后置内容"；

② 先把模块链接好，然后再把这些模块组合成子系统，相当于"先有内容，后套包装"。

1. 通过子系统模块建立子系统

该方法的要点是：首先往模型里加入一个称为 Subsystem 的库模块，然后再往该模块里加入组成子系统的模块，进行设计。

以下通过实例讲述建立子系统的基本过程。该系统的功能是将输入的华氏温度转换为摄氏温度。建模步骤如下：

(1) 打开 Simulink，在 Subsystem 节点下，将 Subsystem 模块复制到模型窗口。

(2) 单击 Subsystem 模块，打开子系统的编辑窗口，如图 7-42 所示。

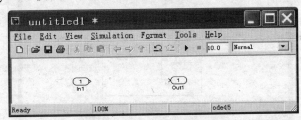

图 7-42　子系统原始模型

(3) 将组成子系统的模块添加到子系统窗口中。这里，In1 和 Outl 模块是两个虚模块，与它们相连的信号将作为子系统的输入和输出信号。当然这只是 Simulink 图形化建模的一个逻辑方法，事实上在物理模型里，这是没有必要的，但在 Simulink 中建立子系统时，它们是不可或缺的。连接好各个模块，并修改 Inl 和 Outl 模块下面的标签为 F 和 C，所谓标签就是这两个端口在子系统图标上的显示文字。建好的模型如图 7-43 所示。

(4) 采用"Save as"方法保存模型，关闭子系统窗口。由于在 Simulink 里只有模型或库才是一个完整的独立实体，所以，最好将子系统定义为独立实体。

至此，就建立了一个子系统。

2. 组合已存在的模块建立子系统

如果现有的模型里已经包含了要转化成 Subsystem 的模块，就可以将这些模块组合起来建立子系统。

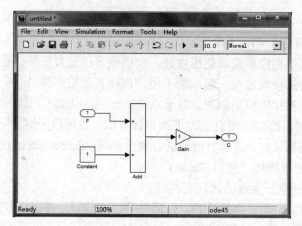

图 7-43 建好的子系统模型

例如，现在已经有了一个如图 7-44 所示的模型，其功能是把离散信号累加。其中，Unit Delay 模块和 To Workspace 模块的位置分别是 Simulink 节点下的 Discrete 和 Sink 子库，To Workspace 的功能是把存储仿真结果的输出变量保存到 MATLAB 的工作空间里。所以，要查看仿真结果，只需在 MATLAB 命令窗口查看这个变量(Simout)即可。

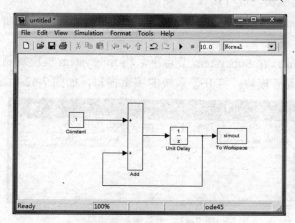

图 7-44 假定的已知模型

若需把已存在的模块转化为子系统，首先选取"Edit"→"Select All"选中所要模型，然后在 Edit 菜单下选取 Create Subsystem 命令即可。单击该选项后，Simulink 会自动将操作对象转化为子系统，如图 7-45 所示。在该界面中，双击模块，就会展示原系统，如图 7-44 所示。

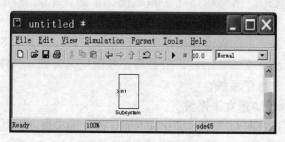

图 7-45 转换后的子系统

272

7.5.2　封装子系统

虽然简装子系统操作简单，在一定程度上提高了分析研究问题时的抽象能力，但也存在一些缺点，主要有：简装子系统直接从 MATLAB 的工作空间获取变量，容易发生变量冲突；简装子系统没有功能象征的标志；简装子系统的模块与 Simulink 的库模块结构不一致，不利于建立用户自己的库模块。

为了克服上述缺点，MATLAB 还提供了封装子系统(Masked subsystem)。从表面上看，精装子系统与普通库模块完全一样，有自己的图标以及参数设置对话框。但从变量的存在域看，就不同了，因为精装子系统有自己的工作空间，它完全独立于基本空间和其它库模块空间。也有人将封装子系统称为精装子系统。

使用封装子系统，用户可以自定义子系统的对话框和图标，能够方便地完成下列工作：

(1) 可以用一个参数设置对话框代替多个对话框，简化模型的使用。这些参数就可以通过封装好的子系统对话框来设置，并传给封装过的子系统内的模块。

(2) 用户可以定义一个具有自己的模块描述、参数字段标签和帮助文档的对话框，为模型的使用提供一个描述性更强，更友好的用户界面。

(3) 可以定义命令，计算那些取值依赖于模块参数的变量的值。

(4) 可以定义一个能反映子系统目的、更有意义的模块图标。

(5) 可以把子系统的内容隐藏在定义好的界面下，避免使用者对于系统进行无法预料的改动。

(6) 可以建立动态对话框。

1. 封装子系统的制作过程

封装子系统是在简装子系统的基础上经过精心设置完成的，其制作过程与 Simulink 的库模块制作基本相同。基本制作过程如下：

(1) 首先制作简装子系统，然后选择菜单项"Edit"→"Create subsystem"；

(2) 在简装子系统的模型窗口中，选中转换后的子系统模块后，选择菜单项"Edit"→"Mask subsystem"，打开装帧编辑器。

(3) 利用装帧编辑器，对未来新参数对话框进行设计：设置参数项、模块描述和帮助文本、用户自定义的图标等。关闭装帧编辑器后，就得到新建的精装子系统。

(4) 如果需要对已生成的封装子系统重新装帧，则可选择菜单项"Edit"→"Edit Mask"。

图 7-46 是计算 $y=mx+b$ 的简单子系统，建模完成后，按鼠标右键拖选所有对象及连线，然后选择菜单项"Edit"→"Create subsystem"，就可以建立封装子系统并进行装帧。建立的封装子系统如图 7-47 所示。

2. 封装子系统的装帧

封装子系统的装帧主要完成 4 件事：

1) 定义子系统的描述参数

建立封装子系统后，选择菜单项"Edit"→"Mask subsystem…"，弹出一个装帧设计对话框，共有四页，其中"Parameters"页如图 7-48 所示。

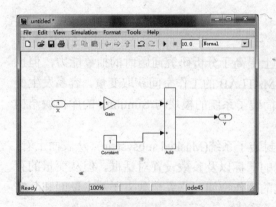

图 7-46　简单子系统　　　　　　　　　　图 7-47　封装子系统

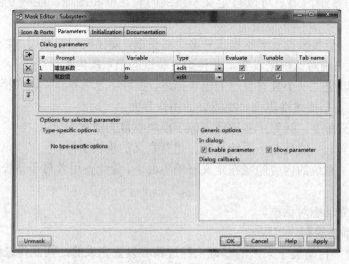

图 7-48　精装子系统的"Parameters"页

依次在展开的"Dialog Parameters"栏中，输入提示及对应参数即可。左侧的四个图标"▣"、"✕"、"▲"、"▼"，分别用于展开、删除、上移、下移一栏。参数输入完成后，单击"Apply"按钮结束本页编辑。

2) 产生提示对话框

在图 7-48 中展开"Initialization"页，如图 7-49 所示。在"Initialization commands"栏中输入相应命令或公式，然后单击"OK"按钮结束本页编辑。

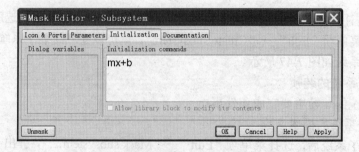

图 7-49　装帧编辑器对话框的 Initialization 页

3) 建立模块的描述信息以及帮助文档

模块的描述信息和帮助文档是在装帧编辑器(图 7-49)的"Documentation"页设置的，如图 7-50 所示。这一页的结构比较简单，"Mask Type"用于描述模型类型，"Mask description"用于定义模块的描述信息或简要说明，"Mask help"用于定义帮助信息，当用户单击模块时，会弹出如图 7-51 所示的模块定义信息，在该图中，若用户单击"Help"按钮时，显示该帮助信息，如图 7-52 所示(MATLAB 2009b 中"Mask help"暂不支持中文)。

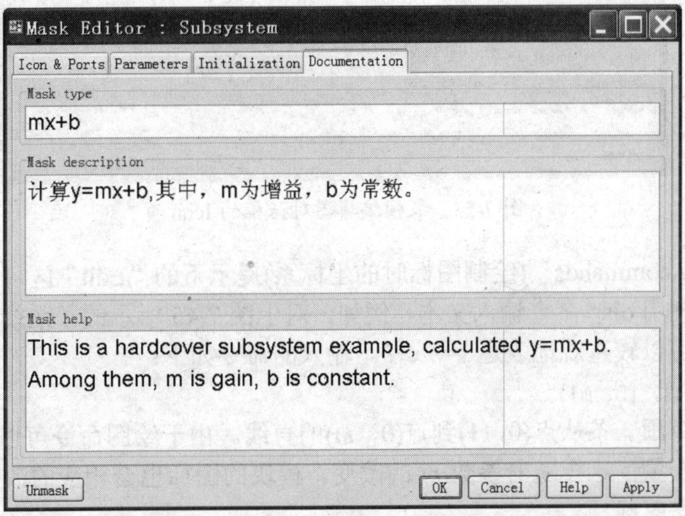

图 7-50　装帧编辑器对话框的 Documentation 页

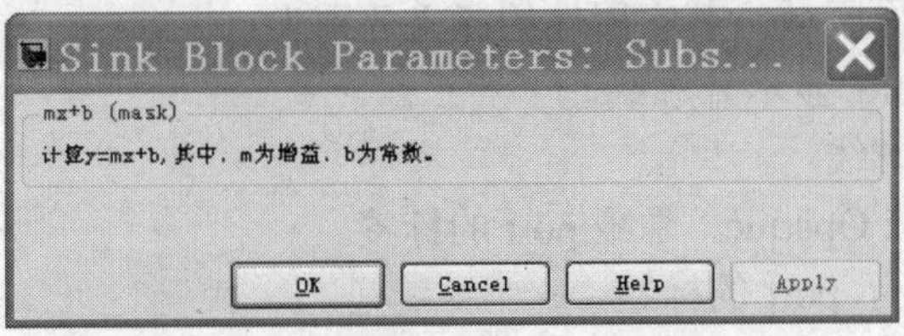

图 7-51　模块的参数定义信息

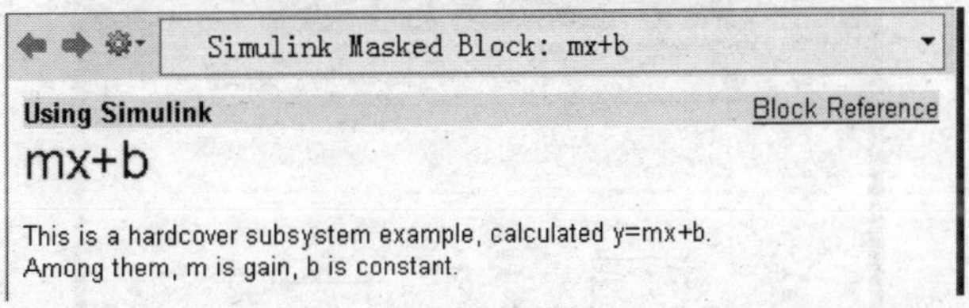

图 7-52　显示的帮助信息

4) 生成模块的图标

在图 7-49 所示装帧编辑器中，用户可以选取"Icon&Ports"页定义通过如图 7-53 所示的装帧子系统的自定义图标。

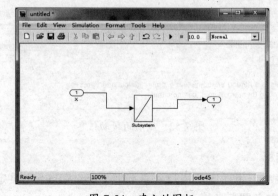

图 7-53　装帧编辑器对话框的 Icon 页

　　"Drawing commands"(绘制图标时的坐标系)提示下的"Edit"区可以输入绘制图标命令，也可以利用 disp 命令输入文本。例如，对于图 7-45 所示的子系统示例，如果定义一条斜线，就可以较直观地表达 $y=mx+b$。输入的命令如下：

plot ([0, 1], [0, m])

　　该绘图命令画一条从点(0，**1**)到点(0，m)的直线。由于绘图命令可以访问 mask 工作空间里的任何变量，这样随着参数 m 的改变，模块的图标也会相应的改变；所以，这种图标是一种动态图标。

　　此外，"Icon"页上的"Drawing coordinate"属性设置为"Normalized"，作图区域就被限制在左下角为(0，0)，右上角为(1，1)的正方形区域里，若为"Auto scale"则自动调节图标充满模块的表面区域。其它属性的涵义分别为：

Icon frame：Visible　显示外廓线。

Invisible: 隐藏外廓线。

Icon Transparency: Opaque　　隐藏 port 的标签。

Transparency：显示 port 的标签。

Icon Rotate:　旋转模块，实际上在 Simulink 设计区执行 Ctrl+R 更方便一些。

　　一般情况下，该页上的其它属性均不用修改。图 7-54 是建立图标后的封装子系统。

图 7-54　建立的图标

下面是其它常用图标的创建示例(在"Drawing commands"提示下的"Edit"区输入的命令)。

① disp('mx+b')　　　　　　　　　　　　　参见图 7-55(a)

② plot([0　1　2　3], [0　0　1　3])　　　　参见图 7-55(b)

③ dpoly([2　4], [3　5])　　　　　　　　　参见图 7-55(c)

④ dpoly([2　4], [3　5], 'z')　　　　　　　参见图 7-55(d)

⑤ dpoly([2　4], [3　5], 'z-')　　　　　　参见图 7-55(e)

⑥ dpoly([1　], [2　1], 'z-')　　　　　　参见图 7-55(f)

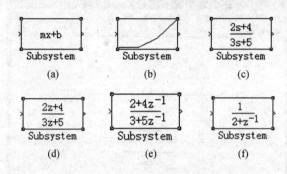

图 7-55　几种图标的创建示例

7.5.3　条件子系统

条件子系统(Conditionally Executed Subsystem)是指它的执行受输入信号控制的子系统，在条件子系统里，控制子系统是否执行的信号被称为控制信号。进入子系统里的信号则称为控制输入。

条件子系统在构建复杂系统的仿真模型时非常有用，因为这些模型的某些组件可能要受模型内其它条件的控制。例如，数字电路里的计数器，就是在每个时钟到达时刻将计数器的值增加一。

Simulink 支持 3 种类型的条件子系统，分别是使能子系统、触发子系统及触发使能子系统。

(1) 使能子系统　当控制信号为正时，它才执行。执行时间从控制信号由负变到正(过零点)的时间步开始，并在控制信号为正的时间内持续执行。相当于数字电路里的所谓电平触发。

(2) 触发子系统　在发生触发事件的时刻执行，触发事件在 Simulink 里是用触发信号的上边沿和下边沿来表示的。

(3) 触发使能子系统　当控制信号为正时，如果触发事件发生，则子系统执行。

1. 使能子系统

使能子系统在控制信号为正值的时间步里执行。每一个子系统只有一个控制输入，它既可以是标量信号，也可以是矢量信号。若为标量信号，则只要该信号大于零，子系统就开始执行。若为矢量信号，则只要其中一个信号大于零，那么子系统就开始执行。此外，使能子系统可以包含任何模块。

Simulink 在判断是否执行子系统时，主要采用的是过零检测技术。即只要检测到了过零点，并且斜率为正，则子系统就开始执行。若检测到信号滑过零线，且斜率为负，则子系统停止执行。

生成一个使能子系统的方法很简单，只要把一个 Enable 模块复制到子系统模块中即可，它的位置是在 Simulink 库的 Ports&Subsystems 子库里，如图 7-56 所示。

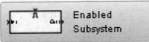

图 7-56　使能子系统图标

图 7-57 是添加了 Enable 模块后的子系统的外形。

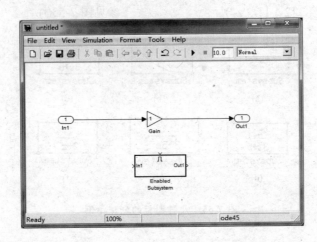

图 7-57　添加了 Enable 模块后的子系统

其余的操作和生成一般的子系统并无二致，这里的 Enable 更像是一个标记符号，它通知 Simulink，该子系统将受到从这个端口输入的信号的控制。至于具体怎样控制，用户不必考虑，Simulink 会自行处理。实际上，Enable 是一个虚模块，在子系统中是独立的，与其它模块没有任何的连线。

下面以一个半波整流系统为例，探讨使能子系统的建立。半波整流系统的作用是在输入信号为正时，输出原信号；当输入信号为负时，输出为零。设计这个系统时，就可以使用 enable 模块完成这一功能，建立的模型如图 7-58 所示。

使能子系统与普通子系统还是有些差异的，由于使能子系统在控制信号为负值时，是不执行的，所以设计子系统时特别要注意设置当子系统不执行时，系统如何输出。为此，需要设置系统输出端口的参数。双击使能子系统模块后，弹出使能子系统如图 7-59 所示，在该图中，双击输出端口 Out1，弹出参数对话框如图 7-60 所示。

当 Output when disabled 参数选择为 held，则该端口的输出保持最近时刻的输出值；如果为 reset，则输出被设置成它的初始输出。Initial output 参数用于定义这个初始输出值。

设计条件子系统时，还要考虑的问题是，一旦系统被禁止，是让系统保持上次执行的状态值，还是重新置为系统的初始状态。为此，可以设置 Enable 模块的参数来确定，在图 7-57 中，双击使能子系统模块图标，弹出如图 7-59 的模型窗，双击 Enable 图标后，便弹出 Enable 模块的参数对话框，如图 7-61 所示。其中，选项 held 和 reset 的意义同前。

图 7-62 是仿真信号输出结果。

278

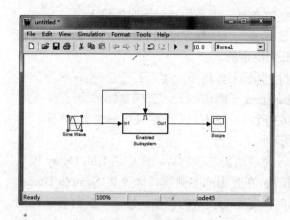

图 7-58 建立的使能子系统模型

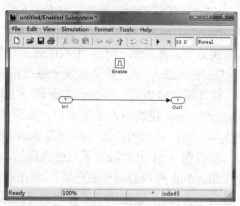

图 7-59 使能子系统

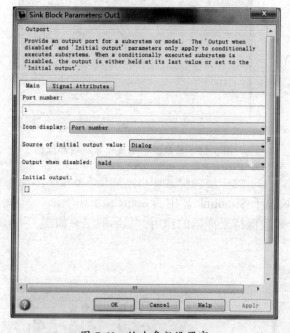

图 7-60 输出参数设置窗口

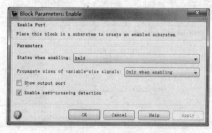

图 7-61 使能参数设置

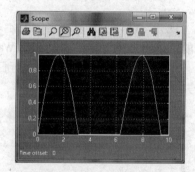

图 7-62 仿真信号输出结果

2. 触发子系统

触发子系统只在触发事件发生的时刻执行，也就是说，当且仅当"触发"输入口信号恰好为所定义的某个"事件(Event)"发生时，该模块才接受输入端的信号。子系统一旦被触发，其输出口的值就保持不变，直到下次再触发才可能改变。

触发事件是由控制输入信号的状态来决定的，一个触发子系统只能有一个控制输入，它在 Simulink 里被称为触发输入。触发事件由子系统内的触发模块对话窗定义，有四种类型：

rising：上升触发事件。所谓上升触发事件，是指触发信号以增长方式从负值或零变为正值，或从负值变为零时，子系统接受那时的输入值。

falling：下降触发事件，则是指触发(即控制)信号以减小方式，从正值变为零或负值，或从零变成负值时，子系统接受那时的输入值。

either：任意沿触发事件。当触发信号穿越 0 时，子系统接受那时的输入值。

function call：触发方式与配用的 S 函数有关，亦即触发子系统的执行不是由触发信号来决定的，而是由一个 S 函数的内部逻辑来决定的。

在 Simulink 里，建立触发子系统的过程也是十分简单的。打开模型窗口后，将 Simulink 库下 Subsystem 子库中的 Trigger System 模块拖入模型窗口，如图 7-63 所示。双击该模块后，弹出其初始内部结构如图 7-64 所示。

图 7-63　触发子系统模块

修改图 7-64 中的触发子系统内部结构，完成所需功能即可，图中的 Unit Delay 模块位于 Simulink 库中 Discrete 子库下，双击该模块，在弹出的参数窗口修改其"Sample Times"参数为－1，表示该模块的采样时间是继承的，受驱动模块的控制。修改后的内部结构如图 7-65 所示。

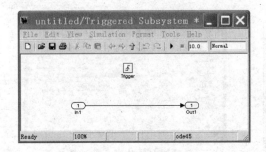

图 7-64　触发子系统内部结构

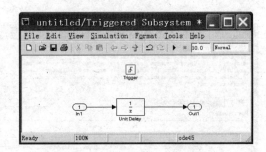

图 7-65　修改后的触发子系统内部结构

现在，设计主系统并将触发子系统拖入主系统中适当位置即可，如图 7-65 所示，图中的 Pulse Generator 模块及 Sine Wave 模块位于 Simulink 库中的 Sources 子库下。

在该模型中，触发子系统起到了一个离散保持采样器的作用。显示的结果如图 7-66 所示。

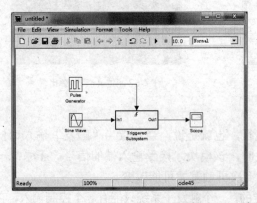

图 7-66　简单的触发子系统示例

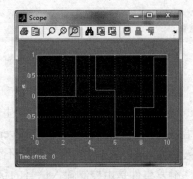

图 7-67　显示结果

与使能子系统不同的是，触发子系统在两次触发时间之间，通常是保持最近的输出和状态的，即处于保持状态。在设置输出端口的参数时，会发现"Output When Disabled"这一参数无法设置，而 trigger 模块的参数对话框里根本就没有类似与 Enable 模块的设置状态保持与否的项。

280

在 Trigger 模块里，允许用户设置模块的触发类型有 rising(上升触发事件)、falling(下降触发事件)、either(上升或下降触发事件)和 function call(触发子系统的执行不是由控制信号来决定，而是由一个 S 函数的内部逻辑来决定)。

3. 触发使能子系统

在 Simulink 里，若把触发模块和使能模块装置在同一个子系统中，就构成触发使能子系统。系统的行为方式与触发子系统相似，但只有当使能信号为"正"时，触发事件才起作用。其流程图如图 7-68 所示。

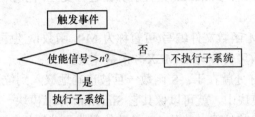

图 7-68   触发使能子系统流程图

在触发使能子系统里，触发控制信号和使能触发信号是分开的。当触发事件发生时，Simulink 就检查使能端的控制输入信号，如果它大于零，Simulink 就执行子系统。当两个输入信号都是矢量信号时，只要其中有一个矢量信号元素非零时，子系统就执行。

要建立一个触发使能子系统，只要把 Enable 模块和 Trigger 模块都添加到子系统里就可以了。实际上，在触发使能子系统里，Enable 模块和 Trigger 模块相互独立，所以可以分别对它们进行设置。

下例通过触发使能子系统来实现全波整流。其基本思路是：让两个子系统在输入信号大于零和小于零的两种情况下分别执行，然后把它们的结果合并起来。对于大于零的情况可以直接使用半波整流子系统，而对于信号小于零的情况，只需把输入信号乘一个"–1"，就可以利用半波整流子系统了。在 Simulink 里，完成合并功能的模块是 Merge 模块，它与 Mux 模块不同，Mux 模块是一个虚拟模块，只是把多个信号合并成一个 Size 更大的矢量信号，或者说只是空间上的合并。而 Merge 模块则是一个非虚拟模块，它把多个信号在时间上合成一个信号，新信号在不同时间上的取值来自不同的源信号。图 7-69 是最后建好的模型。图 7-70 为输出结果。

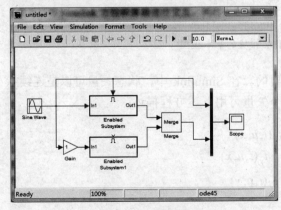

图 7-69   全波整流模型

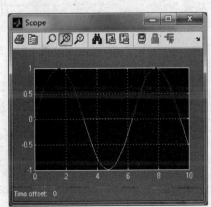

图 7-70   输出结果

7.6 S-Function 设计

7.6.1 S-Function 的概念及特点

S-Function 即 S 函数，或称系统函数(System Function)，是一种具有特殊调用格式的函数文件，使用 S 函数可以和 Simulink 方程解算器进行交互，同时也是用户自建 Simulink 模块所必需的函数文件。

S 函数可以直接用 M 函数文件编写(可暂称为 M-S 函数)，也可以用 C、C++等语言编写并编译成 MEX 文件(可暂称为 C-MEX-S 函数)构成。

使用 S 函数的最大好处就在于：S 函数一旦被正确地嵌入到位于 Simulink 标准模块库中的 S-Function 框架模块中，就可以像其它 Simulink 标准模块一样，与 Simulink 方程解算器进行交互，以实现其功能。此外，S 函数的形式十分通用，描述的范围十分广泛，能支持连续系统、离散系统和混合系统。

S 函数主要用于下述情况：

(1) 生成那些经常调用的 S 函数模块，或创建新的通用性 Simulink 模块，以提高效率。

(2) 生成某些硬件转置所需要的 S 函数模块，以完成一些特殊功能。

(3) 构建专门的 S 函数模块，将一个系统描述成一个数学方程。

(4) 把已存在的由其它语言编写的代码(如 C、C++)转换成 S 函数模块。

(5) 构建用于动画表达的 S 函数模块，以便实现图形仿真。

7.6.2 S-Function 的工作机理

S-Function 的工作机理实际上与 Simulink 的工作机理一样。

在 Simulink 中，每个模块都有 3 个基本矢量：输入矢量(u)、状态矢量(x)及输出矢量(y)，其关系如图 7-71 所示。

图 7-71 Simulink 模块的基本模型

这三个基本矢量中，状态矢量是最重要的。在 Simulink 中，状态矢量可以是连续状态、离散状态，或者是两者的结合。这三个矢量可用下述方程描述：

$$\begin{cases} y = f_o(t,u,x) \\ x_{d_{k+1}} = f_u(t,u,x) \\ x_c' = f_d(t,u,x) \end{cases}$$

式中

282

$$x = \begin{bmatrix} x_c \\ x_{d_k} \end{bmatrix}$$

在 Simulink 仿真的不同阶段，需要进行不同的处理，仿真开始时需要进行初始化处理；仿真进行中，则分别计算和更新各模块的状态；仿真结束时，自动结束任务。仿真过程如图 7-72 所示。

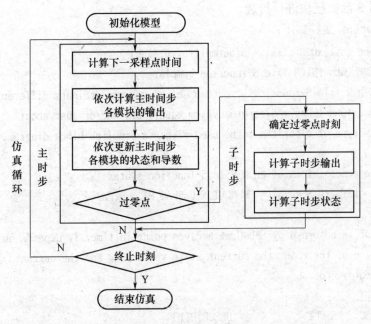

图 7-72 仿真过程示意图

1. 初始化模型阶段的主要任务

(1) 初始化包含 S 函数信息的数据结构。

(2) 确定输入、输出端口的数目和大小。

(3) 确定模块的采样时间。

(4) 分配内存和数组。

2. 仿真执行阶段的主要任务

(1) 如果模型采用编步长解法器，就需要计算下一个采样点的时间，亦即下一个仿真步的大小。

(2) 计算当前主时间步的输出。只有模块的输出更新后，才能作为其它模块的有效输入。

(3) 更新当前主时间步的离散状态、连续状态(通过积分)。即所有模块都要进行一次每个时间步的活动并更新。

(4) 计算过零点(采用插值方法)，如果状态穿越零点，则执行子时间步的操作。

7.6.3 S-Function 的建立

1. M-S-Function 的建立

在 6.0 以上版本中，MATLAB 提供了 S 函数的 M 文件模板，位于 MATLAB 根目录下 toolbox\simulink\block 子目录下，名为 sfuntmpl.m。利用该文件模板，不但可以提高开发效率，而且还可以提高 S 函数的可靠性。

利用 M 文件模板开发 S 函数的步骤如下：

(1) 对标准模板程序进行修改，生成用户自己的 S 函数。

(2) 把该 S 函数嵌入到 Simulink 提供的 S-Function(框架)标准模块库中，生成自己的 S 函数模块。

(3) 对 S 函数模块进行封装。

sfuntmpl.m 文件如下：

```
function [sys,x0,str,ts] = sfuntmpl(t,x,u,flag)
%SFUNTMPL General M-file S-function template
%   With M-file S-functions, you can define you own ordinary differential
%   equations (ODEs), discrete system equations, and/or just about
%   any type of algorithm to be used within a Simulink block diagram.
%
%   The general form of an M-File S-function syntax is:
%       [SYS,X0,STR,TS] = SFUNC(T,X,U,FLAG,P1,...,Pn)
%
%   What is returned by SFUNC at a given point in time, T, depends on the
%   value of the FLAG, the current state vector, X, and the current
%   input vector, U.
%
%   FLAG   RESULT        DESCRIPTION
%   -----  ------        ------------------------------------------------
%   0      [SIZES,X0,STR,TS] Initialization, return system sizes in SYS,
%                            initial state in X0, state ordering strings
%                            in STR, and sample times in TS.
%   1      DX            Return continuous state derivatives in SYS.
%   2      DS            Update discrete states SYS = X(n+1)
%   3      Y             Return outputs in SYS.
%   4      TNEXT         Return next time hit for variable step sample
%                        time in SYS.
%   5                    Reserved for future (root finding).
%   9      []            Termination, perform any cleanup SYS=[].
%
%   The state vectors, X and X0 consists of continuous states followed
%   by discrete states.
%
%   Optional parameters, P1,...,Pn can be provided to the S-function and
%   used during any FLAG operation.
%
```

```
%   When SFUNC is called with FLAG = 0, the following information
%   should be returned:
%
%       SYS(1) = Number of continuous states.
%       SYS(2) = Number of discrete states.
%       SYS(3) = Number of outputs.
%       SYS(4) = Number of inputs.
%                Any of the first four elements in SYS can be specified
%                as -1 indicating that they are dynamically sized. The
%                actual length for all other flags will be equal to the
%                length of the input, U.
%       SYS(5) = Reserved for root finding. Must be zero.
%       SYS(6) = Direct feedthrough flag (1=yes, 0=no). The s-function
%                has direct feedthrough if U is used during the FLAG=3
%                call. Setting this to 0 is akin to making a promise that
%                U will not be used during FLAG=3. If you break the promise
%                then unpredictable results will occur.
%       SYS(7) = Number of sample times. This is the number of rows in TS.
%
%       X0     = Initial state conditions or [] if no states.
%
%       STR    = State ordering strings which is generally specified as [].
%
%       TS     = An m-by-2 matrix containing the sample time
%                (period, offset) information. Where m = number of sample
%                times. The ordering of the sample times must be:
%
%                TS = [0      0,    : Continuous sample time.
%                      0      1,    : Continuous, but fixed in minor step
%                                     sample time.
%                      PERIOD OFFSET,: Discrete sample time where
%                                     PERIOD > 0 & OFFSET < PERIOD.
%                      -2     0];   : Variable step discrete sample time
%                                     where FLAG=4 is used to get time of
%                                     next hit.
%
%                There can be more than one sample time providing
%                they are ordered such that they are monotonically
%                increasing  Only the needed sample times should be
%                specified in TS. When specifying than one
%                sample time, you must check for sample hits explicitly by
```

```
%              seeing if
%                  abs(round((T-OFFSET)/PERIOD) - (T-OFFSET)/PERIOD)
%              is within a specified tolerance, generally 1e-8. This
%              tolerance is dependent upon your model's sampling times
%              and simulation time.
%
%              You can also specify that the sample time of the S-function
%              is inherited from the driving block. For functions which
%              change during minor steps, this is done by
%              specifying SYS(7) = 1 and TS = [-1 0]. For functions which
%              are held during minor steps, this is done by specifying
%              SYS(7) = 1 and TS = [-1 1].
%
%   Copyright 1990-2002 The MathWorks, Inc.
%   $Revision: 1.18 $
%
% The following outlines the general structure of an S-function.
%
switch flag,
%%%%%%%%%%%%%%%%%%%%%
% Initialization %
%%%%%%%%%%%%%%%%%%%%%%%
case 0,
    [sys,x0,str,ts]=mdlInitializeSizes;
%%%%%%%%%%%%%%%%%%
% Derivatives %
%%%%%%%%%%%%%%%%%%
case 1,
    sys=mdlDerivatives(t,x,u);
%%%%%%%%%%%%
% Update %
%%%%%%%%%%%%
case 2,
    sys=mdlUpdate(t,x,u);
%%%%%%%%%%%%
% Outputs %
%%%%%%%%%%%%
case 3,
    sys=mdlOutputs(t,x,u);
%%%%%%%%%%%%%%%%%%%%%%%%%%%%%%
% GetTimeOfNextVarHit %
```

```
%%%%%%%%%%%%%%%%%%%%%%%%%%
case 4,
    sys=mdlGetTimeOfNextVarHit(t,x,u);
%%%%%%%%%%%%%%
% Terminate %
%%%%%%%%%%%%%%
case 9,
    sys=mdlTerminate(t,x,u);
%%%%%%%%%%%%%%%%%%%%%%%%
% Unexpected flags %
%%%%%%%%%%%%%%%%%%%%%%%%
otherwise
    error(['Unhandled flag = ',num2str(flag)]);
end
% end sfuntmpl
%
%==================================================================
% mdlInitializeSizes                定义 S 函数的模块的基本特性
% Return the sizes, initial conditions, and sample times for the S-function.
%==================================================================
%
function [sys,x0,str,ts]=mdlInitializeSizes
%
% call simsizes for a sizes structure, fill it in and convert it to a
% sizes array.
%
% Note that in this example, the values are hard coded.  This is not a
% recommended practice as the characteristics of the block are typically
% defined by the S-function parameters.
%
sizes = simsizes;
sizes.NumContStates  = 0;
sizes.NumDiscStates  = 0;
sizes.NumOutputs     = 0;
sizes.NumInputs      = 0;
sizes.DirFeedthrough = 1;
sizes.NumSampleTimes = 1;    % at least one sample time is needed
sys = simsizes(sizes);
%
% initialize the initial conditions
%
```

```
x0  = [];
%
% str is always an empty matrix
%
str = [];
%
% initialize the array of sample times
%
ts  = [0 0];
% end mdlInitializeSizes
%
%===================================================================
% mdlDerivatives              计算连续状态变量的微分
% Return the derivatives for the continuous states.
%===================================================================
%
function sys=mdlDerivatives(t,x,u)
sys = [];
% end mdlDerivatives
%
%===================================================================
% mdlUpdate                     更新离散状态、采样时间和主时间步要求
% Handle discrete state updates, sample time hits, and major time step
% requirements.
%===================================================================
%
function sys=mdlUpdate(t,x,u)
sys = [];
% end mdlUpdate
%
%===================================================================
% mdlOutputs                    计算 S-函数的输出
% Return the block outputs.
%===================================================================
%
function sys=mdlOutputs(t,x,u)
sys = [];
% end mdlOutputs
%
%===================================================================
% mdlGetTimeOfNextVarHit              计算下一个采样点的绝对时间
```

288

```
% Return the time of the next hit for this block.  Note that the result is
% absolute time.  Note that this function is only used when you specify a
% variable discrete-time sample time [-2 0] in the sample time array in
% mdlInitializeSizes.
%==============================================================
%
function sys=mdlGetTimeOfNextVarHit(t,x,u)
sampleTime = 1;    % Example, set the next hit to be one second later.
sys = t + sampleTime;
% end mdlGetTimeOfNextVarHit
%
%==============================================================
% mdlTerminate                              结束仿真
% Perform any end of simulation tasks.
%==============================================================
%
function sys=mdlTerminate(t,x,u)
sys = [];
% end mdlTerminate
```

说明：

(1) sfuntmpl.m 的输入参数涵义如下：

t：当前时刻，是一个采用绝对计量的时间值，表示仿真时间。

x：状态矢量。

u：输入矢量。

flag：执行不同操作的标记变量；flag 的取值及涵义如下：

0　　模块初始化；　　　　1　　计算模块导数；　　　2　　更新模块离散状态

3　　计算模块输出　　　　4　　计算下一个采样点时间　9　　结束仿真

输出参数涵义如下：

sys：通用返回参量，与 flag 的值有关。

x0：初始状态值，没有状态时，为空矩阵。

str：MATLAB 的保留参数，以备后用。

ts：一个 $m \times 2$ 矩阵，其两列数据分别表示采样时间间隔和偏移。

(2) 按照文件模板 sfuntmpl.m 修改生成的 S 函数文件,其前 4 个参量包括名称、数目、排列次序都必须与模板完全相同，这是因为前 4 个参量是 Simulink 调用 S 函数时自动传入的。如果需要增加额外的输入参量，可在输入参量列表后面增加，但对于输出参量，用户最好不要做任何更改。

(3) sfuntmpl.m 文件只是为方便用户而提供了一种参考格式，并不是编写 S 函数的语法要求。用户可以更改文件名，增加或修改文件的代码。该模板文件的 switch-case 语句部分，内容十分丰富，实际应用时，可根据需求去除某些值或模块。

(4) M-S-Function 中的方法

M-S-Function 中可用的 S 函数方法如表 7-11 所列。

表 7-11　M 文件型 S 函数可用的 S 函数方法

序号	S 函数方法	说　明
1	mdlInitializesizes	定义 S 函数模块的基本功能,包括采样时间、连续或者离散状态的初始条件
2	mdlDerivatives	计算连续状态变量的微分
3	mdlUpdate	更新离散状态、采样时间和主时间步的要求
4	mdlOutputs	计算 S 函数的输出
5	mdlGetTimeOfNextVarHit	计算下一个采样点的绝对时间
6	mdlTerminate	结束仿真任务

在 MATLAB 根目录下 toolbox\simulink\block 子目录下,存放了若干示例文件,如连续状态 S 函数示例文件 csfunc.m,离散状态 S 函数示例文件 dsfunc.m,混合系统 S 函数示例文件 mixedm.m 以及变步长仿真系统示例文件 vsfunc.m 等,这些示例文件是学习 M 文件型 S 函数的样板参考文件。

2. C-MEX-S-Function 的建立

虽然 M-S-Function 函数编写简单,但会影响仿真运行速度。如果想利用 S 函数扩展 SIMULINK 的功能,就必须掌握 C-MEX-S-Function 的编写方法。

C-MEX-S-Function 与 M-S-Function 有相同的结构,除能实现 M-S-Function 的功能外,还可以为用户提供和实现更多的功能。

MATLAB 提供的 C-MEX-S-Function 模板文件为 sfuntmpl_doc.c,位于 MATLAB 根目录下\simulink\src 子目录中。

编写和使用 C-MEX-S-Function 的基本步骤如下:

(1) 对标准模板程序进行修改,生成用户自己的 S 函数文件。

(2) 在命令窗口,用 mex 命令对 S 函数文件进行编译,假定 S 函数文件为 samplec.c(C 语言)及 samplecpp.cpp(C++语言),编译命令如下:

```
>>mex samplec.c            %编译 C 语言编制的 S 函数文件
或>>mex samplecpp.cpp       %编译 C++语言编制的 S 函数文件
```

同样,在 MATLAB 根目录下\simulink\src 子目录下,也存放了若干示例文件,如连续状态 S 函数示例文件 csfunc.c,离散状态 S 函数示例文件 dsfunc.c,混合系统 S 函数示例文件 mixedm.c 以及变步长仿真系统示例文件 vsfunc.c 等,这些示例文件是学习 C-MEX 文件型 S 函数的样板参考文件。

第 8 章　用户界面程序设计

用户界面是人与机器(或程序)之间进行交互的一种工具和方法。图形用户界面 (Graphical User Interfaces，GUI)则是由窗口、光标、菜单、文字、按钮等对象构成的用户界面。用户通过一定方法选择、激活这些对象，就可以实现某种功能或动作，如计算、绘图等。特别是提供应用程序以展示某种功能、实现某种技术或根据输入参数长期使用时，图形界面也许是最好的选择之一。

MATLAB 提供的基本图形用户界面对象分 3 类：用户界面控件对象(uicontrol)、下拉式菜单对象(uimenu)和内容式菜单对象(uicontextmenu)。其中，uicontrol 对象能建立按钮、列表框、编辑框等图形用户界面对象；uimenu 对象能建立下拉式菜单和子菜单等图形用户界面对象；uicontextmenu 对象则能建立内容式用户界面对象(类似于 Visual C++等程序设计软件中的弹出式菜单等)。灵活运用上述对象，进行合理的组织和设计，就能设计出界面良好、操作简便、功能强大的图形用户界面。

8.1　界面设计基本原则及方法

8.1.1　界面设计的基本原则

1. 简洁性原则
简洁的用户界面可以给人以简洁明快、统一协调的感觉，而过于花哨的界面则往往弄巧成拙，因为界面混乱，会干扰用户的视线。所以说简洁是用户界面设计的最主要标准。

要使用户界面简洁，需要注意以下几个问题：

(1) 图形用户界面中，应强调图形的重要性，尽量以图形说明问题。

(2) 如果图形上的某一部分不是必需的，就应该将其删除。

(3) 界面中不宜有过多的窗口，避免不必要的窗口切换。

(4) 图形、按钮、命令、文字等内容，最好分区布置。

(5) 输入、输出也最好集中在一个窗口内。

2. 一致性原则
一致性的涵义是：一方面使自己开发的界面风格尽量一致；另一方面新设计的界面要与其它已有界面风格不要截然相左。一致性原则可以使用户习惯于经验试探、举一反三，快速掌握使用方法。

要使用户界面保持一致性，应注意以下几个问题：

(1) 各个界面尽量采用普遍一致的布置方案，如图形区一般布置在界面左侧，按钮区则布置在界面右侧。

(2) 各个界面尽量采用相一致的界面背景颜色。

(3) 各个界面尽量采用大小一致的文本，不要相差太大。

3. 熟悉性原则

熟悉性的涵义是尽量采用人们熟知的、约定俗成的标志和符号。这样，当用户不了解新界面的具体涵义和操作方法时，就完全可以根据熟悉的标志和符号做出正确的猜测，便于自学和掌握。

(1) 养成自觉使用熟知的标志和符号的习惯。

(2) 千万不要使用有悖于常识的标志和符号。

(3) 尽量不要使用涵义不明确的标志和符号。

4. 交互式原则

交互式原则主要在于使界面的动态性能更加宜人，能迅速、连续地对用户操作做出回应。注意以下几个问题：

(1) 对用户的操作响应要迅速。此时计算时间是最主要的，如果计算时间较长，要给出等待时间的提示，最好能允许用户中断。

(2) 对过于耗时的计算，可根据情况将其分成若干个操作步骤，以便用户用按钮调用相应的计算步骤。

(3) 在不同的窗口切换时，应给出切换提示或自动完成切换。

(4) 尽量使操作具有可撤销功能。

8.1.2 界面设计的一般步骤

界面制作包括界面设计和程序实现。主要步骤如下：

(1) 分析功能、明确任务。按照界面设计的原则，分析界面所要完成的功能，明确设计任务。

(2) 认真审查。将界面绘成草图，并站在使用者角度进行审查，尽量让用户感到方便、乐于使用；所以认真审查界面就显得非常必要。

(3) 制作静态界面、全面检查。按构思的界面，制作静态界面，并认真检验，确保无误。

(4) 编写界面的动态功能程序、逐项检查。编写动态功能的程序，逐项检查，反复调试。

8.2 图形对象句柄及 GUI 设计工具简介

每个图形对象都有一个句柄，只有获取了图形对象的句柄，才可以对该图形对象进行控制，设置或修改对象的有关属性。在进行图形用户界面(GUI)设计时，应该先理解"句柄图形"的概念，它是设计与实现 GUI 的前提。

什么是句柄图形？简单地讲，句柄图形是对底层图形对象集合的总称。通过句柄图形，可以定制(设置)图形的许多特性。

8.2.1 图形对象

对象是现代计算机行业最常用的术语之一，面向对象的程序设计、数据库对象、Web对象设计、操作系统和应用程序接口等都有对象的概念。一个对象可以被定义为由一组紧密相关，形成惟一整体的数据结构或函数的集合。在 MATLAB 中，一幅图中可以有多个图形对象，每个图形对象可以被单独操作。

在 MATLAB 中，由图形命令生成的每一个对象都是图形对象。图形对象不仅包括unimenu、uicontextmenu 和 uicontrol 对象，而且还包括图形、坐标轴、线条、曲面、文本和它们的子对象。计算机屏幕是根对象，它是所有其它对象的父对象；图形窗口是计算机屏幕的子对象；坐标轴(axes)、unimenu、uicontextmenu 和 uicontrol 对象则是图形窗口的子对象；图像、线条、曲面、文本、矩形是坐标轴的子对象。MATLAB 中的 GUI 对象层次结构如图 8-1 所示。

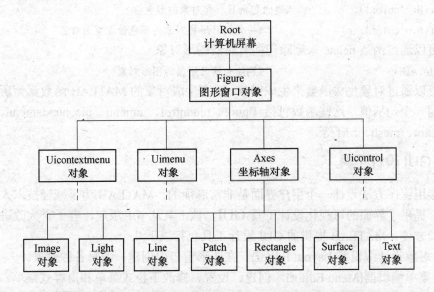

图 8-1　MATLAB 中的 GUI 对象层次结构

根对象可包含—个或多个图形窗口对象；每个图形窗口也可包含一个或多个 uimenu 对象、uicontextmenu 对象、uicontrol 对象或坐标轴(axes)对象；每个 uimenu、uicontextmenu 对象可包含一个或多个 uimenu、uicontextmenu 子对象；uicontrol 对象虽无子对象节点，但它也有多种类型，如按钮框、列表框、文本框、编辑文本框等；所有其它的对象都是坐标轴的子对象，并且在坐标轴上显示。

当利用 MATLAB 创建对象的函数创建子对象时，如果父对象不存在，函数会自动创建子对象的父对象。例如，创建一个 Line 子对象，如果没有坐标轴父对象，则在创建 Line 子对象的同时，会创建坐标轴父对象。

8.2.2 图形对象句柄

在 MATLAB 中，每个图形对象都有一个数字来标识，叫做句柄(Handle)。每创建一个对象，就为它建立一个惟一的句柄，用来惟一地确定该对象。计算机屏幕作为根对象，其对象句柄值通常为零；图形窗口的句柄值为整数；其它的图形对象句柄值是双精度浮点值。

MATLAB 可以用来获得图形、坐标轴、uimenu、uicontextmenu、uicontrol 和其它对象句柄。具体地讲，可以通过下述 3 个函数来获得对象句柄值：

gcf：获得当前图形窗口的句柄值。

gca：获得当前图形窗口内当前坐标轴的句柄值。

gco：获得当前图形窗口内当前对象的句柄值。

获得对象的句柄值后，就可以利用该对象句柄设置或修改对象的属性。在 MATLAB 中，可以通过函数 get 来获得图形对象的属性，通过函数 set 来设置或修改图形对象的属性。

例如：

>>get(H, 'color')   %返回句柄 H 所属对象的颜色值

>>set(H, 'color', r)   %将句柄 H 所属对象的颜色值设置为红色

也可以通过函数 delete 来删除句柄所属的图形对象

>>delete(H)   %删除句柄 H 所属的图形对象

还可以通过对象生成函数来生成对象。所有生成对象的 MATLAB 函数都为所生成的对象返回一个句柄值。这些函数包括 figure、uicontrol、uimenu、uicontextsmenu、text、image、plot、mesh、surf 等。

8.2.3 GUI 设计工具

直接用程序方法设计一个用户界面是非常麻烦的，MATLAB 为了减轻技术人员的工作负担，提供了界面的可视化设计工具 GUI，该工具从 6.1 版起，有了重大改进，使用起来比较方便。MATLAB 提供的 GUI 设计工具包括以下几个：

(1) 对象设计编辑器(Layout Editor)。在图形窗口内创建、编辑各种对象。

(2) 菜单编辑器(Menu Editor)。创建、设置、修改下拉式菜单和内容式菜单。

(3) 对象属性查看器(Property Inspector)。用来查看每个对象的属性值，也可修改、设置对象的属性值。

(4) 位置调整工具(Alignment Tool)。利用该工具可上下、左右对多个对象的位置进行调整。

(5) 对象浏览器(Object Browser)。可观察当前设计阶段的各个句柄图形对象。

1. 图形用户界面设计工具的调用

菜单方式："File"→"New"→"GUI"

命令方式：guide

在弹出的如图 8-2 所示的界面中，选择"Create New GUI"→"Blank GUI(Default)"，即可开始建立用户界面。

2. 界面设计工具及调用

1) 控件工具

位于图形用户界面设计工具左侧的空间工具及涵义如图 8-3 所示。

2) 几项主要的图形用户界面设计工具

如图 8-4 所示，在图形用户界面设计工具顶菜单下方的工具条中。

图 8-2　建立 GUI 界面　　　　　　　图 8-3　控件工具及涵义

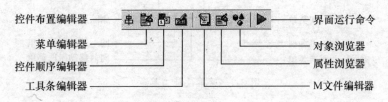

图 8-4　几项主要的图形用户界面设计工具

(1) 控件布置编辑器：用于对界面上的各对象进行布局设置。

(2) 菜单编辑器：用于设计界面菜单。

(3) 控件顺序编辑器：用于设置控件的 Tab 键顺序。

(4) M 文件编辑器：用于对 M 文件编辑。

(5) 属性浏览器：用于浏览编辑对象的属性。

(6) 对象浏览器：浏览界面中的对象。

(7) 界面运行命令：运行界面。

3) 控件布置编辑器

单击 ┻ 图标后，弹出对齐工具如图 8-5 所示。该工具分两组，上方用于对垂直要素进行设置，对齐设置(Align)依次为关闭、顶部对齐、垂直居中、底部对齐；布局设置(Distribute)依次为中间间距、对应顶部间距、对应中部间距、底部间距。下方为水平要素设置，对齐设置(Align)依次为关闭、左侧对齐、水平居中对齐、右侧对齐；布局设置(Distribute)依次为中间间距、对应左侧间距、对应中部间距、对应右侧间距。

4) 菜单设计工具

单击 图标后，弹出菜单设计工具如图 8-6 所示(该图为单击新菜单按钮后的图形)。上部为工具条，各按钮涵义如图 8-7 所示；左侧中部为树形结构，描述菜单项关系；左侧下部为"下拉菜单"与"快捷菜单"的切换；右侧为可编辑的菜单属性区。

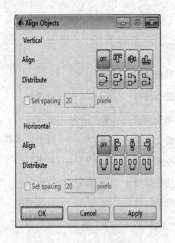

图 8-5　控件布置编辑器

图 8-6　菜单设计工具

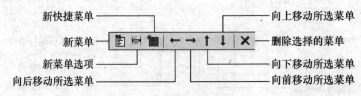

新快捷菜单 ——————　　　　　　　—————— 向上移动所选菜单

新菜单 ——————　　　　　　　　　　—————— 删除选择的菜单

新菜单选项 ——————

向后移动所选菜单 ——————　　　　　—————— 向下移动所选菜单

　　　　　　　　　　　　　　　　　—————— 向前移动所选菜单

图 8-7　菜单设计工具条

5) 属性浏览器

在用户界面中选择某一对象后，单击 ![icon]图标或单击鼠标右键，并在弹出的快捷菜单中选择"Property Inspector"菜单项，弹出属性浏览器如图 8-8 所示，该图为选择图形对象后的属性浏览器。

选择不同的对象，其浏览器略有不同。通用且最常见的属性如下：

FontName：选择字体，需要在右侧的属性值区输入，系统默认字体为 Ms Sans Serif。

FontAngle：选择字体倾角，单击下三角后，可在弹出的菜单中进行选择。

FontSize：选择字体大小，可直接更改属性值。

FontUnits：选择字体大小的单位，单击下三角后，可在弹出的菜单中进行选择。

FontWeight：选择字体加粗的方式，单击下三角后，可在弹出的菜单中进行选择。

ForegroundColor：选择前景颜色，单击图形按钮后可在弹出的三原色调色板中选取，也可展开该项，直接输入三原色数值。

图 8-8　属性浏览器

Back groundColor：选择背景颜色，单击图形按钮后可在弹出的三原色调色板中选取，也可展开该项，直接输入三原色数值。

Enable：选择使能功能，单击下三角后，可在弹出的菜单中进行选择。

296

Visible：选择可见功能，单击下三角后，可在弹出的菜单中进行选择。

String：对象的标签，可直接更改属性值。

ToolTipString：对象的"tip"帮助文本。

Callback：回调函数。

SlideStep：设置滑动条对象的滑动步，展开该项后，可分别设置 X、Y 方向的滑动步长。

MenuBar：选择菜单的显示方式(文本或图形)。

FileName：图形界面文件名，含路径。

8.3 菜 单 设 计

8.3.1 标准菜单

缺省状态下，MATLAB 图形窗有一个顶层菜单(Top-level Menu)，含有 7 个标准菜单项：文件(File)、编辑(Edit)、显示(View)、插入(Insert)、工具(Tools)、桌面(Desktop)、窗口(Windo)、帮助(Help)。每个菜单项都有下拉菜单(pull-down Menu)。

标准菜单受界面菜单"MenuBar"属性管理。该属性取值 none 或 figure，取 none 时，图形窗不显示标准菜单及工具条；取 figure 时，图形窗显示标准菜单条(默认的厂家设置)。

(1) 获得缺省设置的标准菜单。在命令窗运行 figure 或 H_fig=figure，即可创建带标准菜单的图形窗。

(2) 隐去标准菜单。在命令窗运行 set(H_fig, 'MenuBar', 'none')，即可隐去标准菜单。

(3) 恢复标准菜单。在命令窗运行 set(H_fig, 'MenuBar', 'figure')，即可恢复标准菜单。

8.3.2 定制菜单

MATLAB 提供 uimenu 命令创建用户定制菜单。其典型调用格式为：

Hm=uimenu(H_parent, 'PropertyName', Property, …)

其中，Hm 为用户菜单句柄；H_parent 为其父对象(也为图形窗对象)句柄；'PropertyName' 及 Property 为二元对，分别为属性名及属性值。

[例 8-1] 自制菜单示例，如图 8-9 所示。

图 8-9 定制菜单示例

```
H_fig=figure;                          %创建图形窗
H_menu=uimenu(gcf, 'label', '测试');   %制作用户顶层菜单"测试"
H_submenu1=uimenu(H_menu,…             %制作下拉菜单"测试1"
'label','测试1','callback',…
'set(gcf, "label", "测试1")');
H_submenu2=uimenu(H_menu,…             %制作下拉菜单"测试2"
'label','测试2','callback',…
'set(gcf, "label", "测试2")');
```

8.3.3 菜单属性

通过对用户菜单属性设置，可以获得满足用户功能需求的自制菜单。

1. 回调属性与菜单名

在用户菜单中，属性 Label(菜单名)及 Callback(回调)是最重要的属性，Label 用于识别不同菜单项，Callback 用于产生相应的操作，使菜单项发挥相应作用。

1) 菜单名属性

属性"Label"用于命名用户菜单项，其属性值为字符串。该字符串应能简明扼要地表明相应操作。

2) 回调属性

属性"Callback"用于识别菜单项，其取值也是字符串。当用户选用该菜单时，回调函数的作用是：将该属性值字符串送给 eval 函数去执行，以实现该菜单功能。如果回调属性为空，则用户选择该菜单项时，将没有任何反应。

3) Checked 属性

Checked 属性的取值可以是 on 或 off，其中 off 是默认值。通过该属性，可以对选中的菜单项作一个核选标记"√"，也可以删除核选标记。该属性对顶层菜单项没有影响。

4) Tag 属性

Tag 属性的取值是一个字符串。通过该属性，可以标记菜单项的名字，而后在进行程序设计时，可以通过该名字来指定菜单项，它与 Visual Basic 中控件对象的名称属性功能相同。Tag 属性提供了一种标记图形对象的办法，特别是在进行交互式图形程序设计时，不需要把对象句柄设为全局变量，或把它们作为参数传入 callback 函数中。直接通过该属性就可以调用该图形对象。

[例 8-2]　在顶菜单设置"测试"项，执行时在图形窗产生带分格的封闭坐标轴，如图 8-10 所示。

```
uimenu('Label', '测试', 'Callback', 'grid on')
```

2. 简捷键及快捷键设置

在 uimenu 函数中，只要在 Label 的取值中某字符前加上"&"，就可以设置该字符为简捷键，以此来设置菜单的简捷方式。当在 Label 属性值中设置了"&"字符后，在"&"字符前面的那个字符，在菜单标题中会显示一条下划线。可以通过按 Alt 键及该字符键来激活菜单。字符"&"本身不显示在菜单标题上，如果要"&"字符显示在菜单标题上，需

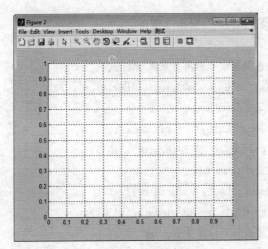

图 8-10　定制菜单示例

要在字符串中使用两个 "&&" 字符。设置 "Accelerator" 属性及取值(任意字符，如 R)二元对，则可以方便地设置快捷键，其提示方式是在相应菜单后出现 Ctrl+字符，如 Ctrl+R。一般情况下，简捷键用于顶菜单，而快捷键多用于下拉菜单。

[例 8-3]　简洁键及快捷键示例，如图 8-11 所示。

```
figure;
H_menu=uimenu(gcf，'Label'，'&Color');        %设置带简捷键 C 的用户菜单 Color
H_submenu1=uimenu(H_menu，...                 %带简捷键 B 的下拉菜单 Blue
'Label'，'&Blue'，'Callback'，'set(gcf，"Color"，"Blue")');
H_submenu1=uimenu(H_menu，...                 %带简捷键 R 及快捷键 R 的下拉菜单 Red
'Label'，'&Red'，'Callback'，'set(gcf，"Color"，"Red")'，'Accelerator'，'R')
```

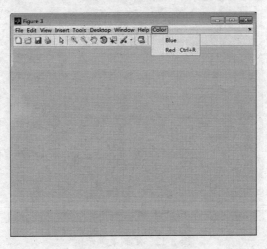

图 8-11　定制菜单示例

3. 菜单外观设计

用户菜单的外观主要取决于 4 个属性：位置 "Position"、分隔线 "Separator"、检录符 "Checkbeck"、前景颜色 "ForgroundColor"。

[例 8-4]　菜单外观设计示例，如图 8-12 所示。

```
figure;
%在第 7 项位置设置带简捷键 O 的用户菜单 Option
H_menu=uimenu(gcf, 'Label', '&Option', 'Position', 7);
%带快捷键 G 的下拉菜单 Grid on
H_sub1=uimenu(H_menu, 'Label', 'Grid on', ...
    'callback', 'grid on', 'Accelerator', 'G');
%带快捷键 O 的下拉菜单 Grid off
H_sub2=uimenu(H_menu, 'Label', 'Grid off', ...
    'callback', 'grid off', 'Accelerator', 'O');
%分隔线后跟带快捷键 B 的下拉菜单 Box on
H_sub3=uimenu(H_menu, 'Label', 'Box on', ...
    'callback', 'box on', 'Accelerator', 'B', 'Separator', 'on');
%带快捷键 F 的下拉菜单 Box off，随后跟分隔线
H_sub4=uimenu(H_menu, 'Label', 'Box off', ...
    'callback', 'box off', 'Accelerator', 'F');
H_sub5=uimenu(H_menu, 'Label', 'Figure Color','Separator', 'on');
H_subsub1=uimenu(H_sub5, 'Label', 'Red', ...       %Figure Color 的子菜单
    'ForeGroundColor', 'r', 'callback', 'set(gcf, "Color", "r")');
H_subsub2=uimenu(H_sub5, 'Label', 'Reset', ...     %Figure Color 的子菜单
    'callback', 'set(gcf, "Color", "w")');
```

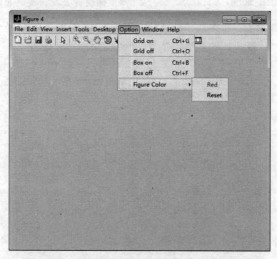

图 8-12　定制菜单示例

4. 使能(Enable)与可见(Visible)属性

在 uimenu 函数中，通过设置使能(Enable)属性值为"off"，可以使该菜单项不可触及；设置可见(Visible)属性值为"off"，可以使该菜单项不可见。

[例 8-5]　具有使能及可见属性控制的定制菜单示例，如图 8-13 所示。

300

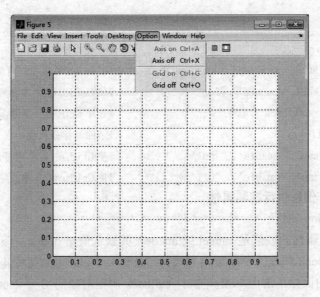

图 8-13　具有使能及可见属性控制的定制菜单示例

```
H_fig=figure
%在第 7 项位置设置带简捷键 O 的用户菜单 Option
H_menu=uimenu(H_fig,'Label', '&Option', 'Position', 7)
%产生带快捷键 A 的下拉菜单 Axis on
H_sub1=uimenu(H_menu, 'Label', ' Axis on', 'accelerator', 'A');
%产生带快捷键 X 的下拉菜单 Axis off，但不可触及
H_sub2=uimenu(H_menu, 'Label', 'Axis off', 'accelerator', 'X','enable', 'off')
%分隔线后产生带快捷键 G 的下拉菜单 Grid on
H_sub3=uimenu(H_menu,'Label','Grid on','accelerator','G','separator','on' ,'visible',
'off')
%产生菜单 Grid off，但不可见
H_sub4=uimenu(H_menu, 'Label', 'Grid off', 'accelerator', 'O','visible', 'off')
set(H_sub1, 'callback', [...              %选中 Axis on 菜单项后，产生回调操作
   'axis on,',...                         %画坐标
   'set(H_sub1,''enable'',''off''),',...  %Axis on 菜单项不可触及
   'set(H_sub2,''enable'',''on''),',...   %使 Axis off 菜单项可触及
   'set(H_sub3,''visible'',''on''),',...  %使 Grid on 菜单项可见
   'set(H_sub4,''visible'',''on''),']);   %使 Grid off 菜单项可见
set(H_sub2, 'callback', [...              %选中 Axis off 菜单项后，产生回调操作
   'axis off,',...                        %使坐标消失
   'set(H_sub1,''enable'',''on''),',...   %使 Axis on 菜单项可触及
   'set(H_sub2,''enable'',''off''),',...  %使 Axis off 菜单项不可触及
   'set(H_sub3,''visible'',''off''),',... %使 Grid on 菜单项不可见
   'set(H_sub4,''visible'',''off''),']);  %使 Grid off 菜单项不可见
```

```
set(H_sub3, 'callback', [...                    %选中 Grid on 菜单项后，产生回调操作
    'grid on,',...                              %画坐标分格线
    'set(H_sub3,''enable'',''off''),',...       %Grid on 菜单项不可触及
    'set(H_sub4,''enable'',''on''),']);         %使 Grid off 菜单项可触及
set(H_sub4, 'callback', [...                    %选中 Grid off 菜单项后，产生回调操作
    'grid off,',...                             %消除坐标分格线
    'set(H_sub3,''enable'',''on''),',...        %使 Grid on 菜单项可触及
    'set(H_sub4,''enable'',''off''),']);        %使 Grid off 菜单项不可触及
```

5. Callback 例程执行控制属性

1) BusyAction 属性

BusyAction 属性的取值是 cancel 或 queue，其默认值是 queue。该属性用于决定执行菜单对象的 callback 例程的中断调用方式。如果有一个 callback 例程正在执行，那么当用户使用触发器(如鼠标单击)触发正在执行 callback 例程对象的另一个 callback 例程时，随后的 callback 例程总是试图中断先前正在执行的 callback 例程。随后要执行的 callback 例程只有包含 drawnow、figure、gefframe、pause、waitfor 等命令时，先前正在运行的 callback 例程才能中断。

如果正在执行 callback 例程对象的 Interruptible 属性值是 on(on 是 Interruptible 属性的默认值)，那么正在执行的 callback 例程被中断；如果 Interruptible 属性值是 off，那么 BusyAction 属性决定 callback 例程的中断调用方式；如果 BusyAction 的属性值是 queue，那么随后要运行的 callback 例程加入事件队列中，正在执行当前 callback 例程的事件执行完后，才执行第二个调用 callback 例程的事件；如果 BusyAction 的属性值是 cancel，那么运行第二个 callback 例程的事件被取消。

需要注意的是，如果调用第二个 callback 例程的事件是 DeleteFcn 或 CreateFcn，或者是图形对象的 CloseRequest 或 ResizeFcn，那么不管 Interruptible 的属性值是什么，都会中断正在运行的 callback 例程，而执行下一个包含 drawnow、figure、getframe、pause、waitfor 命令的 callback 例程。

2) Callback 属性

Callback 属性的取值是一个字符串，该属性定义菜单对象的控制动作。当单击菜单对象时，就进行 Callback 例程的执行。定义的字符串是一个有效的 MATLAB 表达式，或者是一个 M 文件的名字，字符串在 MATLAB 的命令窗口内执行。

一个有子菜单的菜单项，在显示子菜单前执行 Callback 例程。一个没有子菜单的菜单项，在松开鼠标时执行 Callback 例程。

3) CreateFcn 属性

CreateFcn 属性的取值是一个字符串。该字符串是一个有效的 MATLAB 表达式，或者是一个 M 文件的名字。该属性定义一个在菜单对象创建阶段执行的 Callback 例程。对菜单对象，必须定义该属性为菜单的默认值。例如：

```
set(0, 'DefaultUimenuCreateFcn', 'set(gcf, ''IntegerHandle'', ''off''), ')
```

上述命令在根对象层定义菜单对象的默认值，设置了图形对象的 IntegerHandle 属性

值为 off。改变该属性的属性值，对已经存在的菜单对象没有影响。MATLAB 在创建菜单对象时，预先设置了所有属性的属性值后，再执行该属性定义的 Callback 例程。

对于正在执行 CreateFcn 的对象的句柄，只有通过根对象的 CallbackObject 属性，才能访问。根对象的 CallbackObject 属性可以通过函数 gcbo 获得。

4) DeleteFcn 属性

DeleteFcn 属性的取值是一个字符串。该字符串是一个有效的 MATLAB 表达式，或者是一个 M 文件的名字。该属性定义了在菜单对象的删除阶段(例如，使用 delete 函数删除菜单对象，或包含菜单对象的图形窗口对象重新设置时)执行的 Callback 例程。MATLAB 在删除对象的所有属性前执行 DeleteFcn 属性定义的 Callback 例程，所以对象的所有属性值在该 Callback 例程中还是可用的。

对于正在执行 DeleteFcn 的对象的句柄，只有通过根对象的 CallbackObject 属性，才能访问。根对象的 CallbackObject 属性可以通过函数 gcbo 获得。

5) Interruptible 属性

Interruptible 属性的取值是 on 或 off，默认值是 on。该属性决定 Callback 例程的中断调用模式。如果有一个 Callback 例程正在执行，那么当用户使用触发器(如鼠标单击)触发正在执行 callback 例程的对象的另一个 callback 例程时，随后的 callback 总是试图中断先前正在执行的 callback 例程。随后要执行的 callback 例程只有包含 drawnow、figure、gefframe、pause、waitfor 等命令时，先前正在运行的 callback 例程才能被中断。

MATLAB 依据下列因素执行随后的 Callback 例程：如果正在执行 Callback 例程的对象的 Interruptible 属性是 on，那么正在执行的 Callback 例程能够被中断，执行下一个包含 drawnow、figure、getframe、pause、waitfor 等命令的 Callback 例程；如果 Interruptible 属性值是 off，那么 BusyAction 属性决定 callback 例程的中断调用方式。

MATLAB 依据下列因素执行随后的 Callback 例程：如果正在执行 Callback 例程的对象的 Interruptible 属性是 on，那么正在执行的 Callback 例程能够被中断。执行下一个包含 drawnow、figure、getframe、pause、waitfor 等命令的 Callback 例程。如果 Interruptible 的属性值是 off，那么 BusyAction 属性决定 callback 例程的中断调用方式。

需要注意的是，如果第二个 Callback 是 DeleteFcn 或 CreateFcn，或者是图形窗口对象的 CloseRequest 或 ResizeFcn，那么不管 Interruptible 的属性值是什么，都会中断正在运行的 callback 例程，而执行下一个包含 drawnow、figure、getframe、pause、waitfor 等命令的 callback 例程。此时，按照上述规则，图形窗口对象的 WindowButtonDownFcn 属性的 Calllback 例程被执行。

6) UIContextMenu 属性

UIContextMenu 属性的取值是一个 context menu 菜单的对象句柄。通过该属性，某个 context menu 菜单对象就与控件联系起来。当在控件对象上单击鼠标右键时，MATLAB 就会显示 contextmenu 菜单。Context menu 菜单可以通过函数 uicontextmenu 来创建。

6. 控制操作属性

HandleVisibility 属性的取值是 on、callback、off。其中，on 是默认值。该属性定义菜单对象句柄被命令行用户和 GUI 用户可访问的权限。通过该属性，可以决定对象句柄是否在父对象 Children 属性的属性值矢量中可见。如果 HandleVisibility 属性值是 on，那么对象句柄一直是可见的；如果 HandleVisibility 属性值是 callback，那么在该 callback 例程或引起 callback 例程调用的函数中是可见的，但是在命令行调用的函数不可见，这对于保护 GUI 用户免受命令行用户的影响很有用。HandleVisibilJty 属性对于阻止命令行用户任意利用该对象句柄画图或利用该对象句柄删除该对象很有用。如果 HandleVisibility 属性值是 off，那么对象句柄一直是不可见的。这在一个 callback 例程调用一个可能破坏 GUI 的函数时，可能避免对象受不必要的影响。当对象句柄不可见时，在父对象 Children 属性的属性值矢量中见不到该句柄，也不能被查找对象句柄或者查询句柄属性的函数获得。这些函数包括 get、findobj、gca、gcf、gco、newplot、cla、clf、close 等。

当菜单对象的 HandleVisibility 属性值设置为 callback 或 off 时，对象句柄在父对象 Children 属性值矢量中不可见。在根对象的 CunrrentFigure 属性中不会显示图形；在根对象的 CallbackObject 属性或者在图形窗口对象的 CurrentObject 属性中不会显示对象；在父对象的 CurrentAxes 属性中不会显示坐标轴。

可以通过设置根对象的 ShowHiddenHandles 属性为 on，来查看所有对象的句柄，而不管对象的 HandleVisibility 属性设置为何值。这对 HandleVisibility 属性的属性值不会有影响。

当对象的 HandleVisibility 属性被设置为隐藏时，对象句柄仍然是有效的。如果知道对象的句柄，可以通过把对象句柄传给操作句柄的函数，来改变对象的属性。

8.3.4 快捷菜单

快捷菜单总是和某个图形对象相联系，并通过鼠标右键激活。其制作步骤如下：

(1) 利用命令 uicontextmenu 创建快捷菜单。

(2) 利用命令 uimenu 为该快捷菜单制作菜单项。

(3) 利用命令 set 将该快捷菜单与某图形对象联系在一起。

[例 8-6] 快捷菜单制作示例，如图 8-14 所示。

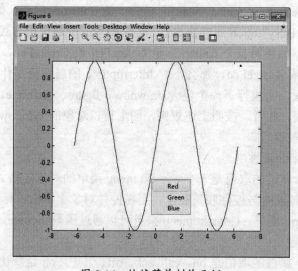

图 8-14 快捷菜单制作示例

```
t=(-2*pi：pi/50：2*pi);
y=sin(t);
hline=plot(t, y);                          %绘制曲线
qmenu=uicontextmenu;                       %创建快捷菜单
%制作具体菜单项，定义相应的回调
uimenu(qmenu,'label','Red','callback','set(hline,''color'',''r''), ')
uimenu(qmenu,'label','Green','callback','set(hline,''color'',''g''),')
uimenu(qmenu,'label','Blue','callback','set(hline,''color'',''b''),')
%使 qmenu 快捷菜单与图形对象(曲线)相联系
set(hline, 'uicontextmenu', qmenu)
```

uicontextmenu 菜单属性设置参考 uimenu 菜单属性设置，在命令行方式下或者在 GUI 设计方式下，用户可以方便地对 uimenu 菜单与 uicontextmenu 菜单的属性进行设置、修改。

8.3.5　利用 GUI 工具制作菜单

MATLAB 提供利用 GUI 工具制作菜单的方法，相比而言比利用命令方式要方便许多。

1. 利用 GUI 工具制作菜单的方法

单击菜单项"File"→"New"→"GUI"，在弹出的 GUI 设计界面中，单击菜单项"tools"→"Menu Editor..."，或单击■按钮，弹出菜单编辑器，如图 8-15 所示。

2. 下拉式菜单制作

[例 8-7]　制作"网格"、"轴外观"及"图形"下拉式菜单，如图 8-15 和图 8-16 所示。

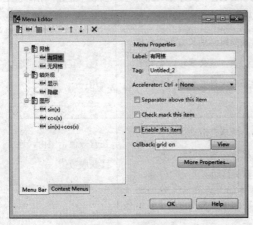

图 8-15　下拉式菜单设计示例

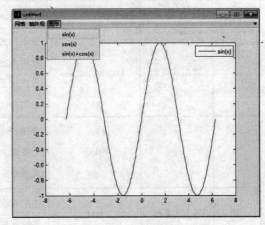

图 8-16　下拉式菜单运行示例

菜单项"图形"→"sin(x)"的 callback 代码如下：
```
function Untitled_10_Callback(hObject, eventdata, handles)
x=(-2：0.01：2)*pi;
y=sin(x);
s1=plot(x, y);
legend(s1, 'sin(x)');
```
图 8-16 为运行结果。

8.4 控 件 设 计

控件是除菜单外，用户与计算机进行交互的另一种主要途径，在绝大多数图形用户界面下，都包含有控件。控件与菜单配合，可以建立操作简便、功能强大的图形用户界面。

8.4.1 控件种类

MATLAB 支持的常用控件类型如表 8-1 所列。

表 8-1 控件外形、特征及应用

序号	控件名称	属性值	控件特征	使用场合
1	命令按钮	Push buttons	其上带文字标识的矩形，"按下"或"抬起"时，发生凹凸变化	单功能选用
2	单选按钮	Radio buttons	旁边带文字标识的小圆圈；"开""关"状态用圆圈内的黑、白点表示	"互斥"功能选择用
3	切换按钮	Toggle buttons	其上带文字标识的矩形，"开""关"状态用凹凸表示，按钮不会自动弹起	两状态切换选择用
4	复选框	Check boxes	旁边带文字标识的小方框；小方框中有"√"时表示选中	多项"互容"功能选择用
5	列表框	List boxes	带垂直滚动条的长方形文本框。用户可以方便地选择一个或多个列表项	多项"互容"功能选择用
6	弹出式菜单	Pop-up menus	带下拉式箭头操纵键的长方形文本框。单击下拉式箭头，就会显示一个列表，用户可予选择。未打开列表时，框内显示当前选项	多项"互斥"功能选择用
7	滑动条	Slider	中间有滑块、两端有滑动操纵箭头的长方条形。滑块指示当前位置，可拖动，或点击左右箭头移动	在有效值范围内，连续获取数值
8	静态文本框	text	凹形方框，中间可有文本，用于显示有关信息和提示	注释说明用
9	可编辑文本框	Editable text	凹形方框，可输入合法的语句、程序等。若可编辑文本框是单行模式时，只允许输入单行文本串；若为多行模式，则允许输入多行文本串	输入或修改已存在文本
10	区域框	Frame	圈定控件区域的方框，框架是不透明的，应注意设置顺序	把作用相关的控件分组，便易于理解，也醒目

8.4.2 控件的建立

控件可用命令或 GUI 设计工具建立。

1. 命令方式 uicontrol

命令功能：建立控件

使用格式：

Handle=uicontrol(parent)

Handle=uicontrol(parent，'PropertyName'，PropertyValue，…)

参数说明：Handle 为用户控件对象的句柄；parent 为控件所在图形窗口的句柄，即其父对象句柄；'PropertyName'，PropertyValue 为属性名、属性值二元对，用于定义用户控件属性。

创建对象后，可用 set 函数来设置或修改控件的属性值，也可用 get 函数来查看对象的属性值。

对象的调用(回调)通常要激活 Callback 例程，该例程可在对象的"callback"属性中编写，也可单独编写脚本式 M 文件。

[例 8-8] 建立一个命令按钮控件，以便设置图形窗口的颜色。

```
hd=uicontrol('Style', 'popup', 'String', 'Red|Green|Blue', 'Position', …
    [20 450 100 50], 'Callback', 'setcolor');
```

setcolor.m 文件内容为：

```
val=get(hd, 'Value');
if val ==1
    set(gcf, 'color', [1  0  0]);
elseif val==2
    set(gcf, 'color', [0  1  0]);
elseif val==3
    set(gcf, 'color', [0  0  1]);
end
```

2. GUI 设计工具

相对于命令行，用 GUI 设计工具设计控件时，不用记住创建控件对象的复杂函数，也不必记住控件的大量属性的属性名，因而便于设计和修改。

[例 8-9] 对例 8-8 用 GUI 工具设计，并再用单选按钮控件予以实现。

在 MATLAB 起始界面上，选择"File"→"New"→"GUI"，弹出用户设计界面。

1) "popupmenu" 控件设计

在出现的设计界面中，单选 图标，在界面中拖拉出合适的大小；然后双击该对象，在弹出的属性浏览器中设置属性 FontSize 为 12.0，FontWeight 为 bold；String 的设置需单击图标 ，弹出的输入框如图 8-17 所示。

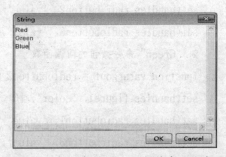

图 8-17 在"popupmenu"控件中添加选项

在输入框内添加"Red"后按回车键，同理添加、"Green"、"Blue"，然后单击"OK"按钮。用鼠标右键单击"popupmenu"对象，在弹出的快捷菜单中选择"View callbacks" → "Create callback"，在文本编辑器中 function popupmenu1_Callback(hObject，eventdata，handles)下面，添加如下代码：

```
hd=get(handles.popupmenu1, 'Value')      %获得对象 popupmenu1 的句柄
if hd==1                                  %如果为第一项
  set(handles.figure1, 'color', [1  0  0]);   %设置图形窗口颜色为红色
elseif hd==2                              %如果为第二项
  set(handles.figure1, 'color', [0  1  0]);   %设置图形窗口颜色为绿色
elseif hd==3                              %如果为第三项
  set(handles.figure1, 'color', [0  0  1]);   %设置图形窗口颜色为蓝色
end
```

2) 单选控件组的设计

单击▢图标，在图形界面中拖曳至合适大小；单击▦(静态文本)图标，拖至区域框上方合适位置，双击该对象，设置属性 FontSize 为 12.0，FontWeight 为 bold，String 为 Color，单击◉单选按钮，在区域框内布置单选项，并设置属性 FontSize 为 12.0，FontWeight 为 bold，String 为 Red，同理设置其余两个单选项，String 属性依次为 Green 和 Blue。

用鼠标右键单击"radiobutton1"对象，在弹出的快捷菜单中选择"View callbacks"→ "Create callback"，在文本编辑器中 function varargout = radiobutton1_Callback(h，eventdata，handles，varargin)下面，添加如下代码：

```
set(handles.figure1, 'color', [1  0  0]);
set(handles.radiobutton2, 'value', 0);
set(handles.radiobutton3, 'value', 0);
```

同理，可添加其余两个单选按钮的代码。

需要添加的全部代码如下：

% "Red"命令按钮的回调函数

```
function varargout = radiobutton1_Callback(h, eventdata, handles, varargin)
set(handles.figure1, 'color', [1  0  0]);
set(handles.radiobutton2, 'value', 0);
set(handles.radiobutton3, 'value', 0);
```

% "Green"命令按钮的回调函数

```
function varargout = radiobutton2_Callback(h, eventdata, handles, varargin)
set(handles.figure1, 'color', [0  1  0]);
set(handles.radiobutton1, 'value', 0);
set(handles.radiobutton3, 'value', 0);
```

% "Blue"命令按钮的回调函数

```
function varargout = radiobutton3_Callback(h, eventdata, handles, varargin)
set(handles.figure1, 'color', [0 0 1]);
set(handles.radiobutton1, 'value', 0);
set(handles.radiobutton2, 'value', 0);
% 弹出式菜单的回调函数
function varargout = popupmenu1_Callback(h, eventdata, handles, varargin)
hd=get(handles.popupmenu1, 'Value')
if hd==1
    set(handles.figure1, 'color', [1 0 0]);
elseif hd==2
    set(handles.figure1, 'color', [0 1 0]);
elseif hd==3
    set(handles.figure1, 'color', [0 0 1]);
end
```

设计的界面如图 8-18 所示。图 8-19 为运行界面。

图 8-18 设计界面

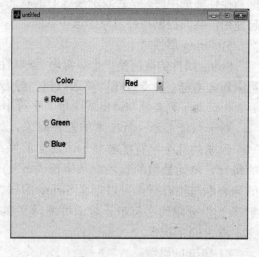

图 8-19 运行界面

8.4.3 控件的属性

1. 外观及风格控制属性

1) BackgroundColor 属性

BackgroundColor 属性用于设置控件的背景颜色,默认值是系统定义的颜色。该属性的取值可以是一个一行三列矢量,定义 RGB 颜色,矢量中元素的取值必须在区间[0 1]内,矢量中 3 个元素分别代表 red、green、blue。也可以采用 MATLAB 预定义的 8 个颜色名或简称来设置该属性的值。表 8-2 是 MATLAB 中预定义颜色名及与之对应的 RGB 值。

表 8-2　MATLAB 预定义颜色名及与之对应的 RGB 值

RGB 颜色值	颜 色 名	简 称	RGB 颜色值	颜 色 名	简 称
[1　0　0]	red	r	[1　0　1]	magenta	m
[0　1　0]	green	g	[0　1　1]	cyan	c
[0　0　1]	blue	b	[1　1　1]	white	w
[1　1　0]	yellow	y	[0　0　0]	black	k

2) Cdata 属性

Cdata 属性的取值是一个矩阵。该属性表明显示在控件上的图像的颜色值。该属性的取值是一个一行三列矢量的 RGB 颜色。

3) ForegroundColor 属性

ForegroundColor 属性用于设置控件上显示的文本的颜色，即用于确定控件的 String 属性包含的字符串的颜色，默认属性值是黑色。该属性的取值可以是一个一行三列矢量的 RGB 颜色，也可以式 MATLAB 预定义的 8 个颜色名或简称。

4) SelectionHighlight 属性

SelectionHighlJght 属性的取值可以是 on 与 off。其中，on 是默认值。该属性用于确定当控件被选中时，是否显示被选中的状态。SelectionHighlight 属性要与 Selected 属性一起使用，共同控制控件对象的选中状态。

5) String 属性

String 属性的取值是一个字符串。该属性用于设置控件上显示的文本串。对于复选框、可编辑文本框、命令按钮、单选按钮、静态文本框和开关按钮控件，字符串显示在空间界面上，对于列表框与弹出式菜单，字符串显示在控件的列表项中。

对于只能显示一行文本的控件对象，如果字符串是一个矩阵字符串，那么只有第一个元素的几个字符能被显示，后面的字符被忽略。对于静态文本框，String 矩阵中的每行，单元数组的每块，从字符"\n"定义的地方开始分行。对于包含多个列表项的列表框与组合框，可以定义 String 的属性值是一个字符矩阵，或定义成一个中间被字符"|"分隔的字符串。对于可编辑文本框，String 属性的属性值是用户输入可编辑文本框中的字符串。

6) Visible 属性

Visible 属性的取值可以是 on 或 off。其中，on 是默认值。通过该属性，可以控制控件的可见状态。默认时，所有控件都是可见的。当设置 Visible 的属性值为 off 时，控件不可见，但控件仍然存在，仍然可以查询并设置控件的属性。

2. 基本信息属性

1) Enable 属性

Enable 属性的取值可以是 on、inactive 或 off。其中，on 是默认值。通过该属性，可以使控件有效或失效。该属性用于决定鼠标单击控件时，控件的反应情况，包括控件的 Callback 例程的执行与否。如果属性值是 on，表示控件是可用的；如果属性值是 inactive，表示控件是不可用的，但是从外表看起来，控件与属性值是 on 时一样；如果属性值是 off，此时控件外表变成灰色，表示控件不可用的。

当设置属性值是 on 时，单击控件，那么 MATLAB 按次序执行下列动作：设置图形窗口的 SelectionType 属性，执行控件的 Callback 例程；不设置图形窗口的 CurrentPoint 属性，也不执行控件的 ButtonDownFcn 事件与图形窗口的 WindowButtonDownFcn 事件。

当设置属性值是 off 或 inactive 时，单击控件；或者当属性有值时，用鼠标右键单击控件，那么 MATLAB 按次序执行下列动作：设置图形窗口的 SelectionType 属性与 CurrentPoint 属性；执行图形窗口的 WiadowButtonDownFcn 事件。执行控件的 ButtonDownFca 事件的 Callback 例程；如果控件与某个 contextmenu 菜单连在一起，那么当以鼠标右键单击控件时，会显示那个 context menu。此时，如果选中某个子菜单项，那么会执行该菜单项的 Callback 例程。

2) Parent 属性

Parent 属性的取值是本级控件的父对象的句柄。一个控件的父对象是显示该控件的图形窗口。通过设置 Parent 的属性值为另一个父对象句柄，可以把本控件移到另一个图形窗口对象。

3) Selected 属性

Selected 属性的取值可以是 on 或 off。其中，on 是默认值。该属性用于确定控件对象是否被选中。当属性值是 on 时，并且 SelectionHighlight 属性值也是 on 时，MATLAB 显示选中控件的句柄。例如，可以在 ButtonDownFcn 事件的 Callback 例程中，设置这个属性的属性值，以允许用户使用鼠标选择控件对象。

4) SliderStep 属性

该属性只对滑标控件有效。通过该属性，可以控制滑标每次移动的步长。它的取值是一个包含两个元素的矢量[min_step   max_step]，分别表示最小步长与最大步长。当单击滑标两端的箭头时，滑标移动的是最小步长；当鼠标在滑槽中单击时，滑标移动的是最大步长。矢量中的两个元素取值必须在区间[0 1]内，默认值是[0.01   0.10]，表示当单击滑标两端的箭头时，滑标移动距离为整个滑标范围的 1%；当在滑槽中单击时，滑标移动距离为整个滑标范围的 10%。例如，创建如下的滑标：

```
uicontrol('Style,'slider','Min',1,'Max',…
            'SliderStep',[0.1 0.6])
```

那么单击滑标两端的箭头时，滑标的移动距离=0.1*(7-1)，即 0.6；当在滑动槽中单击时，滑标的移动距离=0.6*(7-1)，即 3.6。

5) Style 属性

Style 属性用于决定所创建控件的类型。Style 属性可取属性值为 pushbutton、togglebutton、radiobutton、checkbox、edit、text、slider、frame、listbox, popupmenu。

其中，pushbutton 是默认的属性值。

6) Tag 属性

Tag 属性的取值是一个字符串。通过该属性，可以标记控件的名字，而后在进行程序设计时，可以利用该名字来指定控件。它与 Visual Basic 中控件对象的名称属性功能相同。Tag 属性提供了一种标记图形对象的办法。特别是在进行交互式图形程序设计的，无需把对象句柄设为全局变量，或把它们作为参数传入 callback 函数中。直接通过该属性，就可以调用该图形对象。

7) TooltipString 属性

TooltipString 属性的取值是一个字符串。设置该属性后，当用户把鼠标移到控件上时，就会显示该属性定义的字符串。通过该属性，可以简单地说明控件的作用。

8) Type 属性

Type 属性是只读的字符串，用来标识图形对象的类型。对 uicontrol 对象来说，该属性的属性值永远是字符串"uicontrol"。

9) UserData 属性

UserData 属性的取值是一个矩阵。通过该属性可以保存与该控件对象有关的信息或数据。可以通过函数 set 和 get 来调用这些信息。

3. 位置信息属性

1) Position 属性

Position 属性用于确定控件的位置及大小，属性值标明了本控件在图形窗口的位置及大小。属性的取值是位置矢量[1eft bottom width height]，默认值是[20 20 60 20]。其中，元素 left、bottom 表示控件对象的左下角距离图形窗口左下角的水平与垂直距离；元素 width、height 表示控件的宽度与高度。距离的单位由属性 units 决定。

在 Windows 系统中，弹出式菜单 pop-up menu 的高度由字体的尺寸自动决定。在属性 Position 内设置的高度值对弹出式菜单无效。

对于滑标控件，该属性的宽度与高度值决定了滑标的方向。如果宽度比高度大，那么滑标是水平向的；如果宽度比高度小，那么滑标是垂直向的。

2) Units 属性

Units 属性用于决定控件大小、控件与图形窗口距离等的单位，在 Position 属性中的距离单位就由该属性决定。该属性取值为 pixels、normalized、inches、point、scentimeters、characters 等值。其中，pixels 是默认属性值。所有的单位都假设图形窗口的左下角为起点。其中，normalized 假设图形窗口左下角为(0，0)，右上角为(1，1)。pixels、inches、centimeters、points(1 point=1 / 72inch)是绝对单位。Character 是应用于字符的单位，一个字符的宽度是字母"x"的宽度，字符的高度是两行文本基线之间的距离。

如果使用 units 属性，在完成自己的计算后，最好返回 units 属性的默认值，以免影响那些假定 units 属性为默认值的函数。

4. 字体控制属性

1) FontAngle 属性

FontAngle 属性的取值可以是 normal、italic、oblique。其中，normal 是默认值。该属性用于确定字符的倾向。MATLAB 使用该属性从用户计算机的系统中选择一个可用的字体，设置该属性为 italic、oblique 时，如果系统中有此类字体，那么就从系统中选择了一种倾斜字体。

2) FontName 属性

FontName 属性的取值是一个字符串。该属性用于设置字体的名字，表明字体的类型。为了能正常地显示与打印，使用该属性设置的字体必须是用户计算机的系统支持的字体类型。默认的属性值是系统的默认字体。

312

3) FontSize 属性

FontSize 属性的取值是一个数值。该属性用于确定字体的大小。字体大小的单位由 FontUnits 决定。该属性的默认值是系统默认的字体大小。

4) FontUnits 属性

FontUnits 属性的取值可以是 points、normalized、inches、centimeters、pixels。其中，points 是默认值。该属性用于确定字体大小的单位，设置的属性值影响 FontSize 属性。nornmlized 设置 FontSize 属性的属性值为控件大小的一部分。当控件大小改变时，MATLAB 相应地改变 FontSize 属性值的大小。pixels、inches、centimeters、points(1 point=1/72 inches)是绝对单位。

5) FontWeight 属性

FontWeight 属性的取值可以是：light、normal、demi、bold。其中，normal 是默认值。该属性定义字体的粗细。MATLAB 使用该属性从用户计算机的系统中选择一种可用的字体。设置该属性值为 bold，MATLAB 就从系统中选用一种 bold 版本的字体。

6) HorizontalAligmnent 属性

HorizontalAligmnent 属性的值可取：left、center、right。其中，center 是默认值。该属性用于定义控件上显示的字符(String 属性的属性值)的调整方式。如果取值为 left，那么控件上显示的字符相对于控件左对齐；如果取值为 center，则控件上显示的字符相对于控件居中；如果取值为 right，那么控件上显示的字符相对于控件右对齐。在 Windows 系统中，该属性仅影响可编辑文本框与静态文本框。

5. 当前状态信息属性

1) ListboxTop 属性

ListboxTop 属性的取值是一个标量，默认值是 1。该属性只应用于列表框控件，用于确定显示在列表框最上头的字符串的索引号。ListboxTop 属性是 String 属性定义的字符串矢量的某个元素的索引值，取值必须在 1 与字符串矢量的长度之间。

2) Max 属性

Max 属性的取值是一个标量，该属性定义的是 Value 属性允许的最大值。在不同的控件类型中，该属性的意义不同。在复选框中，当复选框被选中时，复选框的 Value 属性值即为该属性值。在可编辑文本框中，如果 Max-Min>1，那么可编辑文本框可以进行多行输入；如果 Max-Min<=1，那么可编辑文本框只能进行单行输入。在列表框中，如果 Max-Min>1，那么列表框允许进行多行列表项的选择；如果 Max-Min<=1，那么列表框不允许多项列表项的选择，只能进行列表项的单选。在单选按钮中，当单选按钮被选中时，单选按钮的 Value 属性值即为该属性值。在滑标控件中，该属性值定义了滑标的最大取值，并且该属性值必须比 Min 属性值大，默认为 1。在开关按钮中，当开关按钮被选中时，开关按钮的 Value 属性值即为该属性值，默认为 1。对于 Frames、pop-up menus、push buttons 和 static text 类型的控件对象，没有 Max 属性。

3) Min 属性

Min 属性的取值是一个标量，该属性定义的是 Value 属性允许的最小值。在不同的控件类型中，该属性的意义不同。在复选框中，当复选框被选中时，复选框的 Value 属性值即为该属性值。在可编辑文本框中，如果 Max-Min>1，那么可编辑文本框可以进行多行输入；如果 Max-Min<=1，那么可编辑文本框只能进行单行输入。在列表框中，如果

Max-Min>1，那么列表框允许进行多行列表项的选择；如果 Max-Min<=1，那么列表框不允许多项列表项的选择，只能进行列表项的单选。在单选按钮中，当单选按钮被选中时，单选按钮的 Value 属性值即为该属性值。在滑标控件中，该属性值定义了滑标的最小值，并且该属性值必须比 Max 属性值小，默认为 0。在开关按钮中，当开关按钮被选中时，开关按钮的 Value 属性值即为该属性值，默认为 0。对于 Frames、pop-up menus、push buttons 和 static text 类型的控件对象，没有 Min 属性。

4) Value 属性

Value 属性的取值是一个标量或者矢量，该属性决定控件的当前值。在不同的控件类型中，该属性的意义不同。在复选框中，当复选框被选中时，该属性的值为 Max 属性值，当没有被选中时，该属性的值为 Min 属性值。在列表框中，设置该属性为矢量形式，表明已经选中多个列表项，1 表示是列表框中的第一个列表项。弹出式控件 Pop-up menus 设置该属性值为已经选中的列表项的索引值，1 相对于控件对象中的第一个列表项。在单选按钮中，当单选按钮被选中时，该属性的值为 Max 属性值，没有被选中时，该属性的值为 Min 属性值。在滑标控件中，设置该属性值为滑槽内的指示条的当前值。在开关按钮中，当开关按钮被选中时，该属性的值为 Max 属性值，没有被选中时，该属性的值为 Min 属性值。对于 Editable text、Frames、pushbuttons 和 static text 类型的控件对象，没有 Value 属性。

可以用鼠标通过交互方式来设置 Value 属性值，也可以调用 set 函数来设置该属性。

8.5　用户界面设计示例

[例 8-10]　设计一个用户界面，显示 11 个隶属度函数图形。这 11 个隶属度函数分别是：三角形隶属度函数、梯形隶属度函数、高斯型隶属度函数、双边高斯型隶属度函数、钟形隶属度函数、Sigmoid 型隶属度函数、双 Sigmoid 乘积型隶属度函数、双 Sigmoid 之差绝对值型隶属度函数、Z 型隶属度函数、S 型隶属度函数、Π 型隶属度函数。

首先在 MATLAB 主界面上，选择菜单项"File"→"New"→"GUI"，在弹出的 GUI 界面上，设置图形对象及两个列表框和一个命令按钮，第一个列表框存放 11 个隶属度函数选项，第二个列表框存放修饰轴对象的选项，命令按钮用于结束演示，再设置三个静态文本框，分别书写"隶属度函数示例"、"选择隶属度函数"及"修饰轴对象"。双击第一个列表框，在弹出的属性浏览器中，单击▤图标，在弹出的"String"输入框中，依次添加隶属度函数，如图 8-20 所示。同理，可添加轴对象修饰如图 8-21 所示。最终的界面如图 8-22 所示。

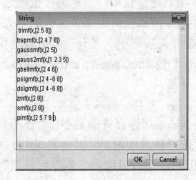

图 8-20　添加隶属度函数

图 8-21　添加轴对象修饰

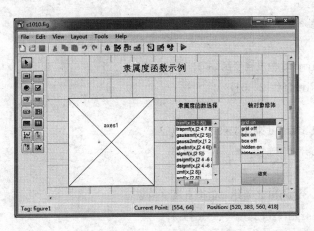

图 8-22　[例 8-10]的设计界面

下面来添加程序代码。右击隶属度函数选择列表框,在弹出的快捷菜单中,选择"View Callbacks"→"Callback",在弹出的程序编辑器中,系统使下列语句添加蓝色背景,表示该段及以下为该对象的回调函数区。

function listbox1_Callback(hObject, eventdata, handles)

在该句后添加如下代码:

```
com=[];
com=get(handles.listbox1, 'String');          %获得用户在列表框 1 中点选的字符串
cv=get(handles.listbox1, 'Value');            %获得该字符串对应的索引号
set(gcbf);                                    %设置当前图形轴对象
x=0: 0.2: 10;
y=eval(com{cv});                              %将获取的字符串作为命令
plot(x, y);                                   %在当前图形轴对象区绘图
switch(cv)                                    %以下为添加标题及 x 轴的说明
case 1
    title('三角形隶属度函数');
    xlabel('trimf(x,[2  5  8])');
case 2
    title('梯形隶属度函数');
    xlabel('trapmf(x,[2  4  7  8])');
case 3
    title('高斯型隶属度函数');
    xlabel('gaussmf(x,[2  5])');
case 4
    title('双边高斯型隶属度函数');
    xlabel('gauss2mf(x,[1  2  3  5])');
case 5
    title('钟型隶属度函数');
```

315

```
    xlabel('gbellmf(x,[2  4  6])');
case 6
    title('Sigmoid 型隶属度函数');
    xlabel('sigmf(x,[2  5])');
case 7
    title('双 Sigmoid 乘积型隶属度函数');
    xlabel('psigmf(x,[2  4  -6  8])');
case 8
    title('双 Sigmoid 之差绝对值型隶属度函数');
    xlabel('dsigmf(x,[2  4  -6  8])');
case 9
    title('Z 型隶属度函数');
    xlabel('zmf(x,[2  8])');
case 10
    title('S 型隶属度函数');
    xlabel('smf(x,[2  8])');
case 11
    title('Π 型隶属度函数');
    xlabel('pimf(x,[2 5 7 9])');
end
%列表框 2(轴对象修饰)回调函数
function listbox2_Callback(hObject, eventdata, handles)
liststr=get(handles.listbox2, 'String');
lt=get(handles.listbox2, 'Value');
eval(liststr{lt});
%"结束"命令按钮回调函数
function pushbutton1_Callback(hObject, eventdata, handles)
close(gcbf);
```

图 8-23 是运行结果。

[例 8-11] 设置 GUI，演示两个函数的叠加结果。

首先在 MATLAB 主界面上，选择菜单项"File"→"New"→"GUI"，在弹出的 GUI 界面上，设置图形对象及两个列表框和三个命令按钮，第一个列表框存放若干个函数 A 选项，第二个列表框存放若干个函数 B 选项，第一个命令按钮用于演示函数 A+B，第二个命令按钮用于清除当前轴对象；第三个命令按钮用于结束演示，再设置三个静态文本框，分别书写"函数迭加示例"、"选择函数 A"及"选择函数 B"。双击第一个列表框，在弹出的属性浏览器中，单击▤图标，在弹出的"String"输入框中，依次添加函数 A，如图 8-24 所示。同理，可添加函数 B 如图 8-25 所示。最终的界面如图 8-26 所示。

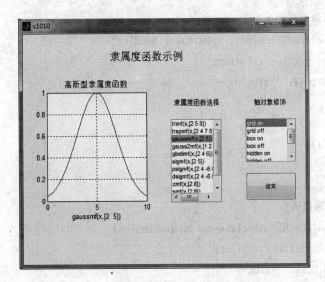

图 8-23　[例 8-10]的运行结果

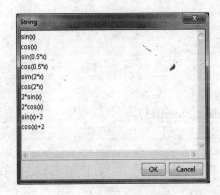

图 8-24　添加函数 A

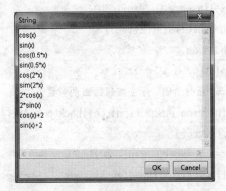

图 8-25　添加函数 B

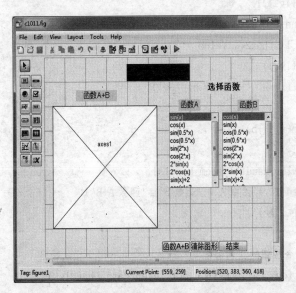

图 8-26　[例 8-11] 设计界面

```matlab
%列表框1(函数A)回调函数
function listbox1_Callback(hObject, eventdata, handles)
liststr1=get(handles.listbox1, 'String');
lv1=get(handles.listbox1, 'Value');
set(gcbf);
x=linspace(0, 2*pi, 30);
a=eval(liststr1{lv1});
hold on;
plot(x, a, '-r');
 %列表框2(函数B)的回调函数
function listbox2_Callback(hObject, eventdata, handles)
liststr2=get(handles.listbox2, 'String');
lv2=get(handles.listbox2, 'Value');
set(gcbf);
x=linspace(0, 2*pi, 30);
b=eval(liststr2{lv2});
hold on;
plot(x, b, '-g');
 % "函数A+B" 命令按钮的回调函数
function pushbutton1_Callback(hObject, eventdata, handles)
set(gcbf);
x=linspace(0, 2*pi, 30);
liststr1=get(handles.listbox1, 'String');
lv1=get(handles.listbox1, 'Value');
a=eval(liststr1{lv1});
liststr2=get(handles.listbox2, 'String');
lv2=get(handles.listbox2, 'Value');
b=eval(liststr2{lv2});
plot_handle=plot(x, a, '-r', x, b, '-g');
hold on;
stem_handle=stem(x, a+b);
hold off;
legend_handle=[plot_handle; stem_handle];
legend(legend_handle, '函数A', '函数B', '函数A+B');
xlabel('时间(单位: 秒)');
ylabel('幅值');
 % "清除图形" 命令按钮的回调函数
function pushbutton2_Callback(hObject, eventdata, handles)
cla;
```

%"结束"命令按钮回调函数

```
function pushbutton3_Callback(hObject, eventdata, handles)
close(gcbf);
```

运行结果如图 8-27 所示。

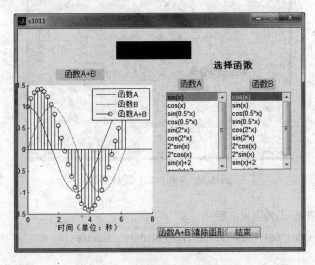

图 8-27　[例 8-11] 运行结果

[例 8-12]　由编辑框送入函数，然后绘图。

　　首先在 MATLAB 主界面上，选择菜单项"File"→"New"→"GUI"，在弹出的如图 8-2 所示界面中，选择菜单"Create Blank GUI"，在 GUI 界面上，设置一个弹出式菜单、一个列表框、一个可编辑文本框和 3 个命令按钮，列表框存放若干个轴对象的修饰功能选项，弹出式菜单存放若干色图矩阵选项，可编辑文本框用于用户输入函数，第一个命令按钮用于绘图，第二个命令按钮用于清除，第三个命令按钮用于结束演示，再设置 3 个静态文本框，分别书写"请在( )内输入函数"、"选择色阵"及"选择修饰"。双击列表框，在弹出的属性浏览器中，单击▤图标，在弹出的"String"输入框中，依次添加轴对象的修饰功能选项，如图 8-28 所示。同理，可添加弹出式菜单选项如图 8-29 所示。最终的界面如图 8-30 所示。

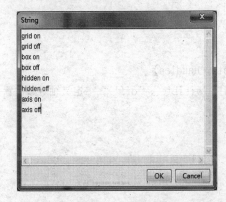

图 8-28　添加轴对象修饰功能

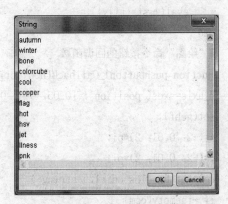

图 8-29　添加色阵选项

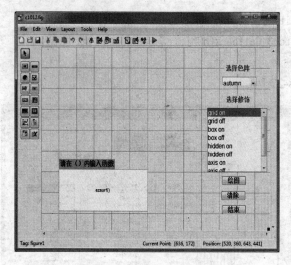

图 8-30 [例 8-12] 设计界面

%弹出式菜单(色阵选项)的回调函数
function popupmenu1_Callback(hObject，eventdata，handles)
 set(gcbf);
 popstr=get(handles.popupmenu1, 'String');
 pv=get(handles.popupmenu1, 'Value');
 if ~isempty(popstr{pv})
      colormap(eval(popstr{pv}))
 end
 %列表框的回调函数
function listbox1_Callback(hObject，eventdata，handles)
liststr=get(handles.listbox1, 'String');
 lv=get(handles.listbox1, 'Value');
 set(gcbf);
 if ~isempty(liststr{lv})
      eval(liststr{lv});
 end
 %"绘图"命令按钮的回调函数
function pushbutton1_Callback(hObject，eventdata，handles)
h_axis=axes('position', [0.05, 0.4, 0.65, 0.5], 'visible', 'off');   %定义轴对象位置
 set(gcbf);
x=(-2：0.01：2)*pi;
y=(-2：0.01：2)*pi;
com=get(handles.edit1, 'string');
 if ~isempty(com)
      eval(com)

320

```
end
%"清除"命令按钮的回调函数
function pushbutton2_Callback(hObject，eventdata，handles)
 cla;
%"结束"命令按钮的回调函数
function pushbutton3_Callback(hObject，eventdata，handles)
 close(gcbf);
```

图 8-31 是函数 ezsurf('(s-sin(s))*cos(t)','(1-cos(s))*sin(t)','s',[-2*pi,2*pi])的运行结果。

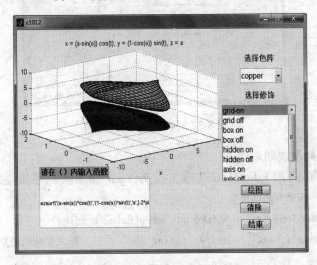

图 8-31 [例 8-12] 运行结果

[例 8-13] 发动机扭矩特性曲线。

1. 系统主要功能

(1) 在界面上输入参数：发动机扭矩 Me、发动机转速 ne(Me、ne 一一对应)、拟合多项式次数(1～7)。

(2) 求出发动机扭矩特性拟合曲线。

(3) 显示输入参数及拟合多项式。

(4) 检验数据拟合的准确性。

2. GUI 图形用户界面的制作

利用 MATLAB 提供的交互式制作用户界面的工具 GUI 制作所需图形界面,如图 8-32 所示。

(1) 窗口初始位置、大小的设计。

(2) 控件的几何布局：5 个静态文本框、3 个单选按钮、1 个组合框、6 个编辑文本框(4 个输入数据，2 个接收数据)。

(3) 各对象属性的设置：编辑文本框进行多行文本显示，Max-Min>1；编辑文本框进行单行文本显示，Max-Min<=1。

(4) 新建图形对象的整齐化。

(5) 回调函数的编写：拟合命令按钮、退出命令按钮、校验命令按钮的 Callback。

(6) 界面功能的测试。

321

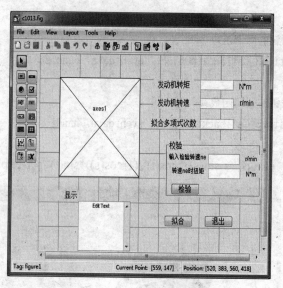

图 8-32　[例 8-13] 设计界面

3. 程序源代码及说明：

利用**GUI**中的**M-File Editor**自动生成主控文件gui_s6.m框架,手工添加其它部分代码。

```
%  "拟合"命令按钮的回调函数
function pushbutton1_Callback(hObject, eventdata, handles)
me=get(findobj(gcf,'tag','edit1'),'string');          %输入发动机扭矩
y=str2num(me);
ne=get(findobj(gcf,'tag','edit2'),'string');          %输入发动机转速
x=str2num(ne);
s=get(findobj(gcf,'tag','edit3'),'string');           %输入多项式拟合次数
n=fix(str2num(s));                                     %拟合次数取整
if n<7                                                 %拟合次数小于7时
p=polyfit(x,y,n);                                      %求取拟合多项式系数
[s len]=poly2str(p,'x');                               %求取拟合多项式
yy=polyval(p,x);
plot(x,y,'o',x,yy);                                    %画出曲线
xlabel('转速 ne(r/min)','FontSize',8);
ylabel('发动机扭矩Me(N*m)','FontSize',8);
legend('测量曲线','拟合曲线','FontSize',6)
set(findobj(gcf,'tag','edit6'),'string',{'发动机扭矩Me为: ';y;...
    '转速ne为: ';x;'多项式拟合次数: ';n;...
    '拟合多项式为: ';s});                              %显示输入数据及拟合多项式
else                                                   %拟合次数大于7时
cla;
set(findobj(gcf,'tag','edit6'),'string','提示! 你输入的拟合次数必须介于1与7之间
```

322

```
','FontSize',12,'FontWeight','bold');
end;
% "检验" 命令按钮的回调函数
function pushbutton3_Callback(hObject, eventdata, handles)
me=get(findobj(gcf,'tag','edit1'),'string');
y=str2num(me);
ne=get(findobj(gcf,'tag','edit2'),'string');
x=str2num(ne);
s=get(findobj(gcf,'tag','edit3'),'string');
n=fix(str2num(s));
p=polyfit(x,y,n);
hs=get(findobj(gcf,'tag','edit4'),'string');          %输入检验转速
h=str2num(hs);
va=polyval(p,h);
set(findobj(gcf,'tag','edit5'),'string',va);          %显示检验扭矩
% "退出" 命令按钮的回调函数
function pushbutton2_Callback(hObject, eventdata, handles)
close;
```

4. 程序运行结果

运行结果如图 8-33 所示。

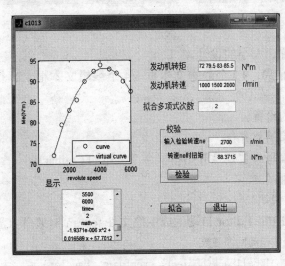

图 8-33　[例 8-13] 运行结果

[例 8-14]　平面四连杆机构的运动模拟。平面四连杆机构的基本形式有双曲柄机构、曲柄摇杆机构和双摇杆机构。本系统主要对以曲柄为主动件，对曲柄匀速转动的平面曲柄摇杆机构进行运动分析和模拟，对于其它类型，只作类型判断。

1. 系统主要功能：

(1) 根据输入的 4 个杆长、角频率画出平面曲柄摇杆机构的图形。

(2) 对平面曲柄摇杆机构进行运动模拟。

(3) 对平面曲柄摇杆机构进行运动分析，显示从动杆的瞬时角速度、瞬时角加速度、极位夹角、最小传动角、反正行程速比系数。

2. GUI 图形用户界面的制作

利用 MATLAB 提供的交互式制作用户界面的工具 GUI 制作所需图形界面，如图 8-34 所示。

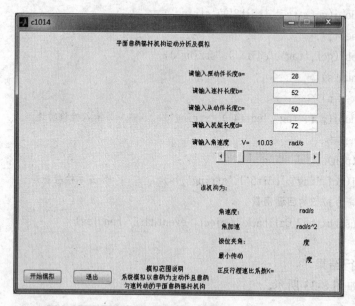

图 8-34 [例 8 – 14]设计界面

(1) 窗口初始位置、大小的设计。

(2) 对象的几何布局：19 个静态文本框、4 个编辑文本框、1 个滑动条、2 个单选按钮。

(3) 各对象属性的设置。

(4) 新建图形对象的整齐化。

(5) 回调函数的编写：主要是开始模拟命令按钮的 Callback。

(6) 界面功能的测试。

3. 程序源代码及说明

利用 GUI 中的 M-File Editor 自动生成主控文件 four.m 框架，手工添加其它部分代码。

```
%"开始模拟"命令按钮的回调函数
function pushbutton1_Callback(hObject, eventdata, handles)
%获得 a,b,c,d 的杆长
A=get(findobj(gcf,'Tag','Edit_a'),'string');
la=str2num(A);
B=get(findobj(gcf,'Tag','Edit_b'),'string');
lb=str2num(B);
C=get(findobj(gcf,'Tag','Edit_c'),'string');
```

324

```
lc=str2num(C);
D=get(findobj(gcf,'Tag','Edit_d'),'string');
ld=str2num(D);
lmax=max([la,lb,lc,ld]);
lmin=min([la,lb,lc,ld]);
%有无曲柄条件
lo=2*(lmax+lmin)-(la+lb+lc+ld);
%是否为机构条件
ll=2*lmax-(la+lb+lc+ld);
%获得主动杆 lb 杆角速度
w0=get(findobj(gcf,'Tag','Text_w'),'string');
w=str2num(w0);
if  (lo>0)&(ll<0) %无曲柄条件,双摇杆机构
set(findobj(gcf,'Tag','Type'),'String',{' 双 摇 杆 机 构 ! 不 在 模 拟 范 围 !
  '},'ForegroundColor',[1,0,0]);
    elseif (lo<=0)&(ll<0) %有曲柄条件
    switch  lmin
    %当最短杆为机架 ld 时,该机构为双曲柄机构
        case ld
    set(findobj(gcf,'Tag','Type'),'String',{' 双 曲 柄 机 构 ! 不 在 模 拟 范 围 !
'},'ForegroundColor',[1,0,0]);
    %当最短杆为连架杆 la 时(主动件),该机构为曲柄摇杆机构,调用函数 crankrocker.m
        case la
      set(findobj(gcf,'Tag','Type'),'String',{'曲柄摇杆机构! '});
        crankrocker(la,lb,lc,ld,w);
    %当最短杆为连架杆 lc 时(从动件),该机构为曲柄摇杆机构
        case lc
    set(findobj(gcf,'Tag','Type'),'String',{'曲柄摇杆机构! 但主动件为摇杆,不在模拟范围!
      '}, 'ForegroundColor',[1,0,0]);
    %当最短杆为连杆 lb 时,该机构为双摇杆机构
        otherwise  lb
    set(findobj(gcf,'Tag','Type'),'String',{' 双 摇 杆 机 构 ! 不 在 模 拟 范 围 !
      '},'ForegroundColor',[1,0,0]);
        end
      elseif ll>=0  %不满足杆组条件! 无法进行模拟!!
    set(findobj(gcf,'Tag','Type'),'String',{' 不 满 足 杆 长 条 件 ! 无 法 进 行 模 拟 ! !
      '},'ForegroundColor',[1,0,0]);
    end;
% "退出" 命令按钮回调函数
```

```matlab
function Stop_Callback(hObject, eventdata, handles)
Close;
%角速度滑动条数据预设
function slider4_Callback(hObject, eventdata, handles)
h=get(hObject,'Value');
set(findobj(gcf,'Tag','Text_w'),'String',num2str(h));
```

编写调用函数 crankrocker.m

```matlab
function crankrocker(la,lb,lc,ld,w)
%存储实际值
L=[la,lb,lc,ld];
sum=la+lb+lc+ld;
la=la/sum*200;
lb=lb/sum*200;
lc=lc/sum*200;
ld=ld/sum*200;
%量化后的 L
l=[la,lb,lc,ld];
%画 A 点的三角支撑
a2=line([0,-3],[0,-6],'color','k','linestyle','-','linewidth',2);
a3=line([0,3],[0,-6],'color','k','linestyle','-','linewidth',2);
%画 A 点的地面及斜线
a4=line([-6,+6],[-6,-6],'color','k','linestyle','-','linewidth',2);
a41=line([-1,-4],[-6,-9],'color','k','linestyle','-','linewidth',1);
a42=line([-4,-7],[-6,-9],'color','k','linestyle','-','linewidth',1);
a43=line([2,-1],[-6,-9],'color','k','linestyle','-','linewidth',1);
a44=line([5,2],[-6,-9],'color','k','linestyle','-','linewidth',1);
%画 D 点的三角支撑
d2=line([ld,-3+ld],[0,-6],'color','k','linestyle','-','linewidth',2);
d3=line([ld,3+ld],[0,-6],'color','k','linestyle','-','linewidth',2);
%画 D 点的地面及斜线
d4=line([-6+ld,6+ld],[-6,-6],'color','k','linestyle','-','linewidth',2);
d41=line([-1+ld,-4+ld],[-6,-9],'color','k','linestyle','-','linewidth',1);
d42=line([4+ld,-7+ld],[-6,-9],'color','k','linestyle','-','linewidth',1);
d43=line([2+ld,-1+ld],[-6,-9],'color','k','linestyle','-','linewidth',1);
d44=line([5+ld,2+ld],[-6,-9],'color','k','linestyle','-','linewidth',1);
%确定极位夹角 theta0
theta_1=acos((((la+lb)*(la+lb)+ld*ld-lc*lc)/(2*(la+lb)*ld));
theta_2=acos((((-la+lb)*(-la+lb)+ld*ld-lc*lc)/(2*(-la+lb)*ld));
theta_0=theta_2-theta_1;
```

```
theta0=theta_0/pi*180;
set(findobj(gcf,'Tag','theta_0'),'String',num2str(theta0));
%确定反正行程速比系数 K
K=(pi+theta_0)/(pi-theta_0);
set(findobj(gcf,'Tag','K'),'String',num2str(K));
%确定最小传动角 gama0
gama_1=acos((lb*lb+lc*lc-(ld-la)*(ld-la))/(2*lb*lc));
gama_2=acos((lb*lb+lc*lc-(ld+la)*(ld+la))/(2*lb*lc));
if gama_2>=pi/2
    gama_2=pi-gama_2;
end
gama_0=min(gama_1,gama_2);
gama0=gama_0/pi*180;
set(findobj(gcf,'Tag','gama_0'),'String',num2str(gama0));
%画 AD 杆
ad=line([0,ld],[0,0],'color','k','marker','o','markersize',5,'linewidth',1,'linestyl
e','-.');
%A 的矢量和 D 的矢量
ax0=0;ay0=0;
Va=complex(ax0,ay0);
dx0=ld;dy0=0;
Vd=complex(dx0,dy0);
%获得实时动画模拟数据
mm=90;
for i=1: 1: mm
theta(i)=2*i*pi/mm;
bx0=la*cos(theta(i));by0=la*sin(theta(i));
Vb(i)=complex(bx0,by0);
%角 A
theta_a(i)=angle(Vb(i));
%矢量 BD，lbd 为 BD 瞬时的长
Vbd(i)=Vb(i)-Vd;
theta_bda(i)=pi-angle(Vbd(i));
lbd(i)=abs(Vbd(i));
theta_cdb(i)=acos(((lc*lc+lbd(i)*lbd(i)-lb*lb)/(2*lc*lbd(i))));
%角 D
theta_d(i)=theta_bda(i)+theta_cdb(i);
%C 的矢量
cx0=ld-lc*cos(theta_d(i));cy0=lc*sin(theta_d(i));
```

```matlab
    Vc(i)=complex(cx0,cy0);
    %求 c 杆的角速度
    Vbc(i)=Vc(i)-Vb(i);
    theta_2(i)=angle(Vb(i));
    theta_3(i)=angle(Vbc(i));
    theta_4(i)=pi-theta_d(i);
    w2=w;
    %列矩阵方程求解 w3,w4
    R1=[-lb*sin(theta_3(i))  lc*sin(theta_4(i)); lb*cos(theta_3(i))  -lc*cos(theta_4(i))];
    %求 R1 的逆矩阵
    R2=[w2*la*sin(theta_2(i));  w2*la*cos(theta_2(i))];
    Result_w=inv(R1)*R2;
    w3(i)=Result_w(1,1);
    w4(i)=Result_w(2,1);
    %求 c 杆的角加速度
    Ra=[-lb*sin(theta_3(i))  lc*sin(theta_4(i)); -lb*cos(theta_3(i))  -lc*cos(theta_4(i))];
Ras=[w2*w2*la*cos(theta_2(i))+w3(i)*w3(i)*lb*cos(theta_3(i))-w4(i)*w4(i)*lc*cos(theta_4(i))
w2*w2*la*sin(theta_2(i))+w3(i)*w3(i)*lb*sin(theta_3(i))-w4(i)*w4(i)*lc*sin(theta_4(i))];
    Result_a=inv(Ra)*Ras;
    a3(i)=Result_a(1,1);
    a4(i)=Result_a(2,1);
    end
    %各杆的初始位置,设置 AB 杆 BC 杆 CD 杆
    ab=line([real(Va),real(Vb(i))],[imag(Va),imag(Vb(i))],'color','k','marker','o','mark
ersize',5,'linewidth',2,'linestyle','-');
    cd=line([real(Vd),real(Vc(i))],[imag(Vd),imag(Vc(i))],'color','k','marker','o','mark
ersize',5,'linewidth',2,'linestyle','-');
    bc=line([real(Vc(i)),real(Vb(i))],[imag(Vc(i)),imag(Vb(i))],'color','k','marker','o'
,'markersize',5,'linewidth',2,'linestyle','-');
    %进行实时动画模拟
    j=1;
    m=0;
    while m<100
        set(ab,'xdata',[real(Va),real(Vb(j))],'ydata',[imag(Va),imag(Vb(j))]);
        set(cd,'xdata',[real(Vd),real(Vc(j))],'ydata',[imag(Vd),imag(Vc(j))]);
        set(bc,'xdata',[real(Vc(j)),real(Vb(j))],'ydata',[imag(Vc(j)),imag(Vb(j))]);
        set(findobj(gcf,'Tag','Text_Wc'),'String',num2str(w4(j)));
        set(findobj(gcf,'Tag','Text_Ac'),'String',num2str(a4(j)));
        drawnow
```

```
        j=j+1;
    if  j>mm
        j=1;
        m=m+1;
    end
    end
```

4. 程序运行结果

在 MATLAB 界面中, 将 Current Dietctory 改为 four.m 和 crocker.m 所在文件夹的地址, 然后在 MATLAB 命令行中键入命令 four 既可运行该程序。

运行结果如图 8-35 所示。

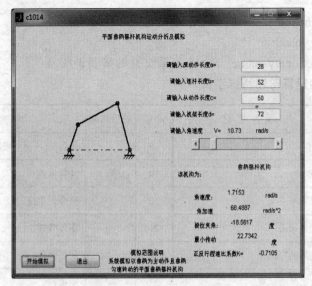

图 8-35   [例 8 – 14]运行结果

附录 A MATLAB 的命令及函数简介

MATLAB 系统提供近 20 类基本命令函数,从形式上看,有两大类:第一类是 MATLAB 的内部命令;第二类是以.m 文件形式给出的函数,这些.m 文件按照各自的类别归于相应的子目录下,每一个函数文件都包含了这类函数的用法指南,可以用命令:

`help function_name`

来显示函数 function_name 的帮助信息,也可以用命令:

`help dictionary_name`

来显示目录 dictionary_name 下一个函数文件的简要说明。

1. MATLAB 的运算符和特殊字符

序号	符号名称	功能描述	序号	符号名称	功能描述
1	+	加	18	;	分行符(该行结果不显示)
2	−	减	19	%	注释标志
3	*	矩阵相乘	20	!	命令提示符
4	.*	矢量相乘	21	'	矩阵转置
5	^	矩阵的幂运算	22	.'	矢量转置
6	.^	矢量的幂运算	23	=	赋值符
7	\	矩阵左除	24	==	关系运算符:相等
8	/	矩阵右除	25	<>	关系运算符:不相等
9	.\	矢量左除	26	<	关系运算符:小于
10	./	矢量右除	27	<=	关系运算符:小于等于
11	:	矢量生成或子阵提取	28	>	关系运算符:大于
12	( )	下标或参数定义	29	>=	关系运算符:大于等于
13	[ ]	矩阵生成	30	&	关系运算符:与
14	.	结构的字段获取	31			关系运算符:或
15	..	父目录	32	~	关系运算符:非
16	...	续行标志	33	xor	关系运算符:异或
17	,	分行符(该行结果显示)	34	kron	矩阵 kron 积

2. MATLAB 的常用命令

1) 管理命令

序号	函数名称	功 能 描 述	序号	函数名称	功 能 描 述
1	addpath	增加一条搜索路径	12	path	设置 MATLAB 路径
2	clear	从内存中删除变量和函数	13	rmpath	删除一条搜索路径
3	demo	运行 MATLAB 演示程序	14	save	保存工作空间变量
4	disp	显示矩阵文本	15	size	矩阵的维数
5	doc	装入超文本说明	16	type	列出.m 文件
6	help	启动联机帮助	17	version	显示 MATLAB 版本
7	lasterr	显示最后一条错误信息	18	what	列出.m,.mat,.mex 文件
8	length	矢量的维数	19	whatsnew	显示新特性
9	load	从文件中装入数据	20	which	定位函数或文件的目录
10	lookfor	关键词搜索帮助	21	who	列出工作空间变量
11	pack	整理工作空间内存	22	whos	列出工作空间所有变量

2) 文件和系统操作命令

序号	函数名称	功 能 描 述	序号	函数名称	功 能 描 述
1	cd	改变当前工作目录	6	getenv	获取环境变量
2	delete	删除文件	7	matlabroot	获取 MATLAB 安装根目录
3	diary	保存 MATLAB 运行命令	8	tempdir	获取系统的缓存目录
4	edit	编辑.m 文件	9	tempname	获取一个缓存文件
5	!	执行操作系统命令	10	unix	执行操作系统命令并返回

3) 窗口控制命令

序号	函数名称	功 能 描 述	序号	函数名称	功 能 描 述
1	cedit	命令行编辑	7	info	MATLAB 系统信息
2	clc	清除命令窗口	8	matlabbrc	启动主.m 文件
3	echo	显示文件中使用的命令	9	more	控制命令窗口分页输出
4	format	设置输出格式	10	quit	退出 MATLAB
5	home	设置光标位于左上角	11	startup	MATLAB 自启动文件
6	hostid	MATLAB 主服务器程序代号			

331

3. MATLAB 的常用函数

1) 逻辑函数

序号	函数名称	功 能 描 述	序号	函数名称	功 能 描 述
1	all	矢量的所有元素为真时，返回 true	8	isinf	变量无限大时，返回 true
2	any	矢量的任一元素为真时，返回 true	9	isnan	变量非数时，返回 true
3	exist	检验变量或函数是否存在	10	isreal	矩阵为实矩阵时，返回 true
4	find	查找非零元素的索引号	11	issparse	矩阵为稀疏矩阵时，返回 true
5	finite	含有有限元时，返回 true	12	isstr	矩阵为字符串时，返回 true
6	isempt	矩阵为空时，返回 true	13	logical	将数字量转化为逻辑量
7	isglobal	变量为全局变量时，返回 true			

2) 三角函数

序号	函数名称	功 能 描 述	序号	函数名称	功 能 描 述
1	sin	正弦函数	12	atan2	反双曲正切函数
2	asin	反正弦函数	13	sec	正割函数
3	sinh	双曲正弦函数	14	sech	双曲正割函数
4	asinh	反双曲正弦函数	15	csc	余割函数
5	cos	余弦函数	16	acsc	反余割函数
6	acos	反余弦函数	17	csch	双曲余割函数
7	cosh	双曲余弦函数	18	acsch	反双曲余割函数
8	acosh	反双曲余弦函数	19	cot	余切函数
9	tan	正切函数	20	acot	反余切函数
10	atan	反正切函数	21	coth	双曲余切函数
11	tanh	双曲正切函数	22	acoth	反双曲余切函数

3) 指数函数

序号	函数名称	功 能 描 述	序号	函数名称	功 能 描 述
1	exp	指数函数	3	log10	常用对数函数
2	log	自然对数函数	4	sqrt	平方根函数

4) 复数函数

序号	函数名称	功 能 描 述	序号	函数名称	功 能 描 述
1	abs	绝对值函数	4	real	复数实部函数
2	angle	相角函数	5	imag	复数虚部函数
3	conj	共轭复数函数			

5) 数值处理函数

序号	函数名称	功能 描 述	序号	函数名称	功能 描 述
1	sign	符号函数	4	ceil	沿正无穷方向取整函数
2	round	取整函数	5	fix	沿零方向取整函数
3	rem	求余函数	6	floor	沿负无穷方向取整函数

6) 特殊函数

序号	函数名称	功能 描 述	序号	函数名称	功能 描 述
1	airy	矩阵右除，相当于/	16	erfcx	比例互补误差函数
2	besselh	Bessel 函数	17	erfinv	逆误差函数
3	besselj	第一类 Bessel 函数	18	erpint	指数积分函数
4	besseli	改进的第一类 Bessel 函数	19	gamma	γ 函数
5	bessely	第二类 Bessel 函数	20	gammainc	非完全 γ 函数
6	besselk	改进的第二类 Bessel 函数	21	gammaln	γ 函数的对数函数
7	beta	β 函数	22	gcd	最大公约数
8	betainc	非完全的 β 函数	23	lcm	最小公倍数
9	betaln	β 函数的对数函数	24	log2	分割浮点数
10	cart2pol	将笛卡儿坐标变为极坐标	25	pow2	比例浮点函数
11	pol2cart	将极坐标变为笛卡儿坐标	26	legendre	Legendre 伴随函数
12	cart2sph	将笛卡儿坐标变为球坐标	27	ellpj	Jacobian 椭球函数
13	sph2cart	将球坐标变为笛卡儿坐标	28	ellpke	椭圆积分函数
14	erf	误差函数	29	rat	有理逼近
15	erfc	互补误差函数	30	rats	有理输出

7) 多项式处理函数

序号	函数名称	功能 描 述	序号	函数名称	功能 描 述
1	poly	构造具有特定根的多项式	6	polyvalm	计算多项式矩阵
2	polyder	多项式求微分	7	conv	多项式乘法
3	polyeig	多项式特征值	8	deconv	多项式除法
4	polyfit	数据的多项式拟合	9	residue	留数计算
5	polyval	计算多项式的值	10	roots	计算多项式的根

8) 插值函数

序号	函数名称	功能 描 述	序号	函数名称	功能 描 述
1	griddata	生成数据网格	6	interpn	多维插值
2	interp1	一维插值	7	meshgrid	用 x,y,z 构造三维图形
3	interp2	二维插值	8	ppval	分段多项式计算
4	interp3	三维插值	9	spline	三次样条插值
5	interft	利用 FFT 进行一维插值			

9) 非线性数值计算函数

序号	函数名称	功能描述	序号	函数名称	功能描述
1	fmin	单变量最优化函数	7	odefile	求解由文件定义的微分方程
2	fmins	多变量最优化函数	8	odeget	获得微分方程求解的可选参数
3	fzero	求解单变量函数的零点	9	odeset	设置微分方程求解的可选参数
4	ode23	低阶法求解常微分方程	10	dblquad	双重积分
5	ode23p	低阶法求解常微分方程并绘图	11	quad	低阶法计算数值积分
6	ode45	高阶法求解常微分方程	12	quad8	低阶法计算数值积分

10) 基本矩阵函数

序号	函数名称	功能描述	序号	符号名称	函数描述
1	computer	当前的计算机型号	14	logspace	构造对数分布矢量
2	ans	默认的计算结果变量	15	nargin	函数输入变量的数目
3	pi	圆周率	16	nargout	函数输出变量的数目
4	eps	浮点精度	17	varargin	函数中输入的可选参数
5	flops	浮点运算次数	18	varargout	函数中输出的可选参数
6	realmax	最大浮点数	19	eye	生成单位矩阵
7	realmin	最小浮点数	20	rand	生成随机分布矩阵
8	i	虚数单元	21	randn	生成正态分布矩阵
9	j	虚数单元	22	zeros	产生零矩阵
10	inputname	输入参数名	23	ones	生成所有元素为 "1" 的矩阵
11	Inf	无穷大	24	magic	生成魔方矩阵
12	NaN	非数值常量	25	pascal	生成 PASCAL 矩阵
13	linspace	构造线性分布矢量	26	isieee	采用 IEEE 算术标准时，返回 true

11) 矩阵分析与处理函数

序号	函数名称	功能描述	序号	函数名称	功能描述
1	balence	矩阵均衡处理	12	expm1	实现 expm 的.m 文件
2	cat	矢量连接	13	expm2	通过泰勒积数计算矩阵指数
3	diag	提取对角阵	14	expm3	通过特征值和特征矢量计算矩阵指数
4	det	计算矩阵行列式	15	hess	计算 Hessberg 矩阵
5	funm	一般矩阵计算函数	16	trace	计算矩阵的逆
6	eig	计算矩阵特征值和特征矢量	17	orth	正交化函数
7	fliplr	矩阵做左右翻转	18	poly	计算特征多项式
8	flipud	矩阵做上下翻转	19	polyeig	多项式特征值问题
9	logm	矩阵对数函数	20	qz	计算广义特征值
10	sqrtm	计算矩阵平方根函数	21	cond	计算矩阵条件数
11	expm	矩阵指数函数	22	norm	计算矩阵范数

序号	函数名称	功 能 描 述	序号	函数名称	功 能 描 述
23	rank	计算矩阵的秩	31	triu	提取矩阵的上三角部分
24	rcond	LINPACK 倒数条件	32	null	零空间
25	repmat	复制并排列矩阵函数	33	subspace	子空间
26	reshape	改变矩阵大小	34	rsf2csf	变实块对角矩阵为复块对角矩阵
27	rot90	矩阵旋转 90°	35	cdf2rdf	变复块对角矩阵为实块对角矩阵
28	rref	矩阵的行阶梯形实现	36	svd	奇异值分解函数
29	rrefmovie	消元法解方程演示	37	schur	Schur 分解
30	tril	提取矩阵的下三角部分			

12) 线性方程分析函数

序号	函数名称	功 能 描 述	序号	函数名称	功 能 描 述
1	\和/	求解线性方程	6	qrinsert	在 QR 分解中插入一行
2	inv	矩阵求逆	7	pinv	计算伪逆矩阵
3	lu	矩阵的 LU 三角分解	8	lscov	根据协方差计算最小二乘方差
4	qr	矩阵的 QR 分解	9	nnls	非零最小二乘
5	qrdelete	从 QR 分解中消除一行	10	chol	Cholesky 分解

13) 图形控制函数

序号	函数名称	功 能 描 述	序号	函数名称	功 能 描 述
1	axes	建立坐标系	18	gebf	获得当前回调窗口的句柄
2	axis	设置坐标系标度	19	get	获得对象属性
3	box	设置坐标系为盒状	20	getframe	获得动画帧
4	capture	抓取屏幕当前图形	21	ginput	用鼠标输入图形
5	caxis	设置彩色坐标轴刻度	22	graymon	设置图形为灰色
6	cla	清除当前坐系	23	hold	保持当前图形
7	clf	清除当前图形	24	ishold	返回 hold 状态
8	close	关闭图形窗口	25	light	生成光源
9	copyobj	拷贝图形对象	26	line	生成直线
10	cylinder	生成圆柱体	27	movie	播放记录的动画帧
11	delete	删除图形对象	28	moviein	初始化动画帧内存
12	drawnow	清除未完成的绘图事件	29	orient	设置纸张走向
13	figure	建立图形窗口	30	patch	建立图形填充块
14	findobj	查找指定对象	31	rbbox	建立涂抹块
15	gca	获得当前坐标轴句柄	32	refresh	刷新图形窗口
16	gcf	获得当前的窗口句柄	33	reset	重新设置对象属性
17	gco	获得当前对象的句柄	34	rotate	沿指定方向旋转对象

序号	函数名称	功 能 描 述	序号	函数名称	功 能 描 述
35	set	设置对象属性	41	text	生成文本串
36	shg	显示图形窗口	42	unicontral	生成一个用户接口控制
37	sphere	生成球体	43	uimenu	生成菜单
38	subplot	将图形窗口分区	44	waitforbuttonpress	在图形窗口等待按键
39	surface	建立曲面	45	whitebg	设置图形窗口背景
40	terminal	设置图形终端类型	46	zoom	图形缩放

14) 二维图形函数

序号	函数名称	功 能 描 述	序号	函数名称	功 能 描 述
1	area	区域填充	14	pie	绘制饼状图
2	bar	绘制条形图	15	plot	绘制线性坐标图形
3	barh	绘制水平条形图	16	polar	绘制极坐标图形
4	comet	绘制彗星状轨迹	17	rose	绘制角度直方图
5	compass	绘制区域图	18	semilogx	绘制 x 轴半对数坐标图形
6	errbar	绘制误差条形图	19	semilogy	绘制 y 轴半对数坐标图形
7	feather	绘制羽状图	20	stairs	绘制阶梯图
8	fill	绘制二维多边形填充图	21	stem	绘制火柴杆图
9	fplot	绘制给定函数	22	title	绘制图形标题
10	grid	生成网格线	23	xlabel	绘制 x 轴标记
11	hist	生成直方图	24	ylabel	绘制 y 轴标记
12	loglog	绘制对数坐标图	25	zlabel	绘制 z 轴标记
13	pareto	绘制 Pareto 图			

15) 三维图形函数

序号	函数名称	功 能 描 述	序号	函数名称	功 能 描 述
1	bar3	绘制三维条形图	17	plot3	绘制三维线
2	bar3h	绘制三维水平条形图	18	quiver	绘制有向图
3	brighten	加亮图形色调	19	quiver3	绘制三维有向图
4	caxis	设置坐标轴伪彩色	20	rotate3d	设置三维旋转开关
5	colormap	设置调色板	21	shading	设置彩色阴影
6	comet3	绘制三维彗星状迹线	22	slice	绘制切片图
7	contour	绘制等高线	23	stem3	绘制三维火柴杆图
8	contourf	绘制填充的等高线	24	surf	绘制三维表面图形
9	contour3	绘制三维等高线	25	surfc	绘制三维网格和等高线的混合图形
10	clabel	等高线高程标志	26	surfl	绘制带亮度的三维曲面图
11	fill3	绘制并填充三维条形图	27	surfnorm	绘制曲面法线
12	hidden	设置网格图的网格线开关	28	trisurf	表面图形的三角绘制
13	mesh	绘制三维网格图形	29	trimesh	网格图形的三角绘制
14	meshc	绘制网格和等高线的混合图形	30	view	设置视点
15	meshz	绘制带零平面的三维网格图	31	voronoi	绘制 Voronoi 图
16	pcolor	绘制伪彩色	32	waterfall	绘制瀑布型图形

16) 用户图形接口函数

序号	函数名称	功 能 描 述	序号	函数名称	功 能 描 述
1	align	坐标轴对齐工具	21	printdlg	打印对话框
2	axlimdlg	坐标轴范围设置对话框	22	propedit	属性编辑器
3	btndown	按下组按钮中的按钮	23	prtps	PostScript 打印机驱动程序
4	btngroup	生成组按钮	24	prtwin	MS Windows 驱动程序
5	btnpress	按下管理组按钮中的按钮	25	questdlg	请求对话框
6	btnstate	查询组按钮中的按钮状态	26	uicontrol	生成图形用户接口对象
7	btnup	组按钮中的按钮弹起	27	uimenu	生成菜单对象
8	cbedit	回调函数编辑器	28	uigetfile	标准的打开文件对话框
9	dialog	主对话框的.m 文件	29	uiputfile	标准的保存文件对话框
10	errordlg	错误信息对话框	30	uiresume	继续执行
11	guide	GUI 设计工具	31	uisetcolor	颜色选择对话框
12	helpdlg	帮助对话框	32	uisetfont	字体选择对话框
13	inputdlg	输入对话框	33	uiwait	中断执行
14	layout	定义对话框布局参数	34	umtoggle	切换选中的菜单对象
15	listdlg	列表选择对话框	35	waitbar	等待条显示
16	makemenu	生成菜单结构	36	waitfor	中断执行
17	menubar	设置菜单条属性	37	waitforbuttonpress	等待按钮事件
18	menuedit	菜单编辑器	38	warndlg	警告对话框
19	msgdlg	消息对话框	39	wimenu	生成菜单项的子菜单
20	pagedlg	页位置对话框			

17) 图像、影片和声音功能函数

序号	函数名称	功 能 描 述	序号	函数名称	功 能 描 述
1	image	创建索引或真彩色(RGB)图像对象	16	aviinfo	获取 avi 影片文件的信息
2	imagesc	创建亮度图像对象	17	movie2avi	将 MATLAB 格式的影片转换成 avi 格式
3	colormap	将颜色表应用到图像	18	audiorecord	录制声音对象
4	axis image	调整坐标轴刻度使其适应图像	19	audioplayer	播放声音对象
5	imread	读取图像文件	20	audiodevinfo	获取声音设备信息
6	imwrite	写图像文件	21	sound	将矢量以声音形式播放
7	iminfo	获取图像文件信息	22	soundsc	将矢量归一化处理并以声音形式播放
8	getframe	将影片帧放在结构数组中	23	wavplay	播放 WAVE 格式文件
9	movie	从影片结构数组播放影片	24	wavrecord	利用 Windows 音频输入设备记录声音
10	frame2im	将影片帧转换成图像	25	wavread	读取 WAVE 格式声音文件
11	im2frame	将图像转换成影片帧	26	wavwrite	写 WAVE 格式声音文件
12	avifile	生成 avi 影片文件	27	auread	读取 NeXT/SUN 格式声音文件
13	addframe	将影片帧添加到 avi 影片	28	auwrite	写 NeXT/SUN 格式声音文件
14	close	关闭 avi 影片文件	29	lin2mu	将线性音频转换成 μ 律压缩音频
15	aviread	读取 avi 影片文件	30	mu2lin	将 μ 律压缩音频转换成线性音频

附录 B　MATLAB 的库函数

1. engine 函数库

engine 函数库中的函数在 MATLAB 目录下的子目录 extern\include 头文件 engine.h 中可以找到。使用 engine 函数时，包含文件应写明：#include "engine.h"。

1) extern int engEvalString(Engine *ep，const char *string)

函数功能：执行一个用字符串表示的 MATLAB 表达式。

参数说明：输入参数 ep 为 MATLAB 引擎类型的指针，指向已经打开的 MATLAB 引擎。string 为字符指针，指向一个需要在 MATLAB 计算引擎的工作区中执行的字符串。该函数的返回值为整数。如果函数执行成功，返回 0，否则返回 1。

2) extern Engine *engOpenSingleUse(const char *startcmd，void *reserved，int *retstatus)

函数功能：启动一个单独的非共享的 MATLAB 引擎。在 Windows 中，这个函数允许用户启动多个 MATLAB 进程，每次函数被调用就启动一个 MATLAB 进程。该函数为 MATLAB 打开一个 ActiveX 通道。

参数说明：startcmd 为启动 MATLAB 进程的命令。在 Windows 系统下，startcmd 必须为 NULL； reserved 为保留给将来使用的参数，必须为 NULL；retstatus 为返回的状态，表示失败的可能原因。

3) extern Engine *engOpen(const char *startcmd)

函数功能：打开一个 MATLAB 引擎。在 Windows 系统中，该函数打开一个 AcfiveX 通道并将它与 MATLAB 进行连接，函数所启动的 MATLAB 是在安装时就已经注册了的。

参数说明：输入参数 startcmd 为一个字符指针，函数通过该指针指向的字符串所包含的命令与 MATLAB 建立一个连接，打开一个 MATLAB 进程。函数成功，返回一个 MATLAB 引擎类型的指针，否则返回 NULL。

4) extern int engClose(Engine *ep)

函数功能：关闭 MATLAB 引擎。该函数关闭一个 ep 指向的处于打开状态的 MATLAB 引擎。

参数说明：输入参数 ep 为 MATLAB 引擎类型的指针，函数返回值为整数。如果函数执行成功，返回 0，否则返回 1。

5) extern mxArray *engGetArray(Engine *ep，const char *name)

函数功能：从 MATLAB 引擎的工作区中获取一个矩阵。该函数从 ep 指向的 MATLAB 引擎的工作区中获取一个名字为 name 的矩阵。注意，最后要释放该函数新创建的 mxArray 结构体。

参数说明：参数 ep 是引擎指针，name 是希望从 MATLAB 引擎的工作区中获取的矩阵的名字。返回值是一个指向 mxArray 结构体的指针。如果函数执行成功，返回一个指向新分配的 mxArray 结构体的指针，否则返回 0。

6) extern int engPutArray(Engine *ep，const mxArray *ap)

函数功能：将矩阵送到 MATLAB 计算引擎的工作区中去。该函数将 ap 指向的矩阵送到 MATLAB 计算引擎的工作区中去，如果 MATLAB 计算引擎的工作区中不存在所指定的 mxArray 结构体，则函数自动创建一个新的命名为 ap 的矩阵；如果 MATLAB 计算引擎的工作区中存在所指定的 mxArray 结构体，则函数用新值去覆盖旧值。

参数说明：两个参数，第一个输入参数 ep 为 MATLAB 引擎类型的指针，第二个参数 ap 为矩阵的指针，指向需要输出到 MATLAB 计算引擎的工作区中去的 mxAlray 结构体。函数执行成功，返回 0，否则返回 1。

7) extern int engOutputBuffer(Engine *ep，char *buffer，int buflen)

函数功能：确定存放 MATLAB 输出结果的缓冲区。该函数为 ep 指向的 MATLAB 引擎设置从 buffer 指向的位置开始的长度为 buflen 的缓冲区。只有设置了缓冲区后，所有后继的 engEvalString 操作产生的输出才会保存在缓冲区。

参数说明：3 个输入参数中，ep 为 MATLAB 引擎类型的指针，指向已经打开的 MATLAB 引擎。buffer 为字符指针指向缓冲区开始位置。buflen 为缓冲区的长度。

8) extern int engGetFull(Engine *ep, char *name, int *m，int *n，double **pr，
double   **pi)

函数功能：该函数从工作空间中读取一个满矩阵。函数返回值为一个整型变量。

参数说明：ep 为一个已经打开的引擎指针，name 为欲读取矩阵名，m 为读取矩阵的行数，n 为读取矩阵的列数，pr 指向矩阵实部，pi 指向矩阵虚部。

9) extern int engPutFull(Engine *ep, char *name, int m，int n，double *pr，
double   *pi)

函数功能：该函数把一个满矩阵放入工作空间中。函数返回值为一个整型变量。

参数说明：ep 为一个已经打开的引擎指针，name 为欲放入工作空间的矩阵名，m 为放入矩阵的行数，n 为放入矩阵的列数，pr 指向矩阵实部，pi 指向矩阵虚部。

10) extern void engSetEvalCallback(Engine *ep，void(*callback)(void))

函数功能：该函数分配一个 engSetEvalString( )的回调函数指针，以便以后回调之用。函数返回值为空。

参数说明：ep 为一个已经打开的引擎指针，callback 为设置的回调函数。

11) extern void engSetEvalTimeout(Engine *ep，long timeout)

函数功能：该函数用于设置 engSetEvalString( )函数的生存时间。函数返回值为空。该函数已很少应用。

参数说明：ep 为一个已经打开的引擎指针，timeout 为设置的生存时间。

12) extern void engWinInit(HANDLE hInst)

函数功能：该函数用于分配 MATLAB 引擎的通话阶段。函数返回值为空。该函数已很少应用。

参数说明：hInst 为通话句柄。

2. mex 函数库

mex 函数库在 MATLAB 目录的 extern\include 子目录下的 mex.h 中可以找到。使用

mex 函数时，包含文件应写明：#include "mex.h"。

1) void mexFunction(int nlhs，mxArray *plhs[],int nrhs，mxArray *prhs[])

函数功能：每个 mex 文件都必须包含该函数，函数返回空。

参数说明：整型变量 nlhs 用于记录输出参数的个数；mxArray 型指针变量 plhs 用于指向输出参数的起始地址；整型变量 nrhs 用于记录输入参数的个数，mxArray 型指针变量 prhs 用于指向输入参数的起始地址。

2) extern void mexErrMsgTxt(const char *error_msg)

函数功能：该函数输出错误信息给 MATLAB，并把控制权交给 MATLAB，函数的返回值为空。

参数说明：字符串指针 error_msg 指向包含错误信息的字符串。

3) extern void mexWarnMsgTxt(const char *error_msg)

函数功能：该函数输出警告信息给 MATLAB，并把控制权交给 MATLAB，函数的返回值为空。

参数说明：字符串指针 error_msg 指向包含警告信息的字符串。

4) extern int mexPrintf(const char *fmt，...)

函数功能：以 fmt 格式输出变量值，函数返回值为整型变量。其功能与 C 语言中的 printf 及 MATLAB 中的 disp 函数功能相似。

参数说明：fmt 为输出变量的格式，...代表输出的变量值，可以有多个。

5) extern void mexMakeArrayPersistent(mxArray *pa)

函数功能：该函数用于当一个数组与另一个数组合并时，从 MATLAB 内存分配表中删除那个数组的所有头信息。此时，如果要销毁此函数，需要显式调用 mxDestoryArray( )。

参数说明：pa 为数组指针。

6) extern void mexMakeMemoryPersistent(void *ptr)

函数功能：该函数用于从 MATLAB 内存分配表中删除以前用函数 mxCalloc()分配的内存。为了彻底删除内存，需要显式调用 mxFree()函数。

参数说明：ptr 指向内存地址。

7) extern void mexGetFunctionHandle(void)

函数功能：返回函数的透明句柄，返回句柄可被函数 mexCallMATLABFunction 调用。

参数说明：void 为函数句柄。

8) extern void mexCallMATLABFunction(void)

函数功能：该函数调用由函数 mexGetFunctionHandle 返回的句柄，即通过调用函数的句柄来调用函数。

参数说明：void 为函数句柄。

9) extern void mexRegisterFunction(void)

函数功能：该函数注册一个函数，使得它可以作为一个 MATLAB 调用函数。

参数说明：void 为函数句柄。

10) extern int mexSet(double handle，const char *property，mxArray *value)

函数功能：该函数用于设定由句柄 handle 指向的对象的 property 属性的属性值，此处的属性值式数组指针 value 指定的值，该函数的作用与 MATLAB 中的 set 函数类似。

函数的返回值为整型。

参数说明：handle 为句柄；property 为指向属性的指针；value 为指向属性值的指针。

11) extern const mxArray *mexGet(double handle，const char *property)

函数功能：该函数用于获得由句柄 handle 指向的对象的 property 属性的属性值。该函数的作用与 MATLAB 中的 get 函数类似。函数返回的是数组指针指定的属性值。

参数说明：handle 为句柄；property 为指向对象属性的指针。

12) extern int mexCallMATLAB(int nlhs, mxArray   *plhs[]，int nrhs, mxArray *prhs[]，const char   *fcn_name)

函数功能：该函数用于调用由字符串指针 fcn_name 指定的 MATLAB 函数。

参数说明：整型变量 nlhs，用于记录输出参数的个数；mxArray 型指针变量 plhs 用于指向输出参数的起始地址；整型变量 nrhs 用于记录输入参数的个数；mxArray 型指针变量 prhs 用于指向输入参数的起始地址。

13) extern void mexSetTrapFlag(int flag)

函数功能：该函数用于设置或清除函数 mexCallMATLAB 发出的错误标志。如果没有该标志，则调用 mexCallMATLAB 函数时，将会捕获发生的错误，并返回一个状态值。如果没有设置，则调用 mexCallMATLAB 函数发生错误时，控制权交给 MATLAB。

参数说明：flag＝0，不设置标志；flag＝1，设置标志。

14) extern void mexPrintAssertion(mxArray *plhs, const mxArray *prhs, const mxArray *subs[]，int nsubs)

函数功能：输出错误信息，并将控制权交还 MATLAB 命令行。

参数说明：*tcst，*fname，*message 为指向常量的指针，linenum 为整型变量。

15) extern mxArray *mexSubsReference(const mxArray *prhs，const mxArray *subs[]，int nsubs)

函数功能：重新获得数组中指定的子集。

参数说明： *prhs 为指定数组 mxArray 的指针，*subs[]为指定数组 mxArray 的子集的指针，nsubs 为欲获取子集的数据元素数目。

16) extern int mexPutFull(char *name，int m，int n，double   *pr, double *pi)

函数功能：该函数用于把一个字符串指针 name 指向的矩阵放在 MATLAB 工作空间内。可用函数 mxCreateDoubleMatrix( )或 mexPutArray( )代替。

参数说明：字符串指针 name 指向矩阵的起始地址；m 为矩阵的行数；n 为矩阵的列数；指针 pr 指向矩阵的实部；指针 pi 指向矩阵的虚部。

17) extern int mexGetFull(char   *name，int*m，   int*n，double**pr, double**pi)

函数功能：该函数用于在 MATLAB 工作空间内获取一个由字符串指针 name 指向的矩阵。可用函数 mexGet( )或 mexGetArray( )代替。

参数说明：字符串指针 name 指向矩阵的起始地址；m 为矩阵的行数；n 为矩阵的列数；指针 pr 指向矩阵的实部；指针 pi 指向矩阵的虚部。

18) extern int mexPutArray(mxArray *parray，const char *workspace)

函数功能：该函数用于把指针 parray 指向的数组放在由 workspace 指向的 MATLAB 空间。

参数说明：指针 parray 指向数组的起始地址；workspace 指向 MATLAB 空间的起始地址。

19）extern const mxArray *mexGetArrayPtr(const char *name, const char *workspace)

函数功能：该函数用于从 workspace 指向的 MATLAB 空间内获取由字符串指针 name 指向的数组的指针。

参数说明：字符串指针 name 指向数组的起始地址；workspace 指向 MATLAB 空间的起始地址。

20）extern mxArray *mexGetArray(const char　*name,　const char *workspace)

函数功能：该函数用于从 workspace 指向的 MATLAB 空间内获取由字符串 name 指针指向的数组。

参数说明：字符串指针 name 指向数组的起始地址；workspace 指向 MATLAB 空间的起始地址。

21）extern void mexLock(void)

函数功能：该函数用于锁定一个 mex 函数，使其不会被从内存中删除。

参数说明：void 为欲锁定的 mex 函数句柄。

22）extern void mexUnlock(void)

函数功能：该函数用于解锁一个 mex 函数，以便从内存中将其删除。

参数说明：void 为欲解锁的 mex 函数句柄。

23）extern bool mexIsLocked(void)

函数功能：该函数用于判定某个 mex 函数是否被锁定。如果被锁定，则返回 true，否则返回 false。

参数说明：void 为待判定解锁状态的 mex 函数句柄。

24）extern const char *mexFunctionName(void)

函数功能：该函数用于返回当前正在执行的 mex 函数的名称。

参数说明：void 为函数句柄。

25）extern int mexEvalString(const char *str)

函数功能：该函数用于执行由字符指针 str 指向的 MATLAB 命令，如果执行成功，返回 0；如果有错误，则返回一个非零值。

参数说明：*str 为字符指针。

26）extern int mexAtExit(void (*exit_fcn)(void))

函数功能：该函数在退出 MATLAB 时被执行。

参数说明：exit_fcn 为退出时要执行的回调函数。

3. mat 函数库

mat 函数库可以在 MATLAB 目录下的 extern\include 子目录下头文件 mat.h 中找到。使用 mat 函数时，包含文件应写明：#include ” mat.h”。

1）extern MATFile * matCreateMATFile(const char * filename，FILE *fp，const char * mode)

函数功能：以 mode 模式创建文件名为 filename 的 MAT 文件。要创建的文件由文件指针 fp 指定。参数 mode 可以是："r"——二进制只读模式；"w"——二进制只写模式；

342

"u"——二进制读写模式。

2) extern MATFile * matOpen(const char *filename，const char * mode)

函数功能：以 mode 模式打开文件名为 filename 的 MAT 文件。参数 mode 可以是："r"——只读模式；"w"——只写模式；"u"——读写模式；"w4"——只写方式写入一个 MATLAB4.0 的 MAT 文件。

3) extern int matClose(MATFile *pMF)

函数功能：关闭由指针 pMF 所指定的 MAT 文件。

4) extern FILE * matGetFp(MATFile *pMF)

函数功能：获取打开的 pMF 文件的标准 C 文件指针。

5) extern int matPutNextArray(MATFile * pMF，const mxArray * pA)

函数功能：把 pA 指向的数组存放在由 pMF 指定的文件内。函数不会删除 pMF 文件中与 pA 同名的数组。如操作成功，函数返回零；如有错误，返回非零值。

6) extern int matPutArray(MATFile * pMF，const mxArray * pA)

函数功能：把 pA 指向的数组存放在由 pMF 指定的文件内。函数会删除 pMF 文件中与 pA 同名的数组。如操作成功，函数返回零；如有错误，返回非零值。

7) extern int matPutArrayAsGlobal(MATFile * pMF，const mxArray * pA)

函数功能：把 pA 指向的数组作为全局变量存放在由 pMF 指定的文件内。函数会删除 pMF 文件中与 pA 同名的数组。如操作成功，函数返回零；如有错误，返回非零值。

8) extern mxArray * matGetNextArray(MATFile *pMF)

函数功能：从 pMF 指定的 MAT 文件中读取下一个数组。该函数需要与 matOpen 及 matClose 函数联合使用。如有错误，函数将返回 NULL。

9) extern mxArray * matGetArray(MATFile * pMF，const char * name)

函数功能：从 pMF 指定的 MAT 文件中读取名为 name 的数组。如有错误，函数将返回 NULL。

10) extern mxArray * matGetNextArrayHeader(MATFile *pMF)

函数功能：从 pMF 指定的 MAT 文件中读取下一个数组头的信息。该函数需要与 matOpen 及 matClose 函数联合使用。如有错误，函数将返回 NULL。

11) extern mxArray * matGetArrayHeader(MATFile *pMF，const char * name)

函数功能：从 pMF 指定的 MAT 文件中读取名为 name 的数组头的信息。通过矩阵头信息，无需读取实际数组就可以获取数组的信息。该函数需要与 matOpen 及 matClose 函数联合使用。如有错误，函数将返回 NULL。

12) extern char ** matGetDir(MATFile * pMF，int *num)

函数功能：从 pMF 指定的 MAT 文件中读取数组名称的列表。num 为数组列表中数组的个数。若 MAT 文件中没有数组，函数将返回 NULL，num 为零；如有错误，函数也返回 NULL，且 num 为负值。

13) extern int matDeleteArray(MATFile *pMF，const char *name)

函数功能：从 pMF 指定的 MAT 文件中删除名为 name 的数组。如操作成功，函数返回零；如有错误，函数返回非零值。

14) extern int matGetFull(MATFile *fp, char *name, int *m, int *n, double **pr, double

**pi)

函数功能：从 pMF 指定的 MAT 文件中读取名为 name 的满矩阵，矩阵的行数为 m，列数为 n。指针 pr 指向矩阵的实部，pi 指向矩阵的虚部。该函数现已很少用，一般用函数 matGetArray()或 mxGet 代替。

15) extern int matPutFull(MATFile *ph, char *name, int m, int n, double *pr, double *pi)

函数功能：把名为 name 的满矩阵存储在 ph 指定的 MAT 文件中，矩阵的行数为 m，列数为 n。指针 pr 指向矩阵的实部，pi 指向矩阵的虚部。该函数现已很少用，一般用函数 mxCreateDoubleMatrix()或 mxSet 代替。

16) extern int matGetString(MATFile *pMF, const char *name, char *buffer, int buflen)

函数功能：从 pMF 指定的 MAT 文件中读取名为 name 的字符串，获得的字符串地址由指针 buffer 指定，字符串的大小为 buflen。

17) extern int matPutString(MATFile *pMF，const char *name，const char *str)

函数功能：把名为 name 的字符串存储在 pMF 指定的 MAT 文件中，指针 str 指向字符串地址。

4. mx 函数库

mx 函数库可以在 MATLAB 目录下的 extern\include 子目录下的头文件 matrix.h 中找到。

1) extern void *mxMalloc(size_t n)

函数功能：分配 n 大小的内存空间。

2) extern void mxFree(void *ptr)

函数功能：释放指针 ptr 指向的内存空间。

3) extern void *mxRealloc(void *ptr, size_t size)

函数功能：在指针 ptr 指向的内存空间中，重新分配 size 大小的内存空间。

4) extern mxClassID mxGetClassID(const mxArray *pa)

函数功能：获得由指针 pa 所指数组的数据类型。

5) extern const char *mxGetName(const mxArray *pa)

函数功能：获取指针 pa 指向的数组的数组名。

6) extern void mxSetName(mxArray *pa，const char *s)

函数功能：设置指针 pa 指向的数组的数组名，数组名由字符串 s 指定。

7) extern void *mxGet Data(const mxArray *pa)

函数功能：获取指针 pa 指向的数组的数据值。

8) extern void mxSetData(mxArray *pa, void *newdata)

函数功能：设置指针 pa 指向的数组的数据值，数组的数据由指针 newdata 指定。

9) extern double *mxGetPr(const mxArray *pa)

函数功能：从数值型数组 pa 中获取指向数组实部的指针。

10) extern void mxSetPr(mxArray *pa, double *pr)

函数功能：设置指向数值型数组 pa 实部的指针。实部数据值由指针 pr 指定。

11) extern bool mxIsNumeric(const mxArray *pa)

函数功能：判断指针 pa 指向的数组是否为数值型数组。如是，则返回 true，否则返回 false。

12) extern bool mxIsCell(const mxArray *pa)

函数功能：判断指针 pa 指向的数组是否为元胞数组。如是，则返回 true，否则返回 false。

13) extern bool mxIsChar(const mxArray *pa)

函数功能：判断指针 pa 指向的数组是否为字符型数组。如是，则返回 true，否则返回 false。

14) extern bool mxIsSparse(const mxArray *pa)

函数功能：判断指针 pa 指向的数组是否为稀疏矩阵。如是，则返回 true，否则返回 false。

15) extern bool mxIsStruct(const mxArray *pa)

函数功能：判断指针 pa 指向的数组是否为结构数组。如是，则返回 true，否则返回 false。

16) extern bool mxIsFunctionHandle(const mxArray *pa)

函数功能：判断由指针 pa 所指数组是否为函数对象。如是，则返回 true；否则返回 false。

17) extern bool mxIsObject(const mxArray *pa)

函数功能：函数功能：判断指针 pa 指向的数组是否为对象数组。如是，则返回 true，否则返回 false。

18) extern void *mxGetImagData(const mxArray *pa)

函数功能：从数组 pa 中获取指向数组虚部的指针。

19) extern void mxSetImagData(mxArray *pa, void *newdata)

函数功能：设置指针 pa 指向的数组的虚部，数组的数据由 newdata 指定。

20) extern double *mxGetPi(const mxArray *pa)

函数功能：从数值型数组中获取指向数组虚部的指针。

21) extern void mxSetPi(mxArray *pa, double *pi)

函数功能：设置指向数值型数组 pa 虚部的指针。虚部数据值由 pi 指定。

22) extern bool mxIsComplex(const mxArray *pa)

函数功能：判断指针 pa 指向的数组是否为复数数组。如是，则返回 true，否则返回 false。

23) extern bool mxIsDouble(const mxArray *pa)

函数功能：判断指针 pa 指向的数组是否为双精度型数据。如是，则返回 true，否则返回 false。

24) extern bool mxIsSingle(const mxArray *pa)

函数功能：判断指针 pa 指向的数组是否为单精度型数据。如是，则返回 true，否则返回 false。

25) extern bool mxIsLogical(const mxArray *pa)

函数功能：判断指针 pa 指向的数组是否为逻辑型数据。如是，则返回 true，否则返回 false。

26) extern bool mxIsInt8(const mxArray *pa)

函数功能：判断指针 pa 指向的数组是否为 8 位整型。如是，则返回 true，否则返回 false。

27) extern bool mxIsUint8(const mxArray *pa)

函数功能：判断指针 pa 指向的数组是否为 8 位无符号整型。如是，则返回 true，否则返回 false。

28) extern bool mxIsInt16(const mxArray *pa)

函数功能：判断指针 pa 指向的数组是否为 16 位整型。如是，则返回 true，否则返回 false。

29) extern bool mxIsUint16(const mxArray *pa)

函数功能：判断指针 pa 指向的数组是否为 16 位无符号整型。如是，则返回 true，否则返回 false。

30) extern bool mxIsInt32(const mxArray *pa)

函数功能：判断指针 pa 指向的数组是否为 32 位整型。如是，则返回 true，否则返回 false。

31) extern bool mxIsUint32(const mxArray *pa)

函数功能：判断指针 pa 指向的数组是否为 32 位无符号整型。如是，则返回 true，否则返回 false。

32) extern bool mxIsInt64(const mxArray *pa)

函数功能：判断指针 pa 指向的数组是否为 64 位整型。如是，则返回 true，否则返回 false。

33) extern bool mxIsUint64(const mxArray *pa)

函数功能：判断指针 pa 指向的数组是否为 32 位无符号整型。如是，则返回 true，否则返回 false。

34) extern int mxGetUserBits(const mxArray   *pa)

函数功能：从指针 pa 指向的数组中获取用户信息。8 位用户信息存储在矩阵头中。

35) extern void mxSetUserBits(mxArray   *pa, int   value)

函数功能：在指针 pa 指向的数组中设置 8 位用户信息，该信息由 value 指定。

36) extern double mxGetScalar(const mxArray *pa)

函数功能：在指针 pa 指向的数组中获取第一个元素的实部值。

37) extern void mxSetLogical(mxArray *pa)

函数功能：设置由指针 pa 指向的数组中的数据为逻辑型。

38) extern void mxClearLogical(mxArray *pa)

函数功能：设置由指针 pa 指向的数组中的数据为数值型。

39) extern bool mxIsFromGlobalWS(const mxArray *pa)

函数功能：判断由指针 pa 指向的数组是否来自工作空间的全局变量。如是，返回 true；否则返回 false。

40) extern void mxSetFromGlobalWS(mxArray *pa，bool global)

函数功能：Set the isFromGlobalWorkspace bit

346

41) extern int mxGetNumberOfDimensions(const mxArray *pa)

函数功能：读取由指针 pa 指向的数组的维数。

42) extern const int *mxGetDimensions(const mxArray *pa)

函数功能：获取 pa 指向数组的大小的指针。

43) extern int mxGetM(const mxArray *pa)

函数功能：获取 pa 指向数组的行数。

44) extern void mxSetM(mxArray *pa, int m)

函数功能：设置 pa 指向数组的行数。

45) extern int mxGetN(const mxArray *pa)

函数功能：获取 pa 指向数组的列数。

46) extern void mxSetN(mxArray *pa，int n)

函数功能：设置 pa 指向数组的列数。

47) extern bool mxIsEmpty(const mxArray *pa)

函数功能：判断 pa 所指数组是否为空。如是，则返回 true；否则返回 false。

48) extern int *mxGetIr(const mxArray *pa)

函数功能：得到指向数值型稀疏矩阵 pa 的行矢量指针。

49) extern void mxSetIr(mxArray *pa, int *newir)

函数功能：设置指向数值型稀疏矩阵 pa 的行矢量指针 newir。

50) extern int *mxGetJc(const mxArray *pa)

函数功能：得到指向数值型稀疏矩阵 pa 的列矢量指针。

51) extern void mxSetJc(mxArray *pa, int *newjc)

函数功能：设置指向数值型稀疏矩阵 pa 的列矢量指针 newjc。

52) extern int mxGetNzmax(const mxArray *pa)

函数功能：得到指向数值型稀疏矩阵 pa 的最大非零元素值。

53) extern void mxSetNzmax(mxArray *pa，int nzmax)

函数功能：设置指向数值型稀疏矩阵 pa 的最大非零元素值为 nzmax。

54) extern int mxGetNumberOfElements(const mxArray *pa)

函数功能：得到指针 pa 所指向数组中的元素的个数。

55) extern int mxGetElementSize(const mxArray *pa)

函数功能：获得由指针 pa 所指数组的元素大小。

56) extern int mxCalcSingleSubscript(const mxArray *pa，int nsubs，const int *subs)

函数功能：获得由指针 pa 所指数组中从起始位置到指定下标的偏移量。

57) extern int mxGetNumberOfFields(const mxArray *pa)

函数功能：得到指针 pa 所指的数组中结构域(类似于数据表中的字段)的个数。

58) extern mxArray *mxGetCell(const mxArray *pa，int i)

函数功能：得到指针 pa 所指的数组中第 i 个块矩阵的指针。

59) extern void mxSetCell(mxArray *pa，int i，mxArray *value)

函数功能：设置指针 pa 所指的数组中第 i 个块矩阵的值为 value。

60) extern int mxGetFieldNumber(const mxArray *pa，const char *name)

函数功能：得到指针 pa 所指的数组中名为 name 的结构域的下标。

61) extern mxArray *mxGetFieldByNumber(const mxArray *pa，int i，int fieldnum)

函数功能：得到指针 pa 所指的数组中第 *i* 行、第 fieldnum 列元素的指针。

62) extern void mxSetFieldByNumber(mxArray *pa，int i，int fieldnum，mxArray *value)

函数功能：设置指针 pa 所指的数组中第 *i* 行、第 fieldnum 列元素的指针值为 value，即设置 pa[i][fieldnum]=value。

63) extern mxArray *mxGetField(const mxArray *pa，int i，const char *fieldname)

函数功能：判断由指针 pa 所指数组中第 *i*(从 0 开始计算)个元素是否为 fieldname 所指内容。若不是或该元素本身就是 NULL，则返回 NULL。

64) extern void mxSetField(mxArray *pa，int i，const char *fieldname，mxArray *value)

函数功能：设置由指针 pa 所指数组中第 *i*(从 0 开始计算)个元素 fieldname 域所指内容为 value。即 pa[i]->fieldname = value。

65) extern const char *mxGetFieldNameByNumber(const mxArray *pa，int n)

函数功能：得到指针 pa 所指的数组中第 *n* 个结构域的指针。

66) extern const char *mxGetClassName(const mxArray *pa)

函数功能：得到指针 pa 所指的数组的类型(数值型、字符型、逻辑型)名字。

67) extern bool mxIsClass(const mxArray *pa，const char *name)

函数功能：判断指针 pa 所指的数组的类型是否为 name 所规定的类型。如是，则返回 true，否则返回 false。

68) extern mxArray *mxCreateNumericMatrix(int   m，int n，   mxClassID classid，Int cmplx_flag)

函数功能：创建一个 *m* 行 *n* 列的数值型数组，并初始化其各元素为 0 值。

69) extern int mxSetDimensions(mxArray *pa，const int *size，int ndims)

函数功能：设置 pa 指向数组的大小的指针。

70) extern void mxDestroyArray(mxArray *pa)

函数功能：删除指针 pa 指向的数组。

71) extern mxArray *mxCreateNumericArray(int ndim，const int *dims，mxClassID classid，mxComplexity flag)

函数功能：创建一个数值型数组，并初始化其各元素为零。

72) extern mxArray *mxCreateDoubleMatrix(int m，int n，mxComplexity flag)

函数功能：创建一个大小为 *m*×*n* 的双精度数值型数组，并初始化其各元素为 0 零。

73) extern mxArray *mxCreateScalarDouble(double value)

函数功能：

74) extern mxArray *mxCreateSparse(int m，int n，int nzmax，mxComplexity flag)

函数功能：创建一个大小为 *m*×*n* 的稀疏矩阵，参数 flag 用于指定是否创建复数矩阵。

75) extern void mxGetNChars(const mxArray *pa，char *buf，int nChars)

函数功能：从 pa 指向的数组中获取 nChars 个字符串，得到的字符串被存储在 buf 所指的缓冲区中。

76) extern int mxGetString(const mxArray *pa，char *buf，int buflen)

函数功能：把字符型数组 pa 转化为 C 语言中的字符串。字符串的长度为 buflen，存储在 buf 指向的地址内。

77) extern char *mxArrayToString(const mxArray *pa)

函数功能：从指针为 pa 的字符型数组中，返回以 NULL 为结束符的 C 语言字符串。如果不是字符串数组或内存溢出，则返回 NULL。

78) extern mxArray *mxCreateStringFromNChars(const char *str，int n)

函数功能：创建一个 $1 \times n$ 的矢量数组，并以 str 的值作为元素的初始化值。

79) extern mxArray *mxCreateString(const char *str)

函数功能：把字符串 str 转化成一个长度为 n 的字符数组(矢量)。

80) extern mxArray *mxCreateCharArray(int ndim，const int *dims)

函数功能：创建一个 ndim 维的字符矢量，并初始化矢量中所有的元素为零。

81) Extern mxArray *mxCreateCharMatrixFromStrings(int m，const char **str)

函数功能：创建一个字符串数组，并以 str 所指字符串初始化格元素的值。

82) extern mxArray *mxCreateCellMatrix(int m，int n)

函数功能：创建一个 $m \times n$ 的字符串矩阵，并初始化矩阵中所有元素均为 NULL。

83) extern mxArray *mxCreateCellArray(int ndim，const int *dims)

函数功能：创建一个 ndim 维的字符矢量，并初始化其所有元素为零。

84) extern mxArray *mxCreateStructMatrix(int m，int n，int nfields，const char **fieldnames)

函数功能：创建一个 $m \times n$ 的结构矩阵，并初始化其所有元素为 NULL。结构域的个数为 nfields，其值由 fieldnames 确定。

85) extern mxArray *mxCreateStructArray(int ndim，const int *dims，int nfields，const char **fieldnames)

函数功能：创建一个 ndim 维的结构数组，并将结构域的所有元素内容初始化为 NULL 值。

86) extern mxArray *mxDuplicateArray(const mxArray *in)

函数功能：复制数组内容，并返回所复制数组的指针。

87) extern int mxSetClassName(mxArray *pa，const char *classname)

函数功能：设置一个有效对象数组的类名，如成功则返回 0；否则返回 1。

88) extern int mxAddField(mxArray *pa，const char *fieldname)

函数功能：对由指针 pa 所指的结构数组增加一个结构域。如成功则返回 0；否则返回 1。

89) extern void mxRemoveField(mxArray *pa，int field)

函数功能：从由指针 pa 所指结构数组中删除一个结构域。若指定的结构域不存在则不删除，也不删除结构数组本身。

90) extern double mxGetEps(void)

函数功能：获得 MATLAB 的计算精度。

91) extern double mxGetInf(void)

函数功能：返回 MATLAB 中 INF 的定义，主要用于 MEX-File 文件的回调。

92) extern double mxGetNaN(void)

函数功能：返回 MATLAB 中 NaN 的定义，主要用于 MEX-File 文件的回调。

93) extern bool mxIsFinite(double x)

函数功能：测试 x 是否有穷(限)，与机器模式无关。

94) extern bool mxIsInf(double x)

函数功能：测试 x 是否为无限大，与机器模式无关。

95) extern bool mxIsNaN(double x)

函数功能：测试 x 是否为 NaN，与机器模式无关。

附录 C MATLAB 的常用工具箱函数

1. 优化工具箱函数

1) 最小化函数

序号	函数名称	功 能 描 述	序号	函数名称	功 能 描 述
1	fgoalattain	求解多目标规划的优化问题	7	fminsearch	求解无约束条件下的非线性极小值
2	fmin	求解单变量函数的极小值	8	fminu	同 minunc
3	fminbnd	求解边界约束条件下的非线性极小值	9	fminunc	求解多变量函数的极小值
4	fmincon	求解约束条件下的非线性极小值	10	fseminf	求解半无穷条件下的极小值
5	fminimax	求解最小最大极值	11	linprog	求解线性规划问题
6	fmins	同 fminsearch	12	quardprog	求解二次规划问题

2) 方程求解函数

序号	函数名称	功 能 描 述	序号	函数名称	功 能 描 述
1	fsolve	求解非线性方程	2	fzero	求解标量非线性方程

3) 最小二乘优化函数

序号	函数名称	功 能 描 述	序号	函数名称	功 能 描 述
1	lsqlin	求解约束条件下的线性最小平方问题	3	lsqnonlin	求解非线性最小平方问题
2	lsqcurvefit	求解非线性曲线拟合问题	4	lsqnonneg	求解非负线性最小平方问题

4) 插值函数

序号	函数名称	功 能 描 述	序号	函数名称	功 能 描 述
1	cubic	4 点内插值估计极大值	4	cubici3	2 点内插值和梯度估计步长和极小值
2	cubici1	2 点内插值和梯度估计极小值	5	quard2	3 点内插值估计极大值
3	cubici2	3 点内插值和 1 梯度	6	quadinter	3 点内插值估计极小值

5) 内部实用函数

序号	函数名称	功能描述	序号	函数名称	功能描述
1	eigfun	返回分类特征的函数（用于 goaldemo）	11	graderr	检查优化中的梯度不一致性
2	elimone	消除一变量（用于 dfildemo）	12	lsint	最小二乘优化程序的初始化函数
3	filtfun	返回频率响应和根（用于 dfildemo）	13	optint	无约束最优化程序的初始化函数
4	findmax	在数据矢量中内插极大值	14	searchq	线性搜索程序
5	findmax2	在数据矩阵中内插极大值	15	demifun	变半无穷优化问题的转化程序
6	filtfun2	返回频率响应和根	16	toptim	最优化测试组
7	fitfun	返回数据与计算值之间的误差（用于 fitdemo）	17	toptimf	最优化测试组的测试函数
8	fitfun2	返回数据的误差（用于 datdemo）	18	toptimg	最优化测试组的测试函数的测试梯度
9	goalfun	目标逼近问题的转换函数	19	v2sort	两组分类矢量并删除丢失的元素
10	goalgra	目标逼近问题的梯度更换函数			

6) 演示函数

序号	函数名称	功能描述	序号	函数名称	功能描述
1	bandemo	香蕉函数的极小化示例	4	goaldemo	目标逼近优化示例
2	datdemo	数据拟和示例	5	optdemo	菜单演示示例
3	dfildemo	有限精度滤波器设计示例	6	tutdemo	启动教程

2. 模糊逻辑工具箱函数

1) 隶属度函数

序号	函数名称	功能描述	序号	函数名称	功能描述
1	dsigmf	用两个 S 函数的差构成的隶属度函数	7	smf	S 形曲线隶属度函数
2	gauss2mf	双边高斯曲线隶属度函数	8	sigmf	Sigmoid 形曲线隶属度函数
3	gbellmf	广义钟形隶属度函数	9	trapmf	梯形隶属度函数
4	gaussmf	高斯曲线隶属度函数	10	trimf	三角形隶属度函数
5	pimf	π 形隶属度函数	11	zmf	Z 形隶属度函数
6	psigmf	用两个 S 函数的积构成的隶属度函数			

2) 模糊推理系统函数

序号	函数名称	功 能 描 述	序号	函数名称	功 能 描 述
1	addmf	向 FIS(模糊推理系统)中添加隶属度函数	11	newfis	生成新的 FIS
2	addrule	向 FIS 中添加规则	12	parsrule	模糊分析规则
3	addvar	向 FIS 中添加变量	13	plotfis	显示 FIS 输入/输出图
4	defuzz	去模糊隶属度函数	14	readfis	由磁盘装入 FIS
5	evalfis	完成模糊推理计算	15	rmmf	从 FIS 中删除隶属度函数
6	evalmf	隶属度函数计算	16	rmvar	从 FIS 中删除变量
7	fuzzy	模糊逻辑工具箱	17	setfis	设置模糊系统特性
8	gensurf	生成 FIS 输出曲面	18	showfis	显示带注释的 FIS
9	getfis	获取模糊系统特性	19	showrule	显示 FIS 规则
10	mf2mf	隶属度函数之间的参数转换	20	writefis	写入磁盘保存 FIS

3) GUI 编辑器

序号	函数名称	功 能 描 述	序号	函数名称	功 能 描 述
1	anfisedit	ANFIS 训练和调试的用户接口工具	5	ruleedit	规则编辑器和分析程序
2	findcluster	族用户接口工具	6	ruleview	规则观察器和模糊推理框图
3	fuzzy	基本 FIS 编辑器	7	surfview	输出曲面观察器
4	medit	隶属度函数编辑器			

4) 先进技术函数

序号	函数名称	功 能 描 述	序号	函数名称	功 能 描 述
1	anfis	Sugeno-type FIS 的训练程序	4	genfis2	使用减法聚集方法生成 FIS 矩阵
2	fcm	利用模糊 C 平均聚集方法找出族	5	subclust	使用减法聚集方法估计簇中心
3	genfis1	使用一般方法生成 FIS 矩阵			

5) 其它函数

序号	函数名称	功 能 描 述	序号	函数名称	功 能 描 述
1	convertfis	将 v1.0 模糊矩阵转换成 v2.0 结构	5	fstrvcat	可变大小的连接矩阵
2	discfis	离散化 FIS	6	fuzarich	模糊数学函数
3	findrow	找出匹配输入的矩阵的行	7	genparam	为 ANFIS 学习生成初精度的参数
4	evalmmf	估计多个隶属度函数	8	sugmax	Sugeno 系统的最大输出范围

3. 神经网络工具箱

1) 设计函数

序号	函数名称	功 能 描 述	序号	函数名称	功 能 描 述
1	solvehop	设计 Hopfeild 神经网络	3	solverb	设计径向基神经网络
2	solvelin	设计线性神经网络	4	solvebe	设计精确的径向基神经网络

2) 学习规则函数

序号	函数名称	功 能 描 述	序号	函数名称	功 能 描 述
1	learnbp	误差反向传播学习规则	7	learnlm	Levenberg-Marquardt 学习规则
2	learnbpm	带动量项的误差反向传播学习规则	8	learnlvq	学习矢量量化学习规则
3	learnh	Hebb 学习规则	9	learnos	外星学习规则
4	learnhd	权值退化的 Hebb 学习规则	10	learnp	感知器学习规则
5	learnis	内星学习规则	11	learnpn	归一化的感知器学习规则
6	learnk	Kohonen 学习规则	12	learnwh	Widrow-Hoff 学习规则

3) 训练函数

序号	函数名称	功 能 描 述	序号	函数名称	功 能 描 述
1	trainbp	使用误差反向传播训练网络	6	trainp	使用感知规则训练感知层
2	trainbpx	使用快速误差反向传播训练网络	7	trainpn	使用归一化感知规则训练感知层
3	trainc	训练竞争层网络	8	trainsm	使用 Kohonen 规则训练自组织映射
4	trainelm	训练 Elman 网络	9	trainwh	使用 Widrow-Hoff 规则训练线性层
5	trainlvq	训练 LVQ 网络			

4) 绘图函数

序号	函数名称	功 能 描 述	序号	函数名称	功 能 描 述
1	barerr	绘制输出矢量的误差条图形	7	ploterr	绘制网络平方和误差与时间的关系图
2	errfurf	计算误差曲面	8	plotes	绘制误差曲面图
3	hintonw	绘制权值图	9	plotpv	绘出感知器输入/目标矢量
4	hintonwb	绘制权值和偏差图	10	plotsm	绘制自组织映射图
5	plotep	在误差曲面上绘制权值和基位置图	11	plottr	绘制误差、学习速率与时间的关系图
6	plotfa	绘制数据点及网络函数逼近	12	plotvec	用不同颜色绘制矢量

5) 仿真函数

序号	函数名称	功能描述	序号	函数名称	功能描述
1	simuc	竞争层仿真	5	simulin	线性层仿真
2	simuelm	Elman 递归神经网络仿真	6	simup	感知器仿真
3	simuff	前向神经网络仿真	7	simub	径向基神经网络仿真
4	simuhop	Hopfield 神经网络仿真	8	simusm	自组织映射仿真

6) 初始化函数

序号	函数名称	功能描述	序号	函数名称	功能描述
1	deltalin	PURELIN 神经元的 δ 函数	9	initp	感知层初始化
2	deltalog	LOGSIG 神经元的 δ 函数	10	initsm	自组织映射初始化
3	deltatan	TRANSIG 神经元的 δ 函数	11	midpoint	中间权值初始化
4	initc	竞争层初始化	12	nwlog	产生 LOGSIG 神经元的 Nguyen－Widrow 随机数
5	initelm	Elman 递归神经网络初始化	13	nwtan	产生 TRANSIG 神经元的 Nguyen－Widrow 随机数
6	initff	最多三层的前向神经网络初始化	14	randnc	生成归一化列随机数
7	initlin	线性层初始化	15	randnr	生成归一化行随机数
8	initlvq	LVQ 神经网络初始化	16	rands	生成对称随机数

7) 传递函数

序号	函数名称	功能描述	序号	函数名称	功能描述
1	compet	竞争层传递函数	5	purelin	线性传递函数
2	hardlim	限幅传递函数	6	radbas	径向基传递函数
3	hardlims	对称限幅传递函数	7	satlins	对称饱和线性传递函数
4	logsig	对数 S 形传递函数	8	tansig	正切 S 形传递函数

4. 控制系统工具箱

1) 模型特性

序号	函数名称	功能描述	序号	函数名称	功能描述
1	covar	输入为白噪声的连续协方差响应	9	eig	特征值和特征矢量
2	ctrb	可控矩阵	10	esort	按实部大小排列连续特征值
3	damp	连续阻尼系数和固有频率	11	gram	可控性和可视性
4	dcgain	连续稳态增益	12	obsv	可视性矩阵
5	dcovar	输入为白噪声的离散协方差响应	13	printsys	设置显示格式
6	ddamp	离散阻尼系数和固有频率	14	roots	多项式的根
7	ddcgain	离散稳态增益	15	tzero	LTI 系统的传递零点
8	dsort	按幅值大小排列离散特征谱	16	tzero2	传递零点

2) 简化模型

序号	函数名称	功 能 描 述	序号	函数名称	功 能 描 述
1	balreal	基于 Giamian 平衡的状态空间实现	4	minreal	最小实现和零极点相消
2	dbalreal	离散平衡状态空间的实现和模型简化	5	modred	模型降阶
3	dmodred	离散时间模型状态降阶			

3) 模型实现

序号	函数名称	功 能 描 述	序号	函数名称	功 能 描 述
1	canon	正则状态空间	3	obsvf	可视阶梯形
2	ctrbf	可控阶梯形	4	ss2ss	状态空间的相似变换

4) 模型建立

序号	函数名称	功 能 描 述	序号	函数名称	功 能 描 述
1	append	添加系统动态特性	11	feedback	构造反馈系统
2	augstate	以变量状态作为状态空间的输出	12	ord2	生成二阶系统的A、B、C、D参数
3	blkbuild	由传递函数方框图构造状态空间结构	13	pade	Pade 的延时近似
4	cloop	闭环系统	14	parallel	构造并行连接系统
5	connect	由方框图构造状态空间模型	15	reg	由增益矩阵构造连续控制器和估计器
6	conv	卷积	16	rmodel	生成连续随机模型
7	destim	由增益矩阵构造离散状态估计器	17	series	构造串行连接系统
8	dreg	由增益矩阵构造离散控制器和估计器	18	ssdelete	删除模型中的输入、输出状态
9	drmodel	生成离散随机模型	19	ssselect	选择大系统中的子系统
10	estim	由增益矩阵构造连续状态估计器			

5) 模型交换

序号	函数名称	功 能 描 述	序号	函数名称	功 能 描 述
1	c2d	变连续系统为离散系统	8	ss2tf	变状态空间表示为传递函数表示
2	c2dm	按指定方法变连续系统为离散系统	9	ss2zp	变状态空间表示为零极点表示
3	c2dt	变连续系统为一带延时的离散系统	10	tf2ss	变传递函数表示为状态空间表示
4	d2c	变离散系统为连续系统	11	tf2zp	变传递函数表示为零极点表示
5	d2cm	按指定方法变离散系统为连续系统	12	zp2tf	变零极点表示为传递函数表示
6	poly	变根值表示方式为多项式表示方式	13	zp2ss	变零极点表示为状态空间表示
7	residue	部分分式展开			

356

6) 时域响应

序号	函数名称	功能描述	序号	函数名称	功能描述
1	dimpulse	零散单位冲击响应	6	impulse	冲击响应
2	dinitial	零散零输入响应	7	initial	零输入连续响应
3	dlsim	任意输入的零散仿真	8	lsim	任意输入的连续仿真
4	dstep	零散阶跃响应	9	step	阶跃响应
5	filter	单输入单输出 Z 变换仿真	10	stepfun	阶跃函数

7) 频域响应

序号	函数名称	功能描述	序号	函数名称	功能描述
1	bode	波特图	8	ltifr	线性时变频率响应
2	dbode	零散波特图	9	margin	增益和相位域度
3	dnichols	零散 Nichols 图	10	nichols	Nichols 图
4	dnyquist	零散 Nyquist 图	11	ngrid	画 Nichols 图网格线
5	dsigma	零散奇异值频域图	12	nyquist	Nyquist 图
6	fbode	连续系统波特图	13	sigma	奇异值频域图
7	freqz	Z 变换频域响应			

8) 增益与根轨迹

序号	函数名称	功能描述	序号	函数名称	功能描述
1	acker	单输入单输出系统极点配置	10	lqr	线性二次调节器设计
2	dlqe	零散线性二次估计器设计	11	lqrd	基于连续代价函数的离散调节器设计
3	dlqew	带有过程噪声的零散系统 Kalman 估计器设计	12	lqry	输出加权的调节器设计
4	dlqr	离散线性二次调节器设计	13	place	配置极点
5	dllqry	输出加权的离散调节器设计	14	pzmap	零极点图
6	lqe	线性二次估计器设计	15	rlocfind	给定根的轨迹
7	lqed	基于连续代价函数的离散估计器设计	16	rlocus	绘制根轨迹
8	lqe2	利用 Schur 方法设计线性二次估计器	17	sgrid	生成根轨迹的 S 平面网格
9	lqew	带有过程噪声的连续系统 Kalman 估计器设计	18	zgrid	生成根轨迹的 Z 平面网格

9) 其它函数

序号	函数名称	功能描述	序号	函数名称	功能描述
1	abcdchk	检测(A、B、C、D)的一致性	4	ctrldemo	控制工具箱介绍
2	boildemo	锅炉系统的 LQG 设计演示示例	5	dexresp	离散取样响应函数
3	chop	取出 n 个重要的元素	6	dfrqint	离散波特图

序号	函数名称	功 能 描 述	序号	函数名称	功 能 描 述
7	dftqint2	离散波特图的自定范围算法	20	housh	构造 Housebuilder 函数
8	diskdemo	硬盘控制器的数字控制演示示例	21	lab2ser	变符号为字符串
9	dmulresp	离散多变量响应函数	22	mulresp	多变量响应函数
10	dric	计算 Riccati 离散方程留数	23	nargchk	检测变量
11	dsigma2	Dsigma 实用工具函数介绍	24	perpxy	寻找最近的正交点
12	dtimvec	离散响应的自定范围算法	25	poly2str	变多项式为字符串
13	exresp	取样响应函数	26	printmat	带行列号打印矩阵
14	freqint	波特图的自定范围算法	27	ric	计算 Riccati 方程留数
15	freqint2	Nyquist 图的自定范围算法	28	schord	有序 Schwr 分解
16	freqresp	LTI 模型的响应函数	29	sigma2	Sigma 实用工具函数
17	givens	旋转函数	30	tfchk	检测传递函数的一致性
18	jetdemo	喷气式飞机偏航阻尼的设计演示示例	31	timvec	连续响应的自定范围算法
19	kalmdemo	Kalman 滤波器设计与仿真演示示例	32	vsort	匹配两轨迹的矢量